国家级实验示范中心配套教材

微生物育种学实验

蒋咏梅　主编
施巧琴　主审

科学出版社
北　京

内 容 简 介

本书系统介绍微生物育种学实验的常用技术。第一章介绍和归纳育种学实验中常用的实验仪器和单元操作技术，便于读者查阅。第二至第六章为实验内容，分别为分离筛选与鉴定、诱变育种、细胞水平基因重组育种、分子育种和菌种保藏，共计44个常用实验，除筛选、诱变、原生质体融合等常规育种学实验外，还包括宏基因组筛选、基因组改组、Red系统介导基因敲除及电子克隆等较新的实验技术，任课教师可根据学校具体情况灵活选用。附录整理了常用的溶液和培养基配方。

本书可作为综合性大学生物工程相关专业的实验教材，也可供研究生、科研人员及相关技术人员学习和参考。

图书在版编目(CIP)数据

微生物育种学实验 / 蒋咏梅主编. —北京：科学出版社，2012.7

国家级实验示范中心配套教材

ISBN 978-7-03-035070-1

I. ①微… II. ①蒋… III. ①微生物学–遗传育种–高等学校–教材 IV. ①Q93②S33

中国版本图书馆CIP数据核字(2012)第148089号

责任编辑：朱 灵 / 责任校对：谭宏宇
责任印制：黄晓鸣 / 封面设计：殷 靓

科学出版社出版
北京东黄城根北街16号
邮政编码: 100717
http://www.sciencep.com
广东虎彩云印刷有限公司印刷
科学出版社编务公司排版制作
科学出版社发行 各地新华书店经销
*
2012年7月第 一 版 开本：B5 (720 × 1000)
2024年7月第十次印刷 印张：14 1/2
字数：271 000

定价：48.00 元

(如有印装质量问题，我社负责调换)

《微生物育种学实验》编辑委员会

主　　编　蒋咏梅

副 主 编　章文贤

编　　委　(按姓氏笔画排序)

郑　毅　郑永标　赵　林

黄钦耿　章文贤　蒋咏梅

主　　审　施巧琴

前　言

微生物学属于生命科学研究的前沿学科，许多重要生命活动规律都是在对微生物进行研究时发现的。无论将微生物作为模式生物进行基础研究，还是对其进行工业应用，菌种的选育都是其中最为重要的一部分。近些年，随着分子生物学、生物信息学等相关学科的飞速发展，微生物菌种选育的思路、方法和技术路线都有了日新月异的变化，并逐步形成了独立的体系——微生物育种学。具体来说，它就是以生物化学和微生物遗传学为理论基础，运用微生物学、分子生物学、生物信息学的手段，从自然界中获得特定微生物，或对现有菌种进行有目的的改造的一门学科。

福建师范大学生命科学学院和国家教育部工业微生物发酵工程研究中心，在吴松刚教授和施巧琴教授的带领下，依托国家级生物学实验教学示范中心的平台，经全院微生物学及生物化学教师多年的努力，在微生物育种学方面积累了丰富的教学和科研经验。1991 年施巧琴教授和吴松刚教授出版《工业微生物育种学》一书，得到了广泛好评，并于 2003 年和 2009 年两度再版，本书的几位编者也参与了编写。自该书出版以来，许多高校以其作为教材开设了微生物育种学课程。

微生物育种学是一门实践性很强的课程，若仅有理论基础而不足以应用于实践，则教学效果无疑也会大打折扣。因此，我院在开设理论课的基础上，还设置了微生物育种学实验，但由于目前国内尚无配套的实验教材，因而主要采用本人于 1998 年编写、并于 2000 年改编的实验讲义，使用时备感陈旧。因施巧琴教授的知名度，常有兄弟院校的教师通过电话或邮件询问实验教材或实验讲义的情况，说明微生物育种学实验课程的重要性已得到众多高校的认可，但由于缺少相应配套教材而阻碍了该实验课的设置。因此，在微生物育种技术日益发展的今天，为了适应生物工程相关专业的教学需要，依靠学院和科学出版社的大力支持，我们对原有讲义进行了充实和完善，更新陈旧过时的内容，增加了近年来发展的新方法、新技术，编写了本书。

全书共分为三个部分：①主要仪器和基本操作(第一章)；②微生物育种学实验部分(第二至第六章)；③附录。

第一章包括微生物育种学实验中可能用到的主要仪器和基本单元操作。之所以这样安排，是基于以下考虑：育种学实验是一门综合性很强的实验课程，需要生物化学、微生物学、分子生物学、生物信息学、微生物育种学等多门课程的知识和技术。就算学过以上课程的学生，也不能保证对所有知识都完全掌握，所有技术都娴熟应用。对于大多数学生和读者，该部分可起到查漏补遗、帮助理解和复习的作用。有些在微生物育种学实验中经常用到，而在具体的实验中不便展开的单元操作，如质粒提取、PCR 技术、感受态细胞制备、蛋白质序列分析、核酸序列分析、过滤除菌和间歇灭菌等，也以基本操作的形式在第一章中展示，方便读者查阅。考虑到内容的完整性和系统性，该部分还简要介绍了微生物实验中的常规技术，如显微镜观察和制片技术、高压灭菌等内容。

第二章的实验分为微生物的分离筛选与鉴定、微生物的诱变育种、细胞水平基因重组育种、分子育种和菌种保藏 5 章，总共 44 个实验，不仅有常规的育种方法，也有近年来发展的新技术。既有菌种筛选，也有基因筛选(实验 15)；既有物理和化学诱变，也有生物诱变(实验 25)；既有原生质体融合，又有基因组改组(实验 35)；既有基因工程，又有电子克隆(实验 36)。任课教师可根据学校的具体情况灵活选用。

附录整理了常用的溶液和培养基配方，便于读者查阅。

微生物育种学实验是一门综合性的实验课程，一般针对已学过生物化学、微生物学、微生物遗传学、分子生物学、生物信息学的大学三年级学生。因为实验需要连续性，如果条件允许，可设置一个较完整的时间(如一个月)开设本实验课程。若分子生物学或生物信息学尚未开设，也可选择其中部分实验进行授课。

本书编写宗旨是，既可作为生物工程相关专业本科生和研究生的实验教材，又可作为科研技术人员的学习和参考书。为增强本书的实用性和可操作性，我们邀请了长期从事教学、科研工作的教师参与本书的编写工作。章文贤编写实验 15、17、36、37、38、40、41，赵林编写实验 18~22 和实验 26，黄钦耿编写实验 7、9、28、39，郑永标编写实验 23，郑毅编写实验 27，蒋咏梅负责统稿和其余章节的编写。非常感谢施巧琴教授审阅全书并提出宝贵的意见。

由于编者水平有限，疏漏和不当之处在所难免，敬请读者谅解和批评指正。

编　者

2012 年 2 月 20 日

目　　录

第一章　微生物育种学实验室的仪器设备及基本操作

第一节　微生物育种学实验室注意事项

微生物育种学是依据微生物遗传和育种的原理，运用微生物学、生物化学及分子生物学技术，对微生物菌种进行选育和改造的一门科学。作为该课程的实践课——微生物育种学实验，应在学生掌握了微生物学、生物化学及分子生物学的基本操作之后进行。在微生物育种学实验课程的学习过程中，学生将以前学到的理论知识，应用于实际的育种操作中，不仅加深了对课堂上学到的理论知识的理解，还培养了观察、分析和解决问题的能力，养成实事求是、严肃认真的科学态度以及勤俭节约、爱护公物的良好习惯。由于微生物育种学实验基本是综合探索性的实验，实验原理复杂、步骤繁琐，实验结果往往具有不确定性。因此，为保证实验课的顺利进行，提高实验成功的可能性，要求学生严格遵守以下守则。

1) 在进入实验室前，需提前做好预习，阅读教材的相关章节，了解实验目的、原理和内容。进入实验室后，认真听取指导教师的讲解，明确实验的操作步骤和具体要求。

2) 实验过程中，规范操作，对消耗材料和药品等要力求节约，爱护仪器和设备。

3) 认真及时做好实验记录，对当时不能得到结果而需要连续观察的实验，则需记下每次观察的现象和结果，以便分析。

4) 实验室内保持安静有序，实验台面保持整洁。养成实验前后洗手的良好习惯。

5) 注意实验安全，凡实验用过的菌种以及带有活菌的各种器皿，均需杀菌后再洗涤。

6) 实验完毕，及时收拾用过的器皿，并在做好台面和实验室的卫生后用肥皂洗手，关好门窗和水电后方可离去。

第二节　微生物育种学实验室的主要仪器设备

微生物育种学实验是一门综合性的学科，具体实验内容主要由微生物学实验、生物化学实验和分子生物学实验的基本单元操作组成，因此使用的仪器主要是这三类实验常用的仪器设备，具体如下。

1. 超净工作台

超净工作台是专为无菌操作设计的一种局部层流装置，能在局部形成高洁度的工作环境。它由工作台、过滤器、风机、静压箱和支撑体等组成，采用过滤空气使工作台操作区达到净化的目的。室内空气经预过滤器和高效过滤器除尘后以垂直或水平层流状态通过工作台的操作区，由于空气没有涡流，所以，任何一点灰尘或附着在灰尘上的杂菌都能被排除，使操作区保持无菌状态。此外，工作台顶部还装有紫外线杀菌灯，通常在进行实验之前，将操作所需物品和工具放入工作台内，打开紫外灯照射30 min灭菌，再结合酒精灯进行操作，可达到较好的无菌状态。

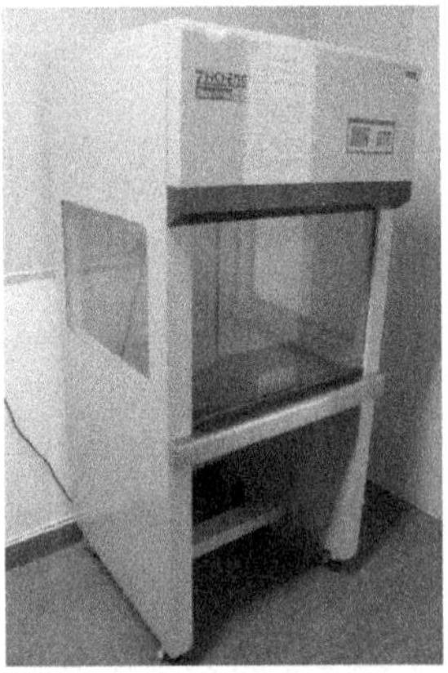

图 1-1　单人超净工作台

净化工作台通常分为双人和单人操作(图 1-1)两种。使用双人净化工作台时，既可一人操作，也可两人相对而坐，双手通过两侧的手孔伸入箱内相互配合。

2. 恒温培养箱

微生物育种学实验离不开微生物的培养，恒温培养箱便是培养试管斜面和平板上微生物的专用设备(图 1-2)。常用的培养箱通常只有升温的功能，因而只适用于室温至60℃各类微生物的培养。目前，随着培养微生物的多样化，出现了许多结构合理、功能齐全的新型培养箱，如恒温恒湿培养箱、低温培养箱和二氧化碳培养箱等。有些培养箱还可采用计算机控制，可选择多条时间线变换温差，从而克服了环境温度的影响，一年四季均能达到微生物培养的要求。

图 1-2　恒温培养箱

3. 摇床

摇床是培养好气性微生物的小型实验设备，也常用于种子的扩大培养。常用的摇瓶机有往复式和旋转式两种。往复式摇瓶机的往复频率一般为 80～140 r/min，冲程一般为 5～14 cm，频率过快、冲程过大或瓶内液体装量过多时，液体易溅到瓶口纱布上导致染菌。现在实验室通常采用旋转式摇瓶机(图 1-3)，偏心距一般为 3～6 cm，旋转频率为 60～300 r/min，它是利用旋转的偏心轴使托盘摆动，这种摇瓶机结构复杂，造价也高。其优点是功率消耗小、氧传递好、培养基不易溅到瓶口。

图 1-3　恒温摇床

放在摇床上的培养瓶一般为三角瓶，发酵液所需要的氧是由室内空气经瓶口包扎的纱布(一般为 8 层)过滤进入的，因此，氧的传递与瓶口的大小、形状、纱布的层数都密切相关。在以上条件确定的情况下，摇瓶的供氧量主要取决于摇床的转数和三角瓶的装液量。

4. 干燥箱

干燥箱是用于除去潮湿物料内或者器皿内外水分及其他挥发性溶液的设备(图 1-4)，主要有厢式、滚筒式、套间式、回转式等类型。微生物育种学实验室多用厢式干燥箱，大小规格不一。箱内配有可活动的钢丝网板，便于放置被干燥的物品。常用的制热升温式干燥箱，即烘箱，由电炉丝和水银接触温度计组合而成，可调节温度从室温升至 300℃，主要用于玻璃器皿洗涤后的干燥。此外，还有配有真空泵和气压表的真空干燥箱，可在常压或减压下操作。

图 1-4　鼓风干燥箱

5. 高压蒸汽灭菌锅

高压蒸汽灭菌锅是一个密闭的可以耐受压力的双层金属锅。锅底或夹层盛水，当水在锅内沸腾时蒸汽无法逸出，导致锅内压力升高，因而水的沸点和温度也随之升高，从而达到高温灭菌的目的。一般在 0.1MPa(兆帕，1.0 kg/cm^2)的压力下，121℃处理 20～30 min，可杀灭包括芽孢在内的所有微生物。若灭菌物品体积大，

图 1-5　高压灭菌锅

蒸汽穿透困难，或培养基中固体杂质较多，可适当提高蒸汽压力或延长灭菌时间。

高压灭菌锅有卧式、立式、手提式等多种类型，在微生物育种学实验室，最为常用的是手提式和立式高压蒸汽灭菌锅。手提式多为手动操作，形状类似家里的高压锅；立式灭菌锅多为数显全自动操作系统(图 1-5)。

6. 冷冻离心机

低温分离技术是生物学研究中必不可少的手段，菌体的收集、基因片段的分离、酶蛋白的沉淀和回收以及其他生物样品的分离制备实验，都离不开低温离心技术，因此冷冻离心机也成为育种学实验室不可或缺的重要工具(图 1-6)。

冷冻离心机属于贵重精密仪器，使用时应放置在水平坚固的地板或平台上，并力求使机器处于水平位置以免离心时造成机器震动。开机前应检查转头安装是否牢固，机腔有无异物掉入。样品应预先平衡，使用离心筒离心时，离心筒与样品应同时平衡。

图 1-6　冷冻离心机

7. 冰箱

微生物育种实验室的冰箱主要有两种：普通冰箱和低温冷冻冰箱(图 1-7)。普通冰箱一般包括冷藏柜和冷冻柜，温度分别为 4℃和−20℃；低温冷冻冰箱温度一般控制在−80～−40℃。它们都可以用于微生物菌种保藏。冷藏柜常用于保存斜面菌种，保藏时间在 3 个月左右。若需要长时间保存菌种，则需要经过处理后，储藏于普通冰箱的冷冻柜或低温冷冻冰箱中，可保藏 1 年以上。

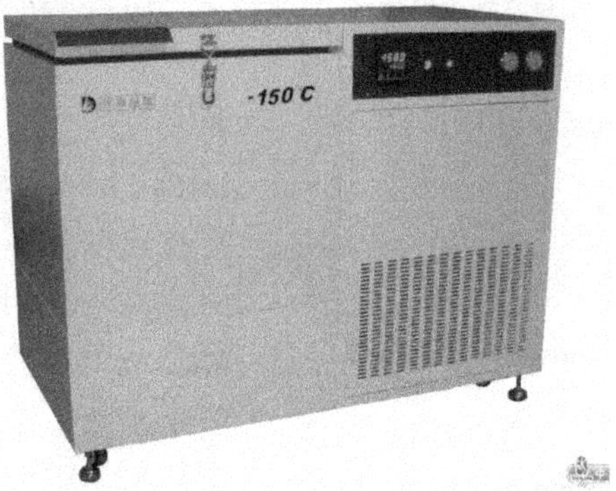

图 1-7　低温冰箱

8. 酸度计

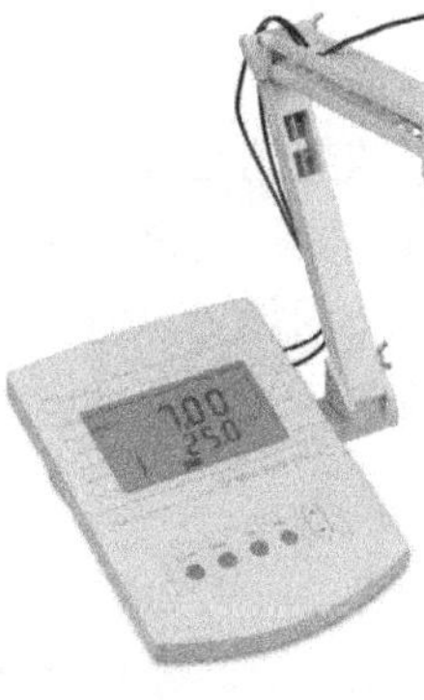

图 1-8　酸度计

酸度计也称为 pH 计(图 1-8)，在微生物育种学实验室，常用于测量培养基或缓冲液的 pH。为使测得的数据精准，首次使用前或使用一段时间后，仪器应用标准的 pH 缓冲液进行标定。先进的 pH 计在线路中还安插有温度补偿系统，仪器经初次校正后，能自动调整温度变化。测量时，先用蒸馏水冲洗电极，用滤纸轻轻吸干电极上残余的溶液，或用待测液洗电极。每次测量结束后应关闭电源，退出电极及温度探头并妥善保存于干燥、清洁无腐蚀的场所，玻璃电极清洗后可浸于去离子水中待用(注意水面不得低于玻璃球泡)，甘汞电极清洁后套上橡皮帽置于配套盒中保存，当甘汞电极内充液泄漏或不饱和及盐桥中断时，应及时补充饱和内充液。

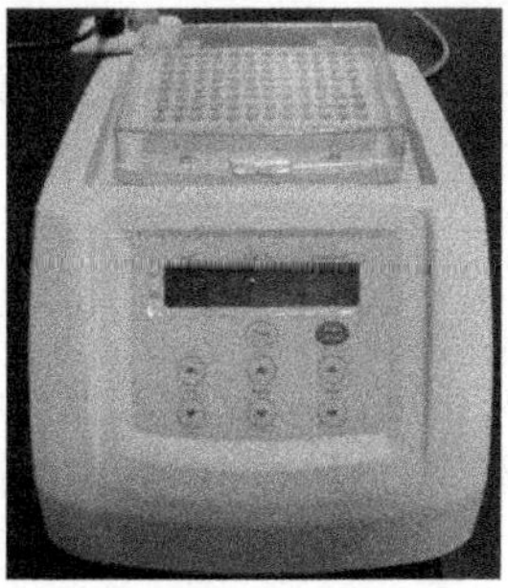

图 1-9　PCR 仪

9. PCR 仪

PCR 即聚合酶链反应，它是一种 DNA 的快速扩增技术，主要利用两个短的、称为引物的 DNA 小片段和一种耐热酶，经变性、退火、延伸三个步骤的不断重复，在 3 h 内把特定的 DNA 量提高 1000 万倍。PCR 仪就是能够满足这三个步骤所需温度变化的装置(图 1-9)。根据其功能和应用范围可分为普通基础 PCR 仪、梯度 PCR 仪、实时荧光定量 PCR 仪、原位 PCR 仪 4 种。

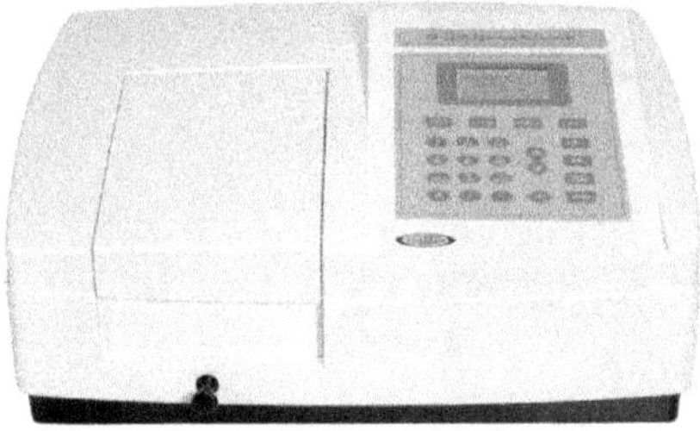

图 1-10 分光光度计

10. 分光光度计

分光光度计是利用分光光度法对物质进行定量定性分析的仪器(图1-10)。不同物质对不同波长入射光的吸收程度各不相同，从而形成特征性的吸收光谱。其应用波长范围为200～400 nm的紫外光区、400～850 nm的可见光区。微生物育种学实验室中常将其用于菌体浓度的测定或溶液中某种特征物质的定量测定。

11. 酶标仪

酶标仪实际上就是一个可测定各种物质对不同波长入射光吸收值的分光光度计(图1-11)。不同的是，普通分光光度计的样品槽内放置的是比色皿，而酶标仪的样品槽内放置的是多孔板，因此可以多通道、同时测定多个样品。在育种实验中，酶标仪主要用于高通量筛选。现代的酶标仪，具有在紫外光区、可见光区甚至荧光下工作的能力。有的型号的酶标仪还具有温浴的功能，使样品可以在恒温条件进行检测。

图 1-11 酶标仪

12. 电泳仪

电泳技术是生物学研究不可缺少的重要分析手段。所谓电泳，是指带电粒子在电场中的运动，不同物质由于所带电荷及分子质量的不同，导致在电场中的运动速度不同，因此，可将混合物进行组分分析或单个组分提取制备，并对这些物质进行定性或定量分析。电泳仪常用于蛋白质和核酸的分离、鉴定和定量分析。蛋白质的分离和鉴定主要采用SDS凝胶电泳(图1-12)，核酸的分离和鉴定主要采用琼脂糖和聚丙烯酰胺凝胶电泳。

图 1-12　电泳仪

13. 显微镜

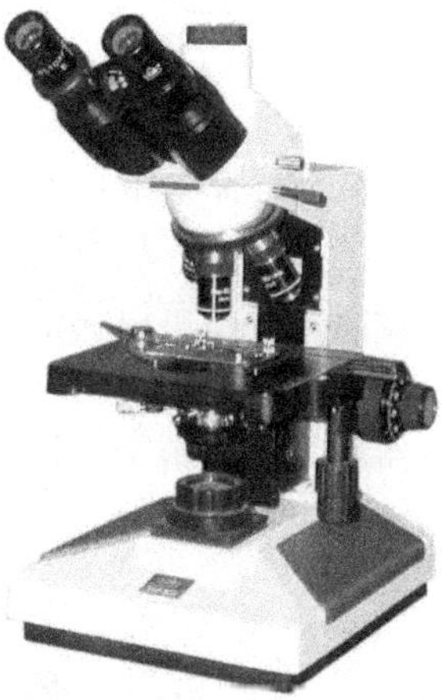

图 1-13　光学显微镜

微生物的形态十分微小，要对其个体形态有所了解，显微镜就成为不可缺少的工具。随着科技的发展，显微镜的种类越来越多。根据结构和原理不同可分为光学显微镜、电子显微镜和扫描隧道显微镜等。在微生物育种学实验中最常用的是光学显微镜(图 1-13)，均以可见光或紫外线为光源，主要有明视野显微镜、暗视野显微镜、相差显微镜、荧光显微镜、激光共聚焦扫描显微镜等，可根据观察对象和观察目的的不同而选用。在利用光学显微镜观察微生物细胞的个体形态和内部结构时，通常还需对微生物细胞进行一定的处理，如染色、制片等。

14. 电融合仪

在育种学实验中，电融合仪(图 1-14)主要用于质粒的转化或原生质体的融合。其原理是利用一种一定值的频率、电压的交流电场，使处于间隔的、平行的两电极间的细胞或原生质体排列成串珠状，再利用一定值的高压直流脉冲电场对细胞膜造成可逆击穿，从而诱导转化或融合的发生。

图 1-14　电融合仪

图 1-15　磁力搅拌器

15. 磁力搅拌器

磁力搅拌器是一种利用磁场带动容器底部的搅拌子转动，使容器中的溶液混合均匀的仪器（图 1-15）。实验室中常用于配制试剂和培养基时溶质的溶解，紫外诱变时也常用磁力搅拌器来使菌悬液得到均匀的照射。

16. 移液器

移液器主要用来吸取微量液体或用于接种液体菌种，故又称微量吸液器或微量加样器，是育种学实验中必备的工具。其外形和结构如图 1-16 所示，主要部件有按钮、弹簧、活塞和可装卸的枪头。按动按钮，通过弹簧使活塞上下活动，从而吸进和放出液体。为获得较高的精度，吸头需预先吸取一次样品溶液，然后再正式移液，因为吸取血清蛋白溶液或有机溶剂时，吸头内壁会残留一层“液膜”，造成排液量偏小而产生误差。使用移液器来吸取液体的特点是容量可以调节，操作方便、迅速，吸取不同溶液时，只需更换枪头即可。需要对很多样品加样时，可选多道可调移液器，能够大大提高加样的效率。移液器属于比较精密的仪器，使用时须注意小心爱护，不要用其吸取易挥发溶剂，用毕放松弹簧以延长其使用寿命。

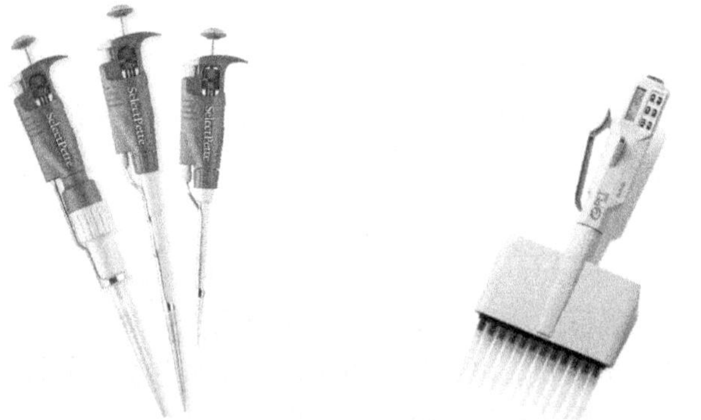

图 1-16　微量加样器

17. 过滤器

许多药品，如血清、合成培养液、酶及含有生物活性蛋白的液体等，均不能加热灭菌，因而需采用过滤的方法除去细菌等微生物。滤器有抽吸（抽滤）式及加压式两种类型，滤板（或滤膜）结构可分为石棉板、玻璃或微孔膜。常用的滤器有 Zeiss 滤器（蔡氏滤器）、玻璃滤器和微孔滤膜滤器，其中微孔滤膜滤器最为常用。

微孔滤膜滤器多为塑料结构，分为上、下两部分，中间可放置纤维素滤膜（图 1-17）。将待过滤液体吸入注射器内，慢慢注入滤器上部的孔中，通过中间的滤膜即可。该法速度快，效果好。滤膜为一次性的特制混合纤维素滤膜(乙酸纤维素或硝酸纤维素)，其孔径主要有 0.6 μm、0.45 μm、0.22 μm 三种，过滤除菌时通常选用 0.22 μm 的滤膜，可以除去细菌和霉菌，若要过滤病毒，则需要孔径更小的滤膜。实验室内少量液体的过滤除菌通常采用一次性过滤器(图 1-18)，省却了安装滤膜及清洗的过程，操作方便快捷。

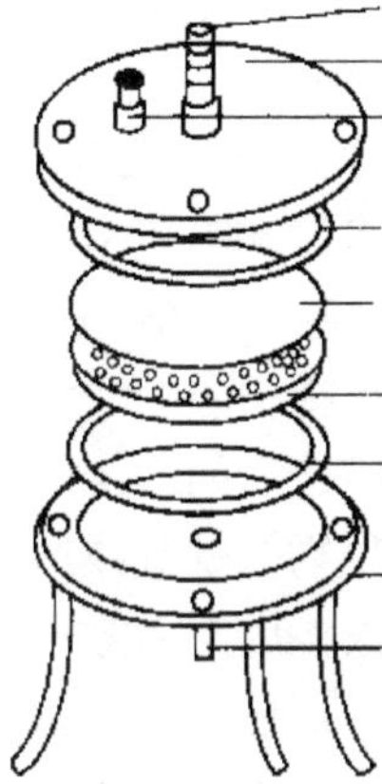

图 1-17　微孔滤膜滤器示意图

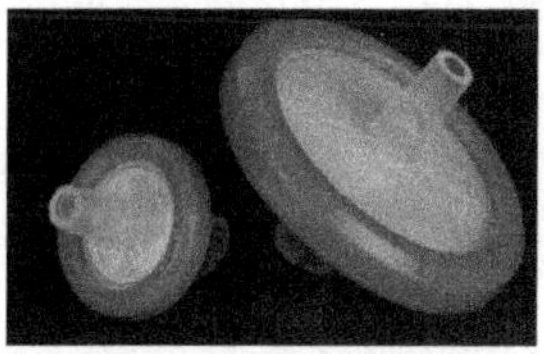

图 1-18　一次性过滤器

18. 玻璃器皿

微生物育种学实验室的玻璃器皿，大多用于培养微生物和盛放试剂，因而对其质量、洗涤、包装及消毒灭菌均有一定的要求。以下便对这几方面分别加以介绍。

(1) 玻璃器皿的种类与应用

在育种学实验中，常用的玻璃器皿包括试管、烧杯、移液管、三角瓶和培养皿等。

试管主要用于配制斜面培养基、培养微生物和进行菌种的斜面保藏，有时也用于菌悬液的稀释。用试管斜面培养菌种时，过去常用自制棉塞封口，现多采用市售的硅胶塞。烧杯主要在配制溶液和培养基时使用。在育种学实验室，移液枪虽已得到广泛应用，但在移取一些挥发性或腐蚀性的有机溶剂时，仍需要使用玻璃吸管。玻璃吸管主要有 1 ml、5 ml、10 ml 三种规格，通常与洗耳球或移液控制器配合使用(图 1-19)。

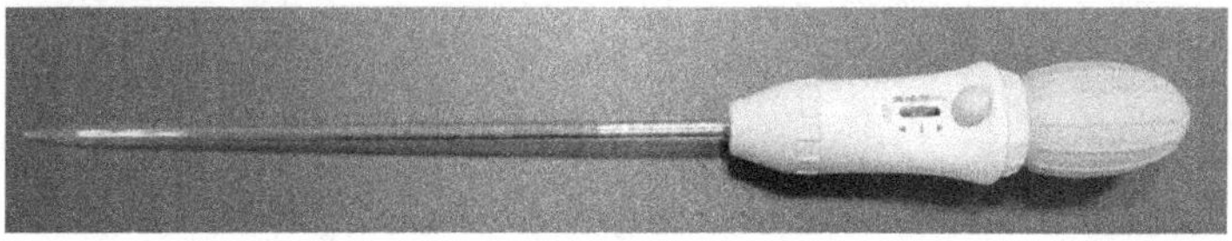

图 1-19　移液控制器

培养皿一般用来盛放固体培养基，是育种学实验中最重要的玻璃器皿之一。主要用于微生物的分离、纯化、鉴定、计数以及测定抗生素、噬菌体的效价等。三角瓶主要用于无菌水、培养基的盛放和微生物的液体培养等。通常采用 8 层纱布封口以达到通气和过滤除菌的作用。

(2) 玻璃器皿的清洗方法

玻璃器皿的清洁是实验得到正确结果的先决条件。清洗方法根据实验目的、器皿的种类、所盛放的物品和沾污程度等的不同而有所不同。

新购置的玻璃器皿含游离碱较多，可先用 2%的盐酸溶液浸泡数小时，再用洗涤液刷洗后用自来水冲洗干净。若用于缓冲液、合成培养基等较为精密溶液的配制，则需在自来水清洗干净后，再用蒸馏水淋洗 3 次，晾干或烘干后备用。

已使用过的玻璃器皿可根据其盛放物品的不同而选择相应的洗涤方法，如用于装缓冲液或试剂的玻璃器皿可用常规方法洗涤：瓶刷或海绵蘸上肥皂、洗衣粉等洗涤剂刷洗，然后用自来水充分冲洗干净。培养微生物的试管或培养皿应先将固体培养基刮去，再浸在 2%煤酚皂溶液或 0.25%新洁尔灭消毒液内 24h 或煮沸 0.5 h，再用常规方法洗涤。带病原菌的培养物最好先行高压蒸汽灭菌，然后将培养物倒去，再进行洗涤。

(3) 玻璃器皿的包扎

用于培养或接种微生物的器皿均需灭菌后方可使用，灭菌前需要对洗净烘干的器皿进行适当的包扎。常用牛皮纸或双层报纸将培养皿卷成筒状，一般将 8~12 副培养皿卷为一筒。移液管的包扎过程则比较复杂：用细铁丝在吸管的粗头顶端塞一小段约 1.5 cm 长的脱脂棉，以免使用时将杂菌吹入，或不慎将微生物吸出管外。用火烧去吸管外端露出的脱脂棉，然后将吸管尖端斜放在报纸条的近右端，与报纸约呈 45°角，并将右端多余的一段纸覆折在吸管上，再将整根吸管卷入报纸，左端多余的报纸打一小结。包好的吸管可捆成一捆，灭菌备用。

与培养皿和移液管的包扎不同，试管和三角瓶只有一个开口，因此无须完全包裹，具体包扎方法如下：试管管口和三角瓶瓶口塞以棉塞、硅胶塞或纱布，之后再用两层报纸或牛皮纸(不可用油纸)包扎好即可。如果试管盛放的是稀释所用的无菌水，可以几根试管包扎成捆后灭菌。若用于斜面培养基的制备，则需单根试管分别包扎后再几根扎为一捆灭菌，以方便后期的接菌和保藏。

第三节 微生物育种学实验中的基本操作

微生物育种学实验是一门综合性的学科，需要用到微生物学、生物化学、分子生物学、生物信息学等多方面的知识和操作技能。现将育种学中涉及的一些基本操作归纳如下。

1. 培养基的配制

(1) 培养基的种类

培养基是根据各种微生物生长的需要，人工配制而成的一种混合营养基质，主要用于微生物的培养和分离。因此，培养基中应当含有微生物生长所需要的各种营养成分(包括碳源、氮源、能源、无机盐、生长因素)和水。根据微生物的种类和实验目的的不同，培养基的种类和配制方法也有诸多不同。

按营养成分的不同，培养基主要分为天然培养基和合成培养基两种。天然培养基主要成分是复杂且成分不太明了的天然有机物质，如马铃薯、豆芽汁、牛肉膏、蛋白胨、血清等。这类培养基营养丰富，常用于微生物的培养和短时间保藏，如牛肉膏蛋白胨培养基、马铃薯培养基等。合成培养基则是用化学成分完全明确的纯试剂配制而成的培养基，如高氏 1 号培养基、查氏培养基等。这类培养基营养成分确定，主要用于营养代谢、分类鉴定、菌种选育、遗传分析等实验。

按物理状态的不同，培养基可分为固体培养基、半固体培养基和液体培养基 3 种。在液体培养基中加入不同量的琼脂即为固体(1.5%~2.5%)或半固体(0.3%~0.6%)培养基。固体培养基主要作为平板和斜面，用于微生物的分离、鉴定、活菌计数和短期保藏等。半固体培养基主要用于细菌动力检查、噬菌体制剂的制备及双层平板中的上层平板等。不加琼脂，配好后呈液体状态的培养基通常装在三角瓶中，与摇床配合使用，主要用于菌种的活化、微生物生理代谢的研究和发酵产物测试等。

按用途不同，培养基可分为基础培养基、加富培养基、鉴别培养基和选择培养基 4 种。

基础培养基是指含有一般微生物生长繁殖所需基本营养物质的一类培养基，如牛肉膏蛋白胨培养基等。在基础培养基中加入某些特殊的营养物质，如血液、血清、酵母浸膏或生长因子等，用以培养某些营养要求较高的微生物，即成为加富培养基，如培养百日咳杆菌所需的加有血液的培养基。

鉴别培养基则是一类含有某种特定化合物或试剂的培养基。在这种培养基上，某些微生物产生的代谢产物能够与这种特定的化合物或试剂发生一些明显的特征性反应，从而得以与其他种微生物区别开来。例如，用来检查能否产生硫化氢的乙酸铅培养基和检查能否产生脂肪酶的罗丹明 B 培养基等。

选择培养基是根据某一类微生物的特殊营养要求或针对一些物理、化学抗性而设计的培养基。通常用于将所需要的微生物从混杂的微生物中分离出来。例如，在筛选淀粉酶产生菌时，设计一个以淀粉为唯一碳源的培养基，可以大大提高筛选到淀粉酶产生菌的概率。此外，加入抑制他种微生物的物质(如抗生素等)，也能达到相同的目的。例如，分离真菌用的马丁氏培养基，其中的孟加拉红和链霉素便起到抑制细菌和放线菌的作用。

(2) 培养基的配制

一般而言，在根据不同的菌类和用途选择好适宜的培养基，并计算好每种营养成分的添加量之后，便可以按如下步骤配制培养基。

1) 称量并溶解试剂：按顺序准确称量试剂，少量水溶解后补足。一般的培养基可用自来水作为溶剂。但在配制筛选营养缺陷型菌株所用的基本培养基，或对营养成分有确定要求的特殊培养基时，则需用蒸馏水或去离子水进行配制。

2) 校正 pH：用精密试纸或酸度计测定培养基的 pH，并用 1mol/L NaOH 或 1mol/L HCl 进行调节。

3) 过滤：若配制培养基所用的试剂完全可溶，则无需过滤，否则需滤去不溶物。有时，培养基中含有某些不宜高压灭菌的物质，通常将该物质用细菌过滤器除菌后，再与高压灭菌并冷却的培养基混合。

4) 添加琼脂：配制斜面培养基时，一般将琼脂加入已配好的培养基中加热溶解，趁热分装入试管（15 mm×150 mm 的试管通常加 4 ml 即可），包扎后竖直放入灭菌锅中，灭菌后趁热将其摆成不超过试管高度一半的斜面。配制平板培养基时，可根据所用容器盛装培养基的量添加适量的琼脂，将其润湿后高压灭菌，冷却至 50℃左右后将其倾倒入无菌的空平皿内制成平板。在配制营养成分要求严格的基本培养基时，琼脂需经处理后使用，或改用纯度更高的凝固剂，如硅胶或琼脂糖等。

在配制 pH 低于 6，并加有琼脂的培养基时，应将培养基其他成分和琼脂分开，灭菌后再混合；或在中性 pH 条件下灭菌后，再调整其 pH 至酸性。以防止出现在酸性条件下灭菌后琼脂无法凝固的现象。

5) 分装：将配制好并过滤后的培养基分装于试管或三角瓶内（15 mm×150 mm 的试管内每支装 4 ml；250 ml 的三角瓶中装 100～150 ml），塞好棉塞、硅胶塞或纱布，用牛皮纸或报纸包扎好，准备灭菌。由于配制培养基的各类营养物质和容器等均含菌，这些微生物在营养丰富的环境中极易生长繁殖，因此培养基配制好后须立即灭菌或放入冰箱暂时保存，以防止其中的微生物生长繁殖而消耗养分和改变培养基的酸碱度，为后期的实验带来不利的影响。

2. 消毒和灭菌

消毒和灭菌的方法很多，分为物理法和化学法两大类。物理法包括加热灭菌、过滤除菌和紫外线灭菌等，化学法主要是利用有机及无机的化学药品对实验室器皿和其他物体表面进行消毒。可根据具体的灭菌对象和实验目的选用。

(1) 加热法

1) 干热灭菌：包括火焰烧灼和热空气灭菌两种。前者适用于接种环、接种针和镊子等金属用具的灭菌。无菌操作时，试管口和瓶口也应在火焰上作短暂烧灼灭菌。通常所说的干热灭菌是指热空气灭菌，常采用置于电烘箱内 160~170℃下保温 2h 的方法，对吸管和培养皿等玻璃器皿进行灭菌。

2)湿热灭菌：主要包括高压蒸汽灭菌法、间歇灭菌法、煮沸消毒法 3 种。间歇灭菌法主要用于含菌较多而又不耐热的培养基(如明胶培养基、牛乳培养基、含糖培养基等)的灭菌。制备沙土管的河沙时，也常采用该方法彻底去除其中耐热的孢子和芽孢。此处主要介绍育种学实验中最常采用的高压蒸汽灭菌法。

高压蒸汽灭菌法是将物品放在灭菌锅内，利用高压产生的高温杀灭物品内外所有微生物的营养体和芽孢的灭菌方法，适用于一般培养基、工作服、橡皮物品等的灭菌。具体灭菌的温度与时间根据灭菌对象和实验要求来设置，基本原则是：既达到杀菌的目的，又尽可能少地破坏培养基中的营养。一般培养基在 121℃灭菌 20min，含糖等的培养基在 115℃灭菌 15~20min，染菌培养物及空玻璃器皿通常在 121℃灭菌 30min 即可。灭菌时不仅要保证灭菌效果，还需注意用电安全。

高压蒸汽灭菌具体的操作步骤如下。①器皿准备：所有需灭菌的物品要清洁干燥，包装严密。注射器将管芯抽出，用纱布包好。②装放：放置灭菌物品不应超过锅内容积的 80%，物品之间不能过挤，以免阻碍蒸汽流通，影响灭菌效果。③设备检查：检查门的开关是否灵活，橡皮圈有无损坏，蒸汽排尽时压力表是否停留在零位，压力表与温度计所标示的状况是否吻合。对于有自动电子程序控制装置的灭菌器，使用前应检查设定的程序是否符合此次灭菌处理的要求。④灭菌处理(手提式高压锅，图 1-20)：外锅内加适量水，排气管插入消毒桶内壁的通气孔中。放入待灭菌物品，盖好顶盖并对称拧紧。打开顶盖上的排气阀，通电，待水沸腾后排气 5 min，之后关闭排气阀，待蒸汽压上升至规定要求，并维持一定时间后断电。待压力降至 0 后，打开排气阀开盖取物。

图 1-20　手提式高压灭菌锅

(2)过滤除菌

许多药品，如血清、合成培养液、酶及含有生物活性蛋白的液体等，均不能加热灭菌，常采用过滤的方法除去细菌等微生物。实验室内少量液体的过滤除菌通常采用一次性过滤器，方便实用。

(3)紫外线灭菌

波长在 200~300 nm 范围的紫外线，会导致 DNA 上相邻的胸腺嘧啶形成嘧啶二聚体，影响 DNA 的复制，因而具有杀死微生物和导致其发生突变的作用。以 265~266 nm 的紫外线杀菌力最强。其中无菌室和净化工作台的空气通常采用紫外灯照射进行消毒杀菌。

(4)化学药品灭菌

化学药品灭菌是采用能够杀死微生物的化学制剂进行消毒灭菌的方法。实验室桌面、用具以及洗手用的溶液均常用化学药品进行消毒灭菌。常用的有 2%煤酚皂溶液(来苏尔)、0.25%新洁尔灭、1%升汞、3%~5%的甲醛溶液、75%的乙醇溶液等。

3. 微生物接种技术

在微生物育种学实验中，常常需要把微生物移接到另一灭过菌的新鲜培养基中，使其生长繁殖，从而获得代谢产物或对其进行功能研究。这些微生物大多是纯种，为确保不被杂菌污染，必须全程进行严格的无菌操作。其中，微生物的接种是其中最基本的技术，包括斜面接种、平板接种、液体接种和穿刺接种等。常用的工具有接种针、接种环、接种钩、滴管、移液管、涂布器等(图 1-21)。

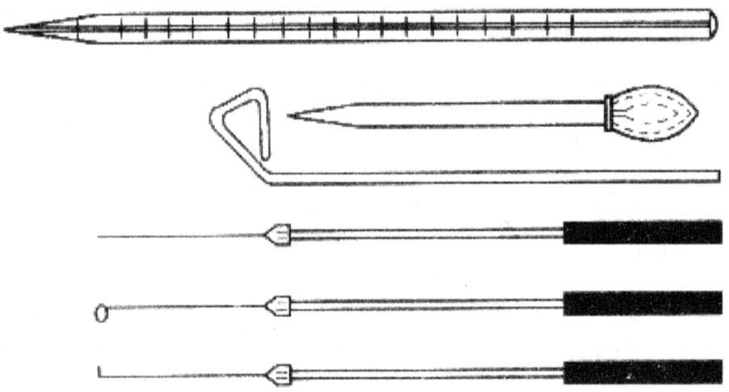

图 1-21　微生物常用的接种工具(杜连祥和路福平，2006)

1. 接种钩；2. 接种环；3. 接种针；4. 玻璃涂棒；5. 滴管；6. 移液管

接种针、接种环和接种钩前的金属丝最早用白金制作，现多用镍铬合金丝制得。接种针主要用于半固体培养基的穿刺接种，接种环通常用于细菌和酵母这类单细胞菌种的斜面接种或平板划线，接种钩主要用于接种霉菌和放线菌。玻璃涂棒既有市售的，也可在酒精喷灯上制作而成，多用于培养基平板上菌悬液的涂布分离。滴管和移液管是移接液体菌种及菌悬液梯度稀释常用的工具，现在多用移液枪配合灭菌枪头代替。

超净工作台用 75%的乙醇清洁后，将需要使用的全部物品(菌种除外)移至工作台上，开启紫外线灭菌 20～30 min 后即可开始无菌操作。

(1)斜面接种

斜面接种是将一只斜面上的少量菌种移接至另一只新鲜斜面培养基上的接种方法，具体操作如图 1-22 所示。

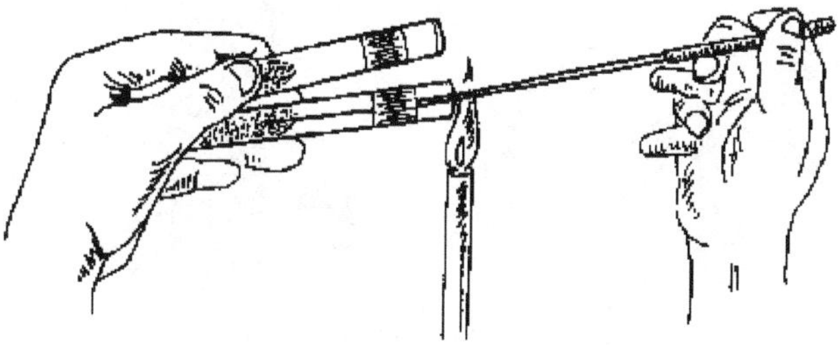

图 1-22　斜面接种操作(杜连祥和路福平，2006)

1)灭菌：点燃酒精灯，用 75%的酒精棉球擦拭双手，左手同时握住原菌种试管和待转接斜面试管，并使其斜面朝上。右手拿接种针或接种环，先在酒精灯火焰上烧红其金属丝部分，再将其余要伸入试管部分的针柄反复通过火焰灭菌。

2)取菌：用握有接种针的右手中指、无名指在火焰旁拔出试管上的棉塞(或硅胶塞)。左手拿试管使其试管口从火焰上通过，右手将接种环水平插入原菌试管内，先在管壁上或未长菌体的培养基表面冷却接种环，然后用其轻轻蘸取少量菌苔后，自原菌种管内抽出，抽出时不要碰到管壁。

3)接菌：将蘸有菌苔的接种环迅速伸入另一只待接斜面试管中，自斜面培养基底部向上划线，使菌体黏附在培养基的斜面上。划线时环要放平，否则会将培养基表面划破。接种完毕，接种环由试管内抽出，将试管口在火焰上灼烧一下，塞上棉塞(或硅胶塞)。

4)灭菌：右手所拿的接种环在火焰上灼烧至通红，稍冷却后放回工作台。之后，再用右手将棉塞进一步塞牢，以免脱落。以上各步操作均需在酒精灯火焰周围的无菌区域进行。

(2)倒平板

倒平板是微生物固体培养、分离纯化和鉴定必备的基本无菌操作技术，是将已配制好并灭菌的固体培养基分装入无菌空培养皿内的操作过程，具体操作如下。

1)融化并冷却培养基：将已灭菌的固体培养基用沸水浴或微波炉融化并冷却至 50℃左右，用微波炉时需防止培养基溢出或碰到瓶口的棉塞。若使用刚灭菌的固体培养基直接倒平板可省略融化这一步骤。

2)倒平板：主要有持皿法和叠皿法两种方式(图 1-23)，叠皿法适合左手持皿不熟练的操作人员使用。此处主要介绍持皿法的具体操作步骤：右手握住三角瓶的底部，左手在酒精灯火焰无菌区域将棉塞拔出，过火后移交右手的小指夹住。左手拿起平皿，中指、无名指和小拇指三指托住皿底，大拇指和食指分持平皿盖的两端。靠近火焰，掀开皿盖，将三角瓶从火焰上方通过一下，在无菌区域向培养皿倾倒融化并冷却的固体培养基约 15 ml。

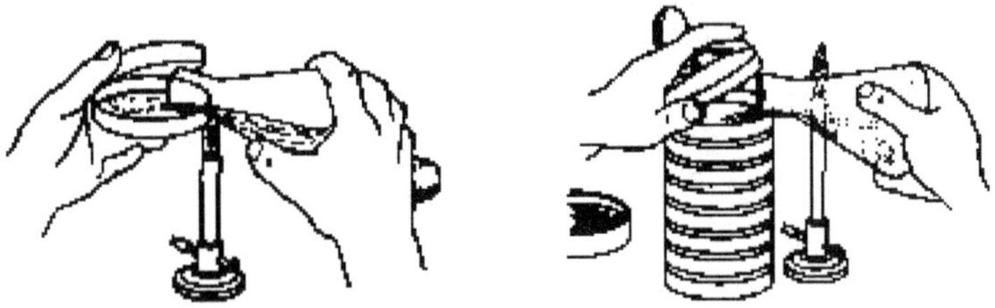

图 1-23　常用的倒平板操作示意图(杜连祥和路福平，2006)
左为持皿法；右为叠皿法

3) 平板冷凝及无菌检查：左手轻微晃动，使培养基铺平皿底，放置工作台上水平位置冷却凝固，左手可再取下一只平皿重复上述步骤。倒好的平皿最好叠放在一起，可减少冷凝水的产生。所有的平皿全部倒好之后，若还有剩余的培养基，则用空出的左手把棉塞接过盖回三角瓶，包扎好以备下次使用。平皿内的培养基冷凝后倒置于 37℃温室中过夜培养检查其无菌状况。

(3) 梯度稀释

从混杂菌中分离某种菌或从高浓度菌悬液中得到单菌落，都需先将菌悬液稀释后再分离至平板培养基上，为便于平板菌落计数，通常按 10 倍稀释法稀释分离。现以制备 10^{-6} 稀释度的菌悬液为例介绍梯度稀释的具体操作过程(图 1-24)。

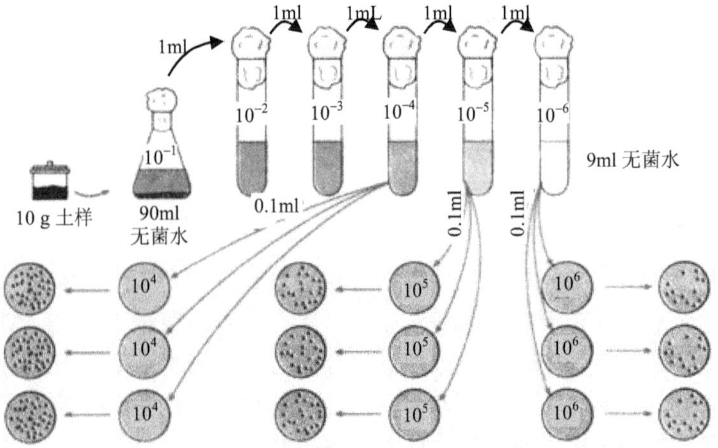

图 1-24　样品的梯度稀释和稀释液的取样分离示意图

1) 试管编号：取装有 4.5 ml 无菌水试管 5 支，按 10^{-2}～10^{-6} 顺序编号，放置于试管架上。

2) 拆开移液管：取 1 ml 无菌移液管一支，从移液管包装纸套中间撕口，去除上段包装纸套，在移液管上端管口装橡皮头，取出下段移液管纸套放置桌面，以右手拇指、食指、中指捏住移液管上端橡皮头，将吸液端口及移液管外部表面迅速通过火焰 2～3 次，杀灭撕纸套时可能污染的杂菌。切忌用手指去触摸移液管吸液端口及外部。

3) 混匀菌液：左手持锥形瓶底，以右手掌及小指、无名指夹住锥形瓶上棉塞或塑料封口膜，在火焰旁拔出(拔出的棉塞要夹在手上，不能放在桌上)，将移液管的吸液端伸进锥形瓶稀释液底部，用手指轻捏橡皮头，在锥形瓶内反复吹吸 3 次(每一次吸上的液面要高于前次的液面)，然后准确吸取 0.5 ml 10^{-1} 稀释液，右手将棉塞或塑料封口膜插回锥形瓶，左手放下锥形瓶。

4) 稀释菌液：左手另取一支盛有 4.5 ml 无菌水试管，依前法在火焰旁拔除试管塞，将 0.5 ml 10^{-2} 稀释液注入 4.5 ml 无菌水试管内，制成 10^{-3} 稀释液。取出移液管，通过火焰后再插入包装移液管的下段纸套内，以备再用。盖上试管塞。

5) 梯度稀释：右手持 10^{-3} 稀释液试管在左手上敲打 20～30 次。重复前面操作，再制成 10^{-4}~10^{-6} 的稀释液。如需对稀释液涂布至平板上的微生物进行菌落计数，为避免稀释过程的误差，则每一个稀释度都需更换移液管。用过的移液管放回纸套，待灭菌后统一清洗。

现常用移液枪配合 1.5 ml 小离心管进行梯度稀释。具体操作过程如下：取已灭菌的 1.5 ml 小离心管 5 支，按 10^{-2}～10^{-6} 顺序编号，放置于离心管架上。右手持 1 ml 移液枪，套上已灭菌的枪头，在每个小离心管中加入 900 μl 用于梯度稀释的无菌水。换枪头，准确从锥形瓶中吸取 100 μl 已混匀的 10^{-1} 稀释液，注入标有 10^{-2} 的小离心管内，配制成 10^{-2} 稀释液。盖上小离心管盖，上下翻转混匀，换枪头，再吸取 100 μl 已混匀的 10^{-2} 稀释液，注入标有 10^{-3} 的小离心管内，配制成 10^{-3} 稀释液。按此法依次配成 10^{-4}~10^{-6} 的稀释液。

(4) 平板涂布分离法

待所倒平板培养基冷凝，菌悬液梯度稀释至需要的浓度之后，采用无菌操作用无菌移液管(或移液枪)分别吸取上述已制好的适宜稀释度的土样稀释液各 0.1 ml，依次滴加于已凝固的固体培养基平板上。用无菌玻璃涂棒将菌液自平板中央均匀向四周涂布扩散，使菌悬液中的菌体在培养基上分散成单个菌体后增殖为单菌落(图 1-25)。

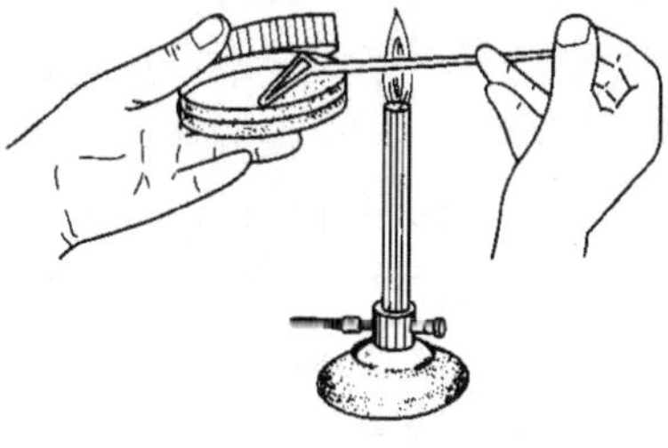

图 1-25 平板涂布操作示意图
(杜连祥和路福平，2006)

菌悬液梯度稀释后，取适宜浓度稀释液涂布平板，于适宜温度下培养至长出菌落，便可进行平板菌落计数。利用该法计数的前提条件是固体培养基上形成的一个菌落是由一个单细胞繁殖而成，即一个菌落代表一个单细胞。这种计数法的优点是能测出样品中的活菌数。常用于某些成品检定、食品污染程度的检测、诱变时致死率、原生质体再生率和融合率的计算等。

$$每克含菌样品上微生物活菌数=\frac{同一稀释度3个平板上菌落平均数\times稀释倍数\times10}{含菌样品克数}$$

计数时选择平均菌落为 30～300 的平板，计算同一稀释度的平均菌落数。菌落数目过多或过少与操作过程中稀释液的制备及稀释度的选择有关。同一稀释度 3 个重复平皿上的数目不应有太大差别，3 个稀释度计算出的菌落数也不应当差别过大。否则，说明操作过程误差较大，技术不够熟练。

(5) 平板划线分离法

平板划线分离是一种使菌种达到菌落纯的操作技术。常采用该技术对初筛得到的目的微生物作进一步的纯种分离，或用于保藏菌种的复壮。划线接种的方式很多，只要能得到单菌落即可。常用的主要有连续划线法和分区划线法(图 1-26)。

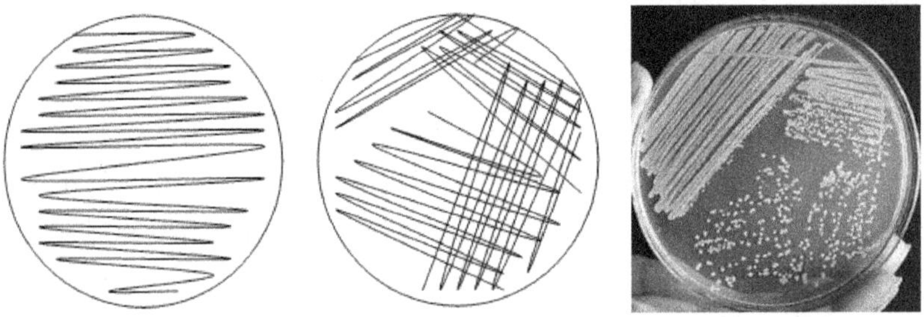

1　　2　　3

图 1-26　平板划线示意图

1. 连续划线法；2. 分区划线法；3. 分区划线的平板

连续划线法是使用接种环在斜面或菌悬液中蘸取菌样后，从平板边缘开始连续作波浪式划线至平板另一端，其间不需灼烧接种环上的菌的划线方式。划线时线条尽量平行密集，但不要重叠。分区划线法将平板分为 4 区，接种环蘸取的菌在第 1 区划线后，将接种环上多余菌体烧死，第 1 区划线的菌体作为菌源，由第 1 区向第 2 区作平行划线，将接种环上多余菌体再次烧死后，以第 2 区划线的菌作为菌源，向第 3 区划线，用同样的方法由第 3 区向第 4 区划线。培养后，单菌落多在第 3 区和第 4 区出现。

4. 微生物染色与制片技术

在微生物育种学实验中，常常需要对各种微生物的形态进行观察。但微生物的体积小、水分多，对光线的吸收和反射与水溶液相似。若将其直接放在显微镜下，则与周围背景没有显著的明暗差，导致无法观察。因此，通常采用染色的方法，使菌体表面及内部结构着色，与背景形成鲜明对比后，便可在普通光学显微镜下观察其形态和结构。还可通过不同的染色方法来观察其特殊结构、鉴别微生物类型和区分死、活细胞等。

常用普通光学显微镜观察的微生物主要分为细菌、放线菌、霉菌和酵母菌四大类。对不同类的微生物有不同的染色和制片方法。对于形态最为微小的细菌，最常用的是利用单一染料对其染色的简单染色法。此法操作简便，常用于观察菌体的一般形态。除此之外，还有用于细菌分类的革兰氏染色法及观察细菌特殊结构的芽孢染色法、鞭毛染色法、荚膜染色法等。对于放线菌、霉菌和酵母菌这三类，根据其形态特征，通常选用特殊的制片技术，再用光学显微镜来观察，具体分述如下。

(1)细菌的染色制片技术

1)简单染色法：主要在观察细菌细胞形态和测定其大小时使用。在中性、碱性或弱酸性溶液中，细菌细胞一般带负电荷，所以常用碱性染料(如美蓝、结晶紫、碱性复红、番红等)进行染色。具体操作步骤包括涂片、干燥、固定、染色和镜检(图 1-27)。

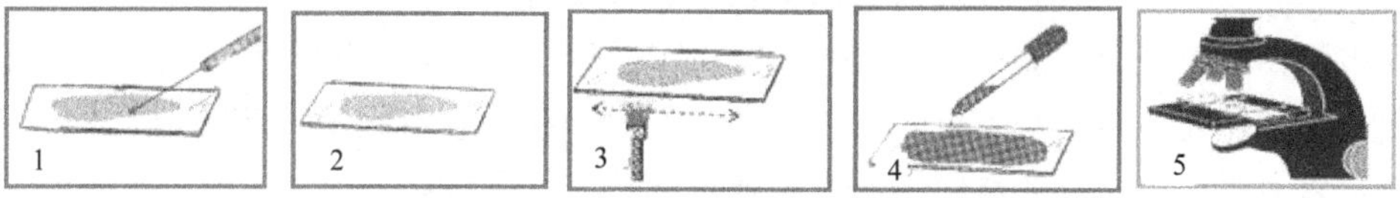

图 1-27　简单染色法操作示意图

1. 涂片；2. 干燥；3. 固定；4. 染色；5. 镜检

2)革兰氏染色法：革兰氏染色反应是细菌分类和鉴定的重要内容，它是 1884 年由丹麦医师 Gram 创立的。该染色方法可根据细胞壁的结构和成分区别，将所有细菌区分为革兰氏阳性细菌(G^+)和革兰氏阴性细菌(G^-)两大类。革兰氏阳性细菌的细胞壁主要由肽聚糖形成的网状结构组成，在染色时，因乙醇处理脱水导致孔径变小，通透性降低，使已形成的结晶紫-碘复合物被保留在细胞内而不易脱色，因此，呈现蓝紫色。革兰氏阴性细菌的细胞壁中肽聚糖含量低，而脂类物质含量高，乙醇将脂类溶解，导致细胞壁的通透性增加，使结晶紫-碘复合

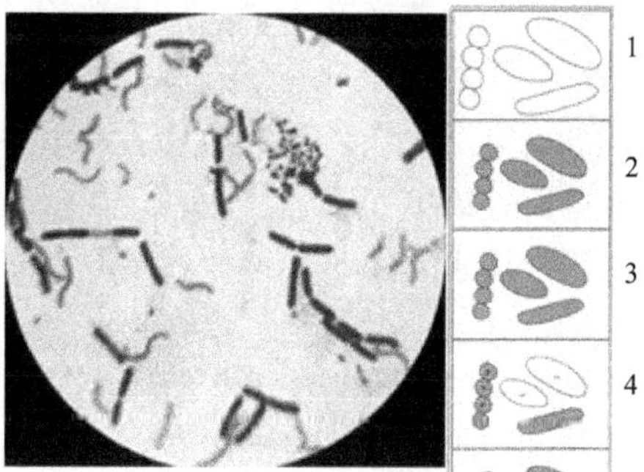

图 1-28　革兰氏染色原理

1. 制片；2. 初染；3. 媒染；4. 脱色；5. 复染

物易被乙醇抽出而脱色，之后又被染上复染液(番红)的颜色，因此呈现红色。操作步骤包括制片、初染、媒染、脱色、复染和镜检(图 1-28)。

革兰氏染色的关键在于严格掌握乙醇脱色的程度，如脱色过度，则阳性菌可被误染为阴性菌；而脱色不够时，阴性菌可被误染为阳性菌。此外，菌龄也影响染色结果，如阳性菌培养时间过长，或已死亡及部分菌自行溶解了，都常呈阴性反应。

3)特殊染色法：包括芽孢染色法、荚膜染色法和鞭毛染色法。

芽孢染色法是利用细菌的芽孢和菌体对染料的亲和力不同的原理，用不同染料染色，使芽孢和菌体呈不同的颜色而便于区别。荚膜是包围在细菌细胞外面的一层主要成分为多糖的黏液性物质，不易着色，故常用衬托染色法，即将菌体和背景着色，衬托出不着色且透明的荚膜。由于荚膜含水量很高，受热易变形，因此，制片时一般不用热固定。

鞭毛是细菌的运动“器官”，直径为 0.01~0.02 μm，非常纤细，在普通光学显微镜的分辨力限度以外，故需要用特殊的鞭毛染色法才能看到。鞭毛染色是借助媒染剂和染色剂的沉淀作用，使染料堆积在鞭毛上以加粗鞭毛的直径并使其着色，因而在普通光学显微镜下可见。也可通过在显微镜下观察细菌的运动性来初步判断细菌是否有鞭毛。通常使用压滴法或悬滴法进行观察。

(2)放线菌和霉菌的制片技术

放线菌和霉菌虽然分别为原核生物和真核生物，但菌体都呈丝状，分为潜入培养基中的营养菌丝(或称基内菌丝)和生长在培养基表面的气生菌丝，放线菌是由气生菌丝分化为孢子丝，而霉菌则在气生菌丝上分化出各种形状的分生孢子头。放线菌和霉菌的菌丝及孢子的形态和颜色常作为分类的重要依据。由于其特殊的形态特征，实验室中，除采用细菌细胞所用的简单染色法对这两种菌进行观察外，常采用玻璃纸法、插片法、印片法和水浸片法对其进行制片观察。

其中，玻璃纸法、插片法、印片法主要用于观察放线菌和霉菌的自然生长形态，水浸片法主要用于观察放线菌的孢子丝和孢子、霉菌的分生孢子头和孢子的细微结构特征。下面分别加以介绍。

玻璃纸的透光性与载玻片基本相同，且具有半透膜特性，因此可以使放线菌或霉菌在玻璃纸琼脂平皿上生长，然后将长菌的玻璃纸剪取一小片，贴放在载玻片上进行观察。

插片法是在培养放线菌或霉菌时，将盖玻片以 45°角斜插入已接种的培养基中，培养至菌丝长出后，用镊子直接拔出盖玻片，将有菌一面朝上放在载玻片上直接镜检的方法(图 1-29)。物镜对准培养基交界处(滴加少许美蓝利于观察)，可方便地观察并区分营养菌丝和气生菌丝。

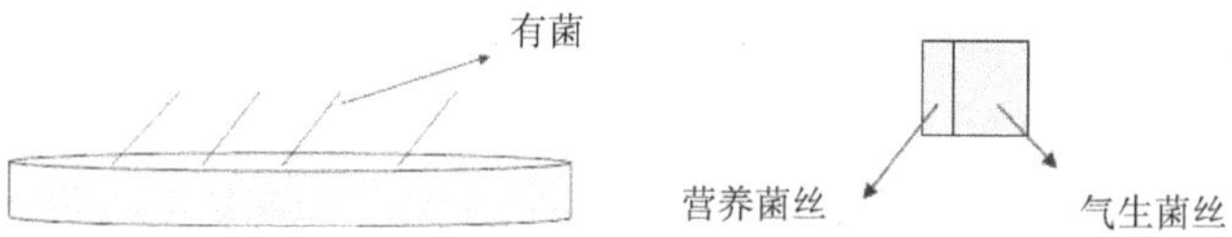

图 1-29　插片法示意图

对于放线菌，印片法主要用于观察气生菌丝、孢子丝和孢子的形态；对于霉菌，主要用于观察气生菌丝、分生孢子头和孢子的形态特征。由于制片时经过染色、固定和干燥，因此可用油镜观察菌体的细微结构。具体操作如下(图 1-30)：用接种铲连同培养基挑取平板培养基菌苔，置载玻片 B 的中央；将另一载玻片 A 在酒精灯火焰上微微加热，盖在玻片 B 上，将菌苔压碎；将 A 翻转并除去上面残余的培养基，制成涂片，经干燥固定后，用吕氏碱性美蓝染液或苯酚复红染液染 1 min，水洗，干燥后，用油镜观察菌体形态。

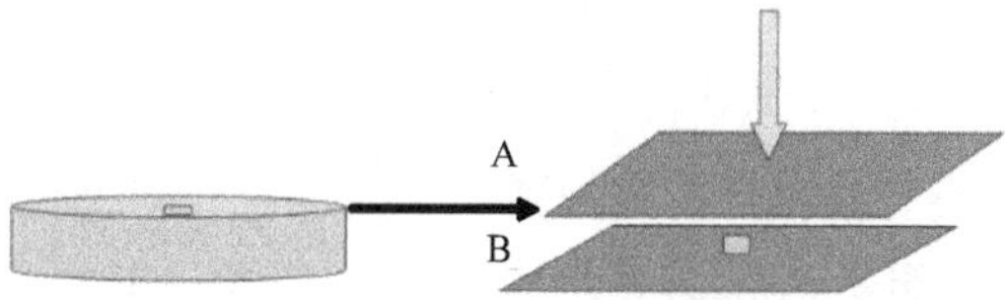

图 1-30　印片法示意图

水浸片法也是用于观察放线菌和霉菌菌丝与孢子结构的常用方法，该方法简单快捷，无需染色干燥等步骤便能在油镜下观察(图 1-31)。

(3)酵母菌的制片技术

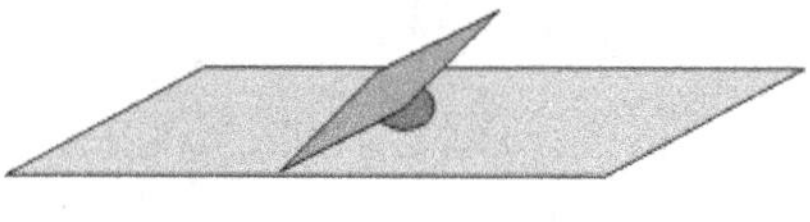

图 1-31　水浸片示意图

酵母菌是多形的、不运动的真核微生物，细胞核与细胞质已有明显的分化，菌体比细菌大。繁殖方式也较复杂，无性繁殖主要是出芽生殖，仅裂殖酵母属是以分裂方式繁殖；有性繁殖是通过接合产生子囊孢子。常采用水浸片法来观察酵母菌的形态和出芽生殖方式。制片时，在液滴中加入一小滴无毒的染料——美蓝，不仅能协助观察，还能区别酵母菌的死活。这是由于活细胞具有较强的还原能力，可以使美蓝从蓝色的氧化型变为无色的还原型，从而使无色的活细胞和蓝色的死细胞得以区分。

5. 显微镜的使用及微生物大小和数量的测定

(1)显微镜的使用

微生物个体极其微小，远低于人类肉眼的分辨率(0.2 mm)。因此，利用显微镜观察微生物个体形态特征的显微技术就成为微生物育种学实验的基本操作技术之一。有关普通光学显微镜的结构、使用与维护在微生物实验书中已有详细介绍，此处不再赘述。

(2)微生物大小的测定

微生物细胞的大小，是微生物的形态特征之一，也是分类鉴定的依据之一。由于菌体很小，只能在显微镜下测量。用来测量微生物细胞大小的工具有目镜测微尺和镜台测微尺(图 1-32)。

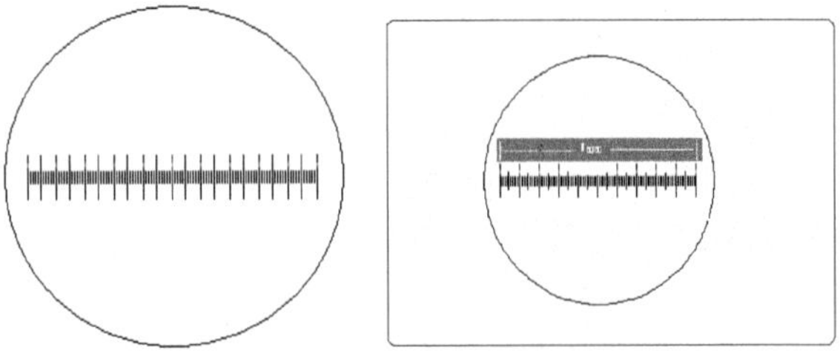

A　　B

图 1-32　目镜测微尺和镜台测微尺示意图

A. 目镜测微尺；B. 镜台测微尺

目镜测微尺是一块可放在目镜内的圆形小玻片，其中央刻有精确的刻度，镜台测微尺是一块中央部分刻有精确等分线的载玻片(图 1-32)。一般将 1 mm 等分为 100 格(或 2 mm 等分为 200 格)，每格长度等于 0.01 mm(即 100 μm)。由于所用接目镜放大倍数和接物镜放大倍数的不同，目镜测微尺每小格所代表的实际长度也不同，因此，在使用前必须用镜台测微尺进行校正，通过以下公式换算出目镜测微尺每小格所代表的实际长度后，才可用来测量微生物的大小。

$$目镜测微尺每小格长度=\frac{两对重合线间镜台测微尺格数\times 10}{两对重合线间目镜测微尺格数}\ (\mu m)$$

(3)微生物的直接计数法

利用血球计数板在显微镜下直接计数，是一种常用的微生物计数方法。通常用于酵母菌和霉菌孢子的计数。该法操作简便，计数直观。但和平板计数法不同，采用血球计数法计得的是活菌体和死菌体的总和，故又称为总菌计数法。

血球计数板通常是一块特制的载玻片，其上有由 4 条槽构成的 3 个平台(图 1-33)。中间的平台又被一短横槽隔成两半，每一边的平台上各刻有一个方格网，中间的大方格即为计数室，微生物的计数就在计数室中进行(图 1-34)。将经过适当稀释的菌悬液(或孢子悬液)放在血球计数板的计数室中，由于其容积已知($0.1\ mm^3$)，因而可以根据在显微镜下观察到的微生物数目来换算成单位体积内的微生物总数目。

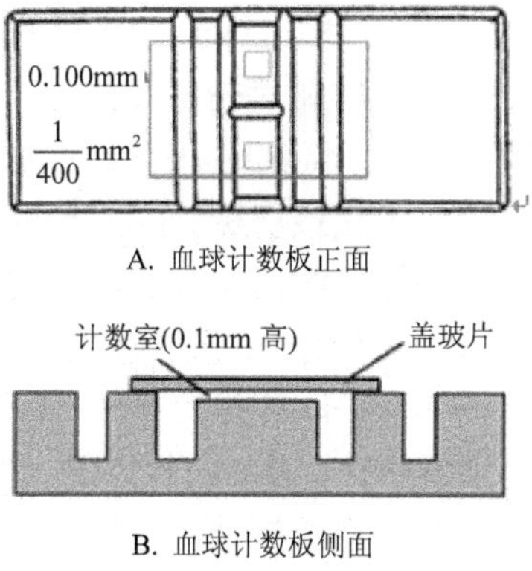

图 1-33　血球计数板示意图

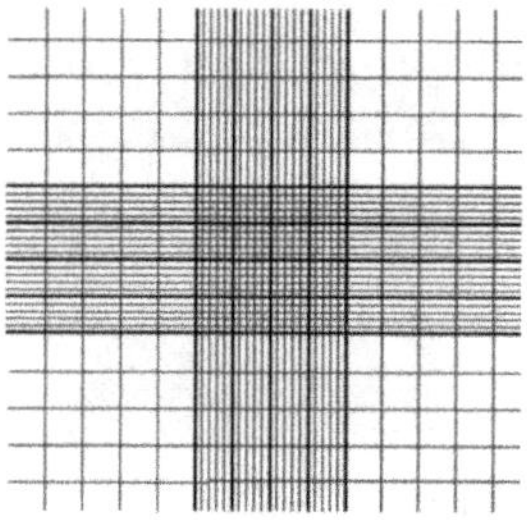

图 1-34　血球计数板的计数室

6. 分子操作基本技术

(1) 微量操作技术

微生物实验中，使用的质量和体积计量单位主要是克(g)和毫升(ml)，而分子生物学实验中，通常要用到微克和微升，甚至更小的计量单位，如纳克(ng)、皮克(pg)及纳升(nl)等。由相对宏观的操作突然转为微量操作时需要注意以下几个方面。

1) 熟悉并掌握微量称量器具的正确使用方法。微量电子天平(最小感量 10^{-4} g)和微量移液器(最大 2 μl)是两种最常使用的器具，正确地使用及准确地量取是微量操作的第一步，也是最重要的一步。

2) 添加：将一种或几种液体物质分别准确量取并添加到同一个 Ep 管中，必须保证看到每一种液体都加入其中，并且，在取出移液器时，Tip 头的尖部不能有任何可见的液珠。

3) 混匀：全部液体加完后，总体积也只有 10μl 到几十微升，很难用常规方法将其彻底混匀。因此通常采用旋涡振荡混匀和弹匀的方法。将 Ep 管盖紧，握紧并将其底部与旋涡振荡器接触，液体会在管内高速旋转而混匀；也可手持盖好的 Ep 管上端，另一只手反复弹动其底部，将其中的液体混匀。最后，用高速台式离心机将全部液体甩到 Ep 管的底部。

4) 验证：在分子生物学实验过程中，每一步实验的结果都必须采用相关的检测、鉴定方法显示出来并判定正确后再进行下一步反应。

(2) 质粒提取

质粒是细菌细胞内一种自我复制的环状双链 DNA 分子(图 1-35)，大小范围为 1~200 kb 不等，常独立存在于染色体外，并能稳定遗传到子代。它能够携带外源基因进入细菌中扩增或表达，是重组 DNA 技术中重要的工具。因而，质粒的分离与提取是分子育种中最常用、最基本的实验技术。

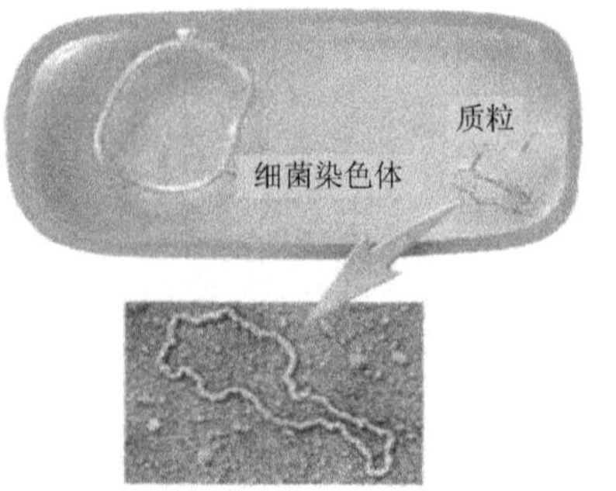

图 1-35 细菌中的质粒

纯化质粒 DNA 的方法通常是利用质粒 DNA 相对较小及共价闭环两个性质。例如，氯化铯-溴化乙锭梯度平衡离心、离子交换层析、凝胶过滤层析、聚乙二醇分级沉淀等方法，但这些方法相对昂贵或费时。在分子生物学实验室中，碱裂解法提取纯化的质粒 DNA 已可满足细菌转化、DNA 片段的分离和酶切、常规亚克隆及探针标记等要求，因而应用最为广泛。

碱裂解法提取质粒包括细菌的培养、细菌的收集和裂解、质粒 DNA 的分离和纯化 3 个步骤。其原理是在 pH 12.0 ~ 12.6 碱性环境中，细菌的线性大分子质量染色体 DNA 变性分开，而共价闭环的质粒 DNA 虽然变性但仍处于拓扑缠绕状态。将 pH 调至中性并有高盐存在及低温的条件下，大部分染色体 DNA、大分子质量的 RNA 和蛋白质在去污剂 SDS 的作用下形成沉淀，而质粒 DNA 仍然为可溶状态。通过离心，可除去大部分细胞碎片、染色体 DNA、RNA 及蛋白质，然后用酚、氯仿抽提进一步纯化质粒 DNA，具体步骤如下。

1) 菌种培养及收集：挑取 LB 固体培养基上生长的单菌落，接种于 2.0 ml LB(含相应抗生素)液体培养基中，37℃、250 r/min 振荡培养过夜(12~14 h)。取 1.5 ml 培养物入微量离心管中，室温离心 8000 *g*×1 min，弃上清液，将离心管倒置，使液体尽可能流尽。

2) 菌体重悬：将细菌沉淀重悬于 100 μl 预冷的溶液 I[50 mmol/L 葡萄糖，25 mmol/L Tris-HCl (pH 8.0)，10 mmol/L EDTA(pH 8.0)]中，剧烈振荡，使菌体分散混匀，且不至于沉淀。

3) 碱裂解：加 200 μl 新鲜配制的溶液 II(0.2 mol/L NaOH，1% SDS)，颠倒数次混匀(不要剧烈振荡)，并将离心管放置于冰上 2~3 min，使细胞膜裂解(溶液 II 为裂解液，故离心管中菌液逐渐变清)。

4) 中和：加入 150 μl 预冷的溶液[醋酸钾(KAc)缓冲液，pH 4.8]，将管温和颠倒数次混匀，见白色絮状沉淀，可在冰上放置 3~5 min。溶液 III 为中和溶液，此时质粒 DNA 复性，染色体和蛋白质不可逆变性，形成不可溶复合物，同时 K^+使 SDS-蛋白质复合物沉淀。

5) 质粒提取：加入 450 μl 的苯酚-氯仿-异戊醇(25 : 24 : 1)，振荡混匀，4℃离心 12 000 *g* × 10 min。小心移出上清液加入一个新的微量离心管中，再加入 2.5 倍体积预冷的无水乙醇，混匀，室温放置 2~5 min，4℃离心 12 000 *g*×15 min。

目前已有市售的质粒小量提取试剂盒，可省略溶液 I、溶液 II、溶液 III 的配制。质粒抽提的效果可通过电泳进行检测。质粒的电泳一般有 3 条带，分别为质粒的超螺旋、开环、线型 3 种构型。也可通过分光光度计分别在 260 nm、280 nm 波长测定其吸光值，A_{260}/A_{280} 的比值为 1.7~1.9，说明质粒质量较好。

(3) 感受态细胞制备

体外连接的 DNA 重组分子只有导入合适的受体细胞才可能大量增殖。为了提高受体菌摄取外源 DNA 的能力，提高转化效率，以获得更多的转化子，人们摸索出了不同的方法处理细菌，使其处于感受态。目前，将外源 DNA 导入受体细胞中主要采用电转化法和 $CaCl_2$ 法，因此需要相应地制备电转化感受态细胞和 $CaCl_2$ 感受态细胞。

电转化法是利用瞬间高压在细胞上打孔，因而需用冰冷的超纯水多次洗涤处于对数生长前期的细胞，以使细胞悬浮液中含有尽量少的导电离子，转化效率为 10^9～10^{10} 转化子/μg DNA。热激法是利用冰冷的 $CaCl_2$ 处理对数生长期的细胞，可以诱导其产生短暂的、易于摄取外源 DNA 的“感受态”，转化效率为 10^6～10^7 转化子/μg DNA。

下面以大肠杆菌菌株 DH5α为例介绍 $CaCl_2$ 感受态细胞的制备过程。

1) 菌体培养：挑取受体菌 (DH5α) 单菌落于 LB 培养基中，37℃摇床培养过夜（约 16 h），取 1 ml 过夜培养物转接于 100 ml LB 培养基中，在 37℃摇床上剧烈振荡培养 2.5~3 h (250~300 r/min) 至 OD_{600} 达到 0.4~0.5。

2) 收集菌体：将 0.1 mol/L $CaCl_2$ 溶液置于冰上预冷；吸取 1.5 ml 培养好的菌液至 1.5 ml 离心管中，在冰上冷却 10 min；4℃下 5000 r/min 冷冻离心 5 min。

3) $CaCl_2$ 处理细胞：弃去上清液，加入 100 μl 预冷的 0.1 mol/L $CaCl_2$ 溶液，用移液枪轻轻上下吸动打匀，使细胞重新悬浮，冰上放置 20 min；4℃下冷冻离心 5 min；弃去上清液，加入 100 μl 预冷的 0.1 mol/L $CaCl_2$ 溶液，用移液枪轻轻上下吸动打匀，使细胞重新悬浮。感受态细胞即制备完成。

4) 储存备用：上述细胞悬浮液可以立即用于转化实验，也可添加冷冻保护剂 (15%~20%甘油) 后于−70℃超低温冷冻储存备用（一般可存放一个月）。

与 $CaCl_2$ 法相比，电转化法制备感受态细胞只有第三步的处理有所不同。具体如下：在培养并收集好菌体后，加入 1500 μl 冰冷的 10%甘油，用移液枪轻轻上下吸动打匀，使细胞重新悬浮；4℃下 5000 r/min 冷冻离心 5 min，弃去上清液，加入 750 μl 冰冷的 10%甘油，用移液枪轻轻上下吸动打匀，使细胞重新悬浮；4℃下 5000 r/min 冷冻离心 5 min，加入 20 μl 冰冷的 10%的甘油，用移液器轻轻上下吸动打匀，使细胞重新悬浮。之后可用于电转化或储存备用。

(4) 质粒的转化及转化子的鉴定

质粒的转化是指将质粒或以它为载体构建的重组子导入感受态细胞中的过程。常用的转化方法有热激法或电转化法两种。

热激法的原理是大肠杆菌在 0℃ $CaCl_2$ 低渗溶液中细胞膨胀呈球形，转化混合物中的 DNA 形成抗 DNase 的羟基-钙磷酸复合物黏附于细胞表面，经 42℃短时间热冲击处理，促进细胞吸收 DNA 复合物，在丰富培养基上生长数小时后，球状细胞复原并分裂增殖，具体操作如下。

1) 制备平板：在融化的 250 ml LB 培养基中加入 250 μl Amp(100 mg/ml)，250 μl X-gal (20 mg/ml)，25 μl IPTG (200 mg/ml)，混匀后倒入灭菌培养皿中。

2) 混合：取出 3 管制备好的 100 μl 感受态细胞，冰上融化后加入约 20 ng 质粒 DNA，3 管分别加连接产物、标准超螺旋质粒 DNA(阳性对照)及不加入任何 DNA(阴性对照)，用移液器轻轻吸打均匀，在冰上放置 30 min。

3) 热击：将离心管放置 42℃水浴勿摇动，热击 90 s。

4) 冰浴：快速将离心管转移至冰浴，放置 1~2 min。

5) 复苏：每管加 400 μl SOC 培养基，在 37℃摇床温和摇动温育 45 min，使细菌复苏。

6) 涂皿培养：取适当体积均匀涂布于含有 IPTG、X-gal、抗生素(Amp)的 LA 平板，于 37℃倒置培养 12~16 h，即可观察到蓝白相间的菌落，其中白色菌落为含有外源插入片段的转化子，蓝色菌落是载体自连的转化子(图 1-36)。

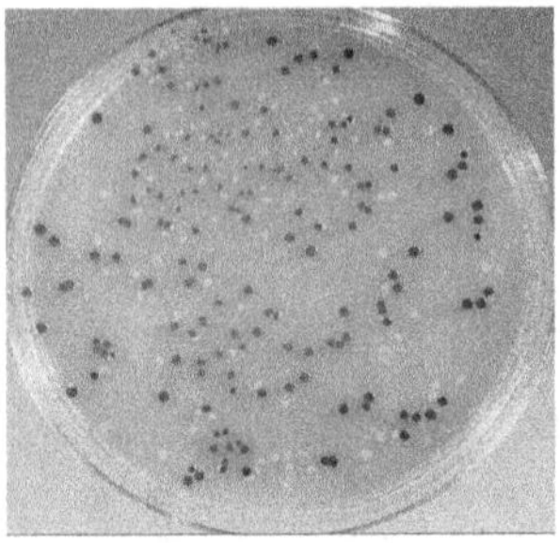

图 1-36　蓝白斑筛选结果

电转化法主要是靠外加于细胞膜上的电场造成细胞膜不稳定，形成电穿孔，从而有利于 DNA 等大分子进入，具体操作如下。

1) 制备平板：同上。

2) 混合：取出制备好的感受态细胞，放冰上融化后每管加入 1 μl 连接产物，用移液器轻轻吸打均匀，置冰上。

3) 电击：电转化仪选择 1800 V 作为输出电压，将要转化的混合物加入预冷的电转化杯中，立即按下按钮电击。

4) 复苏：立即加 1 ml SOC 培养基到转化杯中重悬细胞。

5) 涂皿培养：将细胞转入合适的培养管中 37℃培养 1 h，吸取合适体积的菌液涂布于已倒好冷凝的选择培养基平板，37℃培养过夜，观察结果。

利用氨苄青霉素抗性筛选转化子时，用转化细胞铺平板的密度要低(90 mm 平板上不得超过 10^5 个菌落)，同时 37℃培养不应超过 20 h，否则具氨苄青霉素抗性的转化子会将β-内酰胺酶分泌到培养基中，灭活菌落周围的抗生素，从而导致对氨苄青霉素敏感的“卫星菌落”的出现。

(5) 电泳

带电荷的物质在电场中的趋向运动称为电泳。电泳的种类多，应用广泛，已成为分离生物大分子的重要手段。其原理如下：在一定 pH 条件下，各种分子都具有自己特定的电荷(种类和数量)、大小和形状，因而在相同电场中泳动速度不同，各自集中到特定的位置上而形成紧密的泳动带。在一定的电场强度下，分子的这种迁移速度，即电泳的迁移率，取决于分子本身的大小和构型。

琼脂糖和聚丙烯酰胺(PAGE)是目前实验室最常用的支持介质。

(1)琼脂糖凝胶电泳

琼脂糖凝胶电泳是用琼脂或琼脂糖作支持介质的一种电泳方法(图 1-37)。对于分子质量较大的样品，如大分子核酸、病毒等，一般可采用孔径较大的琼脂糖凝胶进行电泳分离。琼脂糖凝胶可分离 200 bp 至近 50 kb 的 DNA 片段。其分辨率比聚丙烯酰胺凝胶低，但制备容易，分离范围广，尤其适于分离大片段 DNA(表 1-1)。

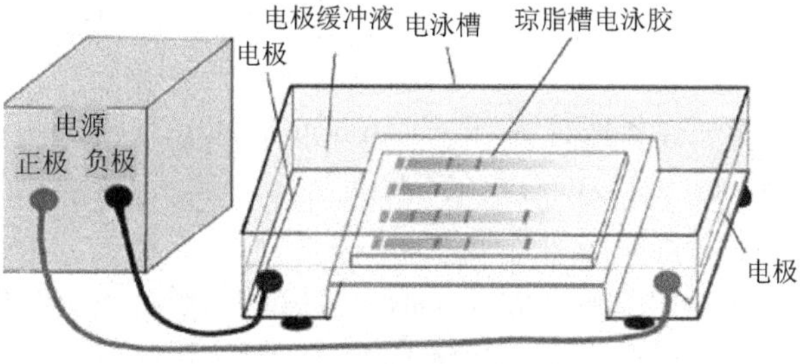

A. 电泳装置图

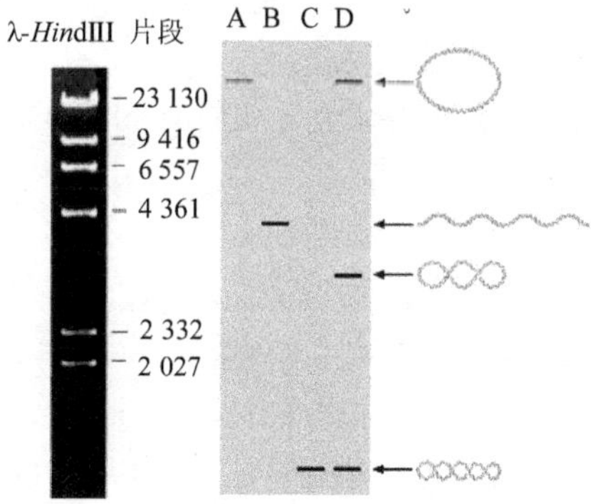

B. 电泳结果示意图

图 1-37　琼脂糖凝胶电泳

表 1-1　常用的凝胶类型及浓度对 DNA 的最佳分离范围

凝胶类型及浓度	分离 DNA 的大小范围/bp
0.3%琼脂糖	50 000~1 000
0.7%琼脂糖	20 000~1 000
1.4%琼脂糖	6 000~300
4.0%聚丙烯酰胺	1 000~100
10.0%聚丙烯酰胺	500~25
20.0%聚丙烯酰胺	50~1

主要操作步骤如下。

1) 插梳：用胶带或插板封住塑料托盘开放的两边形成一个模具，置于水平工作台上，将梳子插入模具，梳子距模具一端约 1 cm，梳齿底端与托盘表面保持 0.5~1 mm 的间隙。

2) 制胶：称取 0.4 g 琼脂糖加入 40 ml TAE 缓冲液以配制 1%的凝胶，加热使琼脂糖完全熔化并冷却至 65℃左右(滴入 EB 至终浓度为 0.5 μg/ml，轻轻摇匀，避免产生气泡)，小心缓慢倒入模具内(避免产生气泡)，使凝胶缓慢展开直至在托板表面形成一层约 3 mm 厚的均匀胶层，室温下静置 0.5~1 h。

3) 拔梳和加缓冲液：待胶凝固后，双手均匀用力轻轻拔出梳子(注意切勿使样品槽破裂)，在胶板上形成相互隔开的样品槽。将凝胶连同托板放入电泳槽平台上，倒入适量 TAE 缓冲液直至浸没过胶面 2~3 mm，小心除去样品槽中的气泡。

4) 上样：用微量加样器取样品(或 DNA Marker) 20 μl，取 6×上样缓冲液 5 μl，与样品(或 DNA Marker)缓慢混合均匀(避免气泡)，将混合样品加入样品槽内(注意避免因样品过多而溢出，污染邻近样品)。

5) 电泳：加入样品后，将靠近样品槽一端连接负极，另一端连接正极，接通电源，开始电泳，在样品进胶前可用略高电压，防止样品扩散，样品进胶后，应控制电压不高于 5V/cm[电压值(V)/电泳槽两极之间距离(cm)]。当染料条带移动到距离凝胶前沿约 1 cm 时，停止电泳。

6) 染色：将电泳后的胶板小心推至含 0.5 μg/ml EB 染色液中，室温下浸泡染色 30 min。

7) 观察电泳结果：小心取出凝胶并用水轻轻冲洗表面的 EB 溶液，然后将胶板推至预先浸湿并铺在紫外灯台上的保鲜膜上，在波长 254 nm 紫外灯下进行观察。DNA 存在的位置呈现橘红色荧光(荧光会逐渐减弱)，肉眼可观察到清晰的条带，立即拍照(或绘图)，记录下电泳结果。

8) 计算分子质量：参照 DNA Marker 估计未知大小 DNA 片段的分子质量。用计算机软件计算其分子质量。

(2) 聚丙烯酰胺凝胶电泳

聚丙烯酰胺凝胶电泳(PAGE)常用于核酸和蛋白质的分离、纯化及检测(图 1-38)。按原理和操作形式的不同，可分为不连续聚丙烯酰胺凝胶电泳、SDS-聚丙烯酰胺凝胶电泳、聚丙烯酰胺凝胶等电聚焦电泳、双向电泳等类型。聚丙烯酰胺凝胶的分辨范围为 1~1000 bp，其分辨能力同凝胶的类型和浓度有关，浓度越高，孔隙越小，其分辨能力就越强(表 1-1)。

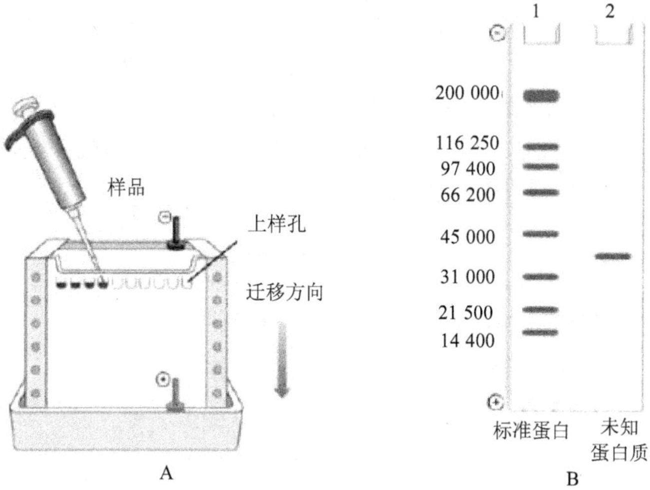

图 1-38　聚丙烯酰胺凝胶电泳

A. 电泳装置图；B. 电泳结果示意图

蛋白质电泳的具体操作步骤如下：

1）配胶：分别配制分离胶、浓缩胶、过硫酸铵及 TEMED（具体见本书附录）。

2）安装电泳槽。

3）灌分离胶：吸取 22 μl 过硫酸铵及 5 μl TEMED 于分离胶中，轻轻混匀，灌胶，小心地在分离胶的表面加封一层水，封住胶面，轻敲去除气泡后静置。

4）灌浓缩胶和插梳：大约 40 min，分离胶聚合形成界面后，去除上层的水，加 11 μl 过硫酸铵及 4 μl TEMED 于浓缩胶中，轻轻混匀，灌注浓缩胶，慢慢斜插入梳子（避免产生气泡）。置于室温下使其充分凝固后小心拔出梳子。

5）样品处理及上样：将处理好的样品依据其蛋白质浓度加入上样缓冲液，沸水浴 3~5 min，之后短暂离心去除沉淀，取适量体积加入上样孔（上样量一般 8~12 μg），切忌样品之间互相污染。

6）电泳：将电极缓冲液注入电泳槽中。恒流情况下，电压一般设为最大值（300 V），在分离胶内电流一般为 10 mA 左右，大约 30 min 左右，样品前沿跑过分离胶和浓缩胶界面后，电流加大为 20~25 mA，整体电泳时间约 2 h；恒压条件下，浓缩胶内电压取 60 V，电流一般设最大值，样品跑至两胶界面后电压加大到 120 V，整体电泳时间约 2.5 h。

7）染色：若样品量足够，一般采用考马斯亮蓝 R-250 染色。电泳完毕后，将胶置于染色液中染色过夜，转置脱色液中脱色，并多次更换脱色液，直至背景清晰。也可通过加热快速染色和脱色，约 0.5 h 便可观察结果。

8）观察分析电泳结果。

（6）PCR 技术

聚合酶链反应（polymerase chain reaction, PCR）是一种在体外快速扩增特定基因或 DNA 序列的方法，故又称为基因的体外扩增法。PCR 具有反应快速、灵敏、操作简便等优点，是分子克隆技术中的常用技术之一。PCR 技术的基本原理类似于 DNA 的天然复制过程，其特异性依赖于与靶序列两端互补的寡核苷酸引物。PCR 由高温变性、低温退火和适温延伸 3 个基本反应步骤构成，经多个循环，理论上靶 DNA 分子将呈现指数性扩增。

PCR 的操作如下：

1）配制 Mix：每 50 μl 反应体积包括：

10×PCR 缓冲液	5 μl
4×dNTP 混合物	4 μl
引物 1（Control Primer 1）	0.5 μl
引物 2/3（Control Primer 2/3）	0.5 μl
Taq 酶	0.25 μl
ddH_2O	50 μl

充分混匀。

2）加入模板（control template）DNA 1 μl，轻缓混匀，轻微离心。

3）放入 PCR 仪，按以下条件进行 PCR 反应。

使用引物 1、2 时（扩增 6012 bp DNA 片段）

循环：	94℃	45 s	
	94℃	30 s	30 个循环
	55℃	30 s	
	72℃	4 min	
	72℃	1 min	
	4℃	∝	

使用引物 1、3 时（扩增 500 bp DNA 片段）

循环：	94℃	30 s	
	94℃	30 s	30 个循环
	55℃	30 s	
	72℃	30 s	
	72℃	30 s	
	4℃	∝	

4）PCR 产物鉴定：加入上样缓冲液，混匀，离心，取 10 μl PCR 产物电泳。

λ-EcoT14I Marker 和 λ-Hind III Marker 做对照。

7. 生物信息学分析技术

生物信息学是综合了计算机科学、信息技术和数学的理论和方法来研究生物信息的交叉学科。具体包括生物学数据的研究、存档、显示、处理和模拟，基因遗传和物理图谱的处理，核苷酸和氨基酸序列分析，新基因的发现和蛋白质结构的预测等。

在获得一个基因序列后，可以对其进行生物信息学分析，从中尽量发掘信息，从而指导进一步的实验研究。通过染色体定位分析、内含子/外显子分析、ORF 分析、表达谱分析等，能够阐明基因的基本信息。通过启动子预测、CpG 岛分析和转录因子分析等，识别调控区的顺式作用元件，可以为基因的调控研究提供基础。通过蛋白质基本性质分析、疏水性分析、跨膜区预测、信号肽预测、亚细胞定位预测、抗原性位点预测，可以对基因编码蛋白质的性质作出初步判断和预测。尤其通过疏水性分析和跨膜区预测可以预测基因是否为膜蛋白，这对确定实验研究方向有重要的参考意义。在微生物育种中，通过生物信息学的以上分析，可对基因或蛋白质的特性进行初步的判断，为定向改造基因起到有的放矢的作用。

下面介绍生物信息学中一些基本分析方法。

(1)序列检索

常用的分子序列(包括核酸序列和蛋白质氨基酸序列)检索工具主要有 Entrez 和 SRS 查询系统。以 NCBI 中的 Entrez 查询系统为例。

1)登陆 NCBI 网站，进入 Entrez 主页：http://www.ncbi.nlm.nih.gov/sites/gquery，如图 1-39 所示。

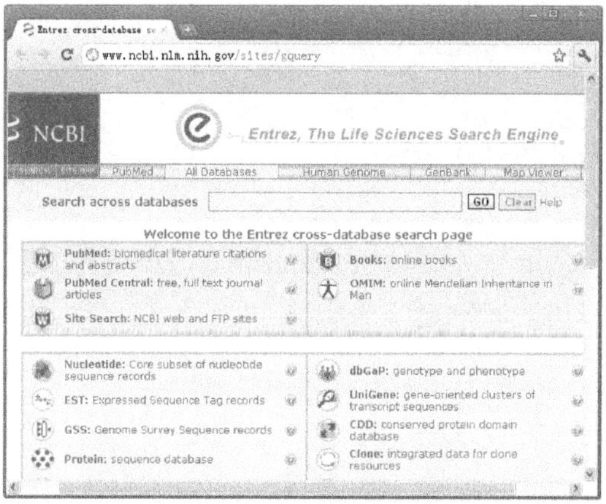

图 1-39　Entrez 查询系统主页

2)在“Search across databases”栏中输入检索词，如输入“lipase”，界面上显示 NCBI 提供的 20 几个数据库中检索到的相关数据信息数量(图 1-40)。检索词可以是数据库接受的编号、基因名、分类、关键词、注释信息、作者及文献题目等，如果一次查询多个序列信息，可同时输入多个基因接受编号。增加检索词可以缩小查询范围，使检索结果更加精确。

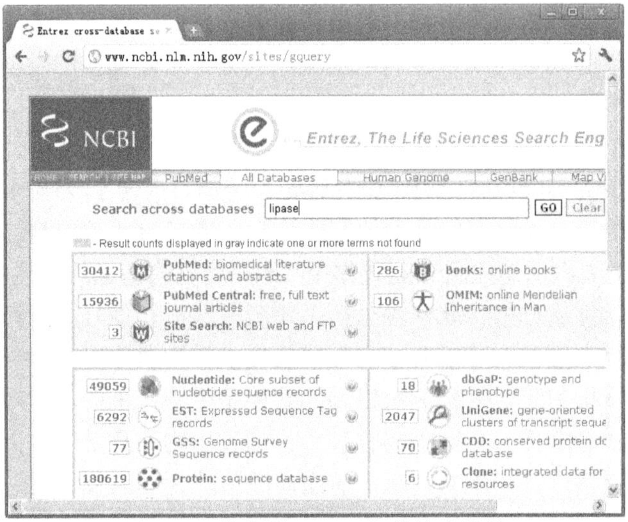

图 1-40　检索词“lipase”的检索结果

3) 检索核酸数据库：点击“Nucleotide”进入所检索到的核酸数据库，点击“Protein”进入所检索到的蛋白质氨基酸序列数据库，点击“EST”则进入相应的表达序列标签数据库。以检索到的核酸数据为例，见图 1-41。

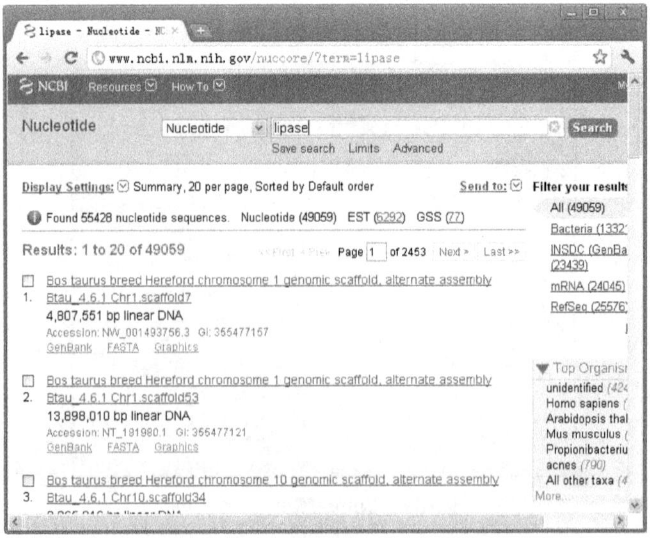

图 1-41　核酸数据库中的检索结果

4）数据信息：数据库中有若干符合条件的序列。选择其中所需的序列，点击打开该序列的链接，得到序列的原始信息记录和注释，如下列所示。

LOCUS FJ647186 1616 bp mRNA linear INV 07-MAR-2009

DEFINITION Liposcelis decolor acetylcholinesterase 1 mRNA, partial cds.

ACCESSION FJ647186

VERSION FJ647186.1 GI:224459420

KEYWORDS .

SOURCE Liposcelis decolor

ORGANISM Liposcelis decolor

Eukaryota; Metazoa; Arthropoda; Hexapoda; Insecta; Pterygota;

Neoptera; Paraneoptera; Psocoptera; Troctomorpha; Liposcelidae;

Liposcelis.

REFERENCE 1 (bases 1 to 1616)

AUTHORS Tang,P., Wang,J., Jiang,H. and Dou,W.

TITLE Molecular Cloning and Sequence Analysis of Two

Acetylcholinesterases from Liposcelis decolor (Psocoptera:

Liposcelididae)

JOURNAL Unpublished

REFERENCE 2 (bases 1 to 1616)

AUTHORS Tang,P., Wang,J., Jiang,H. and Dou,W.

TITLE Direct Submission

JOURNAL Submitted (19-JAN-2009)College of Plant Protection, Key Laboratory of Entomology and Pest Control Engineering, 1 Tiansheng Road, Chongqing 400715, China

FEATURES Location/Qualifiers

source 1..1616

/organism="Liposcelis decolor"

/mol_type="mRNA"

/db_xref="taxon:209926"

CDS <1..1503

/codon_start=1

/product="acetylcholinesterase 1"

/protein_id="ACN43352.1"

/db_xref="GI:224459421"

/translation="ATMWNPNTPLSEDCLYINVVAPKPRPKKAAVMVWIFGGGFYSGT

PQLVAVTANLNTDNPQACTASSPNTSSFISFHVITLIITISKLMHLWILQ"

ORIGIN

1 gcgacaatgt ggaatccaaa cactccatta tctgaagact gtttatacat caacgtggtc

61 gctccgaaac ctcgacctaa aaaagcagcc gtgatggtat ggatcttcgg cggaggattt

------

1561 taaaaaaaac aaatcggcct aattttggcc tacaacttaa ttcaaaaaaa aaaaaa

//

5）解读数据库序列文件的注释信息：GenBank 序列文件由单个的序列条目组成。序列条目由字段组成，每个字段由关键字起始，后面为该字段的具体说明。有些字段又分若干次子字段，以次关键字或特性表说明符开始。每个序列条目以双斜杠“//”作为结束标记。

序列条目的关键字包括代码（LOCUS）、说明（DEFINITION）、接受编号（ACCESSION）、核酸标志（NID 符）、关键词（KEYWORDS）、数据来源（SOURCE）、文献（REFERENCE）、特性表（FEATURES）、碱基组成（BASE COUNT）及碱基排列顺序（ORIGIN）等。

代码是该序列条目的标识符，蕴含这个序列的功能，如名称、序列、长度、类型、种属来源以及录入日期等。说明字段是有关该序列的简单描述。接受编号具有唯一性和永久性，如本例中代码 FJ647186，在文献中引用这个序列时，以此编号为准。关键词由该序列的提交者提供，包括该序列的基因产物以及其他相关信息。数据来源说明该序列是由什么生物体、什么组织得到。次关键字种属指出该生物体的分类学地位，如真核生物等。文献说明该序列中的相关文献，包括次关键词，如作者（authors）、题目（title）及杂志名称（journal）等。在该字段中列出医学文献 MEDLINE 的代码。特性表具有特定的格式，用来详细描述序列特性。特性表中带有“/db-xref/”标志的字符表示可以连接到其他数据库。序列中各部分的位置都在此表中标明，编码区（1~1503），非编码区（1504~1616）。翻译所得信号肽以及最终蛋白质产物也有具体说明。碱基组成给出序列中的碱基组成。ORIGIN 是序列的引导行，下面是碱基序列，最后以“//”表示结束行。

（2）核酸序列分析

1）双序列比对（pairwise alignment）：双序列比对是指比较两条序列的相似性和寻找相似碱基及氨基酸的对应位置，它是用计算机进行序列分析的强大工具，分为全局比对和局部比对两类，各以 Needleman-Wunsch 算法和 Smith-Waterman 算法为代表。由于这些算法都是启发式（heuristic）的算法，因此并没有最优值。根据比对的需要，选用适当的比对工具，在比对时适当调整空格罚分（gap penalty）

和空格延伸罚分(gap extension penalty)，以获得更优的比对。

(a) BLAST 和 FASTA：BLAST(http://www.ncbi.nlm.nih.gov/BLAST/) 和 FASTA (http://www.ebi.ac.uk /Tools/sss /fasta/)是目前运用较为广泛的相似性搜索工具。这两个工具都采用局部比对的方法，选择计分矩阵对序列计分，通过分值的大小和统计学显著性分析确定有意义的局部比对。使用 BLAST 和 FASTA，进行数据库搜索，找到与查询序列有一定相似性的序列。一般认为，如果蛋白质的序列一致性为 25%~30%，则可认为序列同源。BLAST 根据搜索序列和数据库的不同类型分为 5 种：blastn、blastp、blastx、tblastn 和 tblastx，其中 blastn、blastp 在实践中最为常用，tblastn 在搜索相似序列进行新基因预测时特别有用。

Blastn——核酸序列(*n*)到核酸序列数据库中搜索，是一种标准的搜索。

Blastp——蛋白质序列到蛋白质序列数据库中搜索，是一种标准的搜索。

Blastx——先将待查询的核酸序列按 6 种可读框翻译成蛋白质序列,然后将翻译出的蛋白质序列与 NCBI 蛋白质序列数据库比较。

Tblastn——先将核酸序列数据库中的核酸序列按 6 种可读框翻译成蛋白质序列，然后将待查询的蛋白质序列与翻译结果进行比较。

Tblastx——先将待查询的核酸序列和核酸序列数据库中的核酸序列按 6 种可读框翻译成蛋白质序列，然后再将两种翻译结果在蛋白质水平上进行比较。

使用 BLAST 时，先选择需要使用的 BLAST 程序，然后提供相应的查询序列，选择所比对的数据库即可。

(b) Needle 和 Pairwise BLAST：其中 Needle 适用于蛋白质和 DNA 序列，而 Pairwise BLAST 仅适用于 DNA 序列。

(c) 相似性和同源性：相似性(similarity)和同源性(homology)是两个完全不同的概念。同源序列是指从某一共同祖先经过趋异进化而形成的不同序列。相似性是指序列比对过程中检测序列和目标序列之间相同碱基或氨基酸残基序列所占比例的大小。经过比对，当相似性高于一定程度，可以推测序列可能是同源序列，具有一定同源性。

2)多序列比对：在研究生物问题时，常常需要同时对两个以上的序列进行比对，这就是多序列比对。多序列比对可用于研究一组相关基因或蛋白质，推断基因的进化关系，还可用于发现一组功能或结构相关基因之间的共有模式(pattern)。最常用的多序列比对工具为 ClustalW(http://www.ebi.ac.uk/clustalw/)，多用于比较蛋白质序列。具体操作如下：①输入：序列以 FASTA 格式输入；②输出：除了以文本形式外，还可以通过 Jalview 显示和编辑结果。此外，还可以另外使用 GeneDoc 及 DNAStar 软件等显示结果。

多序列比对的结果还用于进一步绘制分子进化树。

3)构建分子进化树：分子进化树(以分子数据为依据构建的进化树)不仅精确

地反映物种间或群体间在进化过程中发生的极微细的遗传变异(小至一个氨基酸或一个核苷酸差异)，而且借助化石提供的大分子类群的分化年代能定量地估计出物种间或群体间的分化年代。常用构建进化树的软件有 Phylip、Mega、PauP、T-REX 等。

采用 Bioedit-Mega 建树法，简单实用，树形美观。具体步骤如下：将所测得的序列在 NCBI 上进行序列比对；选取序列保存为 FASTA 格式；运行 Bioedit，使用其中的 CLUSTAL W 进行比对；运用 MEGA 4 建树，首先将前面的文件转化为 mega 格式，然后进行激活，最后进行 N-J 建树。

4) ORF (open reading frame) 分析：从核酸序列翻译得到的蛋白质序列，需要进行 ORF 分析，每个生物信息学分析软件包几乎都带有翻译功能。推荐使用 NCBI 的 ORF Finder (http://www.ncbi.nlm.nih.gov/gorf/gorf.html) 软件或 EMBOSS 中的 getorf (http://bioinfo.pbi.nrc.ca:8090/EMBOSS/) 软件。ORF Finder 以图形方式，分为正链+1、+2、+3 和反链+1、+2、+3 6 个相位预测 ORF；Getorf 可指定预测 ORF 的长度下限和指定预测正反链。进行 ORF 分析虽然比较简单，但应注意以下几点：① 序列的准确性：尤其是通过计算机拼接的序列，需要根据 EST 和基因组序列进行反复校正；② ORF 是否完整：看在 ORF 上游同一相位是否具有终止码，或者具有起始密码子；③ 参考 Kozak 一致性规律，即起始密码子位点符合 A/GCCATGG；④ 不要忽略反义链可读框。

5) 染色体定位：根据基因组图谱对序列进行染色体定位和浏览其基因组上下游基因。具体方法为：① 进行 Genomic BLAST 搜索；② 通过“Genome view”观察基因组结构；③ 点击相应染色体区域，通过表意图 (ideogram) 和相应区域上下游的基因进行精确定位。

6) 基因结构分析：根据基因组序列及基因的 mRNA 序列，可以进行基因结构的分析。推荐使用 BLAST 或 BLAT (http://genome.ucsc.edu/cgi-bin/hgBlat?command=start) 进行分析。由于真核生物转录后内含子将被剪切，因此将 mRNA 和基因组进行比对以后，会发现 mRNA 的每个外显子与基因组序列片段匹配，根据这些片段可以判断外显子的数目和大小。外显子和内含子具体边界的确定，可以参考 GT/AG 一致性规则。BLAT 的结果直接显示外显子数目、大小及边界。

7) 基因上游调控区分析：① 启动子预测：使用冷泉港开发的 FIRSTEF 程序 (http://rulai.cshl.org/tools/FirstEF/) 进行启动子预测。用 RT-PCR 等实验方法获得的 mRNA 往往缺少完整的 5′端，采用 FirstEF 程序可以对第一外显子(尤其是非编码的第一外显子)和 CpG 相关启动子进行预测；② 转录因子结合位点分析：使用 TFSEARCH 程序 (http://www.cbrc.jp/research/db/ TFSEARCH.html) 及 MATCH 程序 (http://www.gene-regulation.com/pub/programs.html#match) 对转录因子数据库 TRANSFAC (http://transfac.gbf.de/TRANSFAC/) 进行搜索，寻找可能的转录因子结

合位点。具体方法是输入起始密码子上游序列，结果将给出很多可能的转录因子结合位点，注意选择其中分值较高的位点。

(3) 蛋白质序列分析

1) 蛋白质序列检索：由 NCBI 检索蛋白质序列，可到 http://www.ncbi.nlm.nih.gov/Entrez/ 进行检索。利用 SRS 系统从 EMBL 检索蛋白质序列，可到 http://srs.ebi.ac.uk/，利用 EMBL 的 SRS 系统进行蛋白质序列的检索。

2) 蛋白质基本性质分析：蛋白质序列的基本性质分析是蛋白质序列分析的基本方面，一般包括蛋白质的氨基酸组成、分子质量、等电点、亲水性和疏水性等。

可以用生物学软件，如 Bioedit、DNAMAN 等进行分析。利用 Bioedit 软件具体分析如下。

打开 Bioedit 软件→将蛋白质序列的 FASTA 格式序列输入分析框→点击左侧序列说明框中的序列说明→点击 Sequence 栏→选择 Protein→点击 Amino Acid Composition→查看该蛋白质分子质量和氨基酸组成；或者选择 protein 后，点击 Kyte & Doolittle Mean Hydrophobicity Profile→查看该蛋白质分子疏水性水平。

另外，ExPASy 的 ProtScale 程序(http://www.expasy.org/cgi-bin/protscale.pl)可被用来计算蛋白质的疏水性图谱。该网站允许用户计算蛋白质的 50 余种不同属性，并为每一种氨基酸输出相应的分值。输入的数据可为蛋白质序列或 SWISSPROT 数据库的序列接受号，需要调整的只是计算窗口的大小(n)，该参数用于估计每种氨基酸残基的平均显示尺度。在 http://web.expasy.org/protparam/程序中可进行蛋白质氨基酸组成、分子质量和等电点等性质分析。

3) 蛋白序列同源性分析：基于 NCBI/BLAST 软件的蛋白质序列同源性分析类似于核酸序列同源性分析，可直接将待分析的蛋白质序列输入 NCBI/BLAST (www.ncbi.nlm.gov/blast)，选择程序 blastp 就可网上分析。蛋白质序列的多序列比对和分子进化树的构建也与核苷酸序列分析方法相类似。

4) 蛋白质的结构功能域分析：利用简单模块构架搜索工具(http://smart.embl-heidelberg.de/)获得蛋白质结构功能域的数据，用于蛋白质结构功能域的分析。

InterProScan(http://www.ebi.ac.uk/Tools/pfa/iprscan/)是一个由 EBI 开发的、集成了蛋白质结构域和功能位点的数据库，它把 SWISS-PROT、TrEMBL、PROTSITE、PRINTS、PFAM、ProDom 等数据库提供的蛋白质序列中的各种局域模式，如结构域、motif 等信息统一起来，是一个较为全面的分析工具。

5) 蛋白质结构预测：http://www.expasy.org/tools 网站提供用于蛋白质分析的服务工具。

蛋白质二级结构预测，服务器网址：http://imtech.res.in/raghava/apssp/；填写 Email 地址和序列名称；将待预测蛋白质序列的 FASTA 格式序列贴入输入栏，点击 Run predictions；从 Email 信箱查看分析结果。

蛋白质三级结构预测，进入 http://swissmodel.expasy.org/，选择 Automated Mode，填写 Email 地址和序列名称；将待预测蛋白质序列的 FASTA 格式序列贴入输入栏，点击 Submit；从 Email 信箱查看分析结果(注：需下载软件入 rasmol 查看三维图像)。

6)跨膜区预测：各个物种的膜蛋白的比例差别不大，约 1/4 的人类已知蛋白质为膜蛋白。由于膜蛋白不溶于水，分离纯化困难，不容易生长晶体，很难确定其结构。因此，对膜蛋白的跨膜螺旋进行预测是生物信息学的重要应用。

使用 TMHMM 软件(http://www.cbs.dtu.dk/services/TMHMM/)对蛋白质进行跨膜预测。TMHMM 综合了跨膜区疏水性、电荷偏倚、螺旋长度和膜蛋白拓扑学限制等性质，采用隐马氏模型(hidden Markov model)对跨膜区及膜内外区进行整体的预测。目前 TMHMM 是很好地进行跨膜区预测的软件，它尤其长于区分可溶性蛋白和膜蛋白，因此首选它来判定一个蛋白质是否为膜蛋白。所有跨膜区预测软件的准确性都不超过 52%，但 86%的跨膜区可以通过不同的软件进行正确预测。因此，可综合分析不同的软件预测结果和疏水性图获得更好的预测结果。

7)信号肽预测：信号肽位于分泌蛋白的 N 端，当蛋白质跨膜转移位置时被切掉。信号肽的特征是包括一个正电荷区域、一个疏水性区域和不带电荷但具有极性的区域。信号肽切割位点的–3 和–1 位为小的中性氨基酸。

使用 SignalP 软件(http://www.cbs.dtu.dk/services/SignalP-2.0/)对 N 端序列进行信号肽分析。SignalP 2.0 根据信号肽序列特征，采用神经网络方法或隐马氏模型方法，根据物种的不同，分别选择用真核和原核序列进行训练，对信号肽位置及切割位点进行预测。信号肽切割位点预测用 Y-score maximum 来判断，对是否分泌蛋白用 mean S-score 来判断：如果 mean S-score 大于 0.5，则预测为分泌蛋白，存在信号肽，但 II 型跨膜蛋白的 N 端序列可能被错误预测为分泌蛋白的信号肽。

8)亚细胞定位预测：亚细胞定位与蛋白质的功能存在着非常重要的联系。亚细胞定位预测基于如下原理：①不同的细胞器往往具有不同的理化环境，这些细胞器根据蛋白质的结构及表面理化特征选择性容纳蛋白质；②蛋白质表面暴露于细胞器环境中的方式是由序列折叠过程决定的，而后者取决于氨基酸的组成。因此可以通过氨基酸组成进行亚细胞定位的预测。

使用 PSORT(http://psort.nibb.ac.jp/)II 软件对蛋白质的细胞内定位进行预测。PSORT 将动物蛋白定位于 10 个细胞器：①细胞质；②细胞骨架；③内质网；④胞外；⑤高尔基体；⑥溶酶体；⑦线粒体；⑧胞核；⑨过氧化物酶体(peroxisome)；⑩细胞膜。

第二章　微生物的分离筛选与鉴定

微生物体积小面积大，具有繁殖快、适应性强、种类多、分布广等特点。地球上除了火山的中心区域外，无论是土壤、空气、水，还是动植物体以及各种极端恶劣的环境，都有微生物的踪迹。据统计，自然界中的微生物种类不少于几十万种，但目前已为人类研究及应用的不过千余种。微生物虽然分布广泛，但随着地理位置、营养成分及气候条件的差异，它们存在的区系有很大的不同。但它们具有一个共同点，即在自然界中通常以混杂的方式群居在一起。若要对其中某个菌种进行研究或改造，首先要采取一定的方法将其从混杂菌群中分离出来，并经一定的纯化方式，最终得到可用于进一步研究的纯种，这个过程就叫微生物的分离筛选，一般包括采样、富集、分离、产物鉴别这几个步骤。为更好地研究分离得到的微生物，常通过形态特征、生理生化反应及分子遗传学的方法对其进行分类鉴定。本章主要介绍从自然界中筛选不同种类的微生物及其菌种鉴定的相关内容。

实验 1　土壤中四大类微生物的分离与鉴别

【实验目的】

1. 学习从样品中分离各大类微生物的方法。
2. 了解各大类微生物的鉴别方法。

【实验原理】

土壤中具备了微生物所需的营养、空气和水分，是微生物最集中的地方，因而常作为微生物的样品来源。为获得所需要的特殊种类的微生物，避免其他微生物的干扰，通常在分离时添加某些抑菌剂，或在特定的条件下培养，以提高目的菌株的检出率(表 2-1)。例如，细菌和放线菌都喜欢中性或微碱性环境，但由于细菌比放线菌生长快，因此常采用在室温风干或高温处理 1 h 的方法减少细菌，提高放线菌的比例。也可在制备土壤稀释液或分离培养基时添加重铬酸钾及相应的抗生素以抑制细菌和霉菌(如添加链霉素 50 U/ml 以抑制细菌，添加制霉菌素 50 U/ml 以抑制霉菌)。分离霉菌时，则在分离培养中添加无菌的乳酸或链霉素以抑制细菌的生长，同时加入去氧胆酸钠以减轻霉菌菌落的蔓延。

表 2-1 四大类微生物的分离

样品来源	分离对象	稀释度*	培养基	培养温度/℃	培养时间/d
土壤	细菌	10^{-4}，10^{-5}，10^{-6}	牛肉膏蛋白胨	37	1~2
土壤	放线菌	10^{-2}，10^{-3}，10^{-4}	高氏合成 1 号	28	5~7
土壤	霉菌	10^{-2}，10^{-3}，10^{-4}	马铃薯培养基	28	3~5
土壤	酵母菌	10^{-2}，10^{-3}，10^{-4}	马铃薯培养基	28	2~3

* 表示具体的稀释梯度应根据不同的样品来选择，表中的稀释度仅供参考。

【实验用品与仪器】

1. 样品来源

土壤样品：选择适宜的采土地点，用无菌的采样铲去除表层土壤，取 5～10 cm 土壤 10 g，装入灭菌的牛皮纸袋内密封，记录取样地点及日期。采集的土样应及时分离，否则应保存在低温、干燥条件以尽量减少土样中菌相的变化。

2. 培养基

(1) 牛肉膏蛋白胨培养基

牛肉膏 3 g/L，蛋白胨 5 g/L，氯化钠 10 g/L，琼脂 1.5~2.0 g/L，pH 7.0~7.2。121℃灭菌 20 min。

(2) 高氏合成 1 号培养基

可溶性淀粉 20 g/L，硝酸钾 1 g/L，氯化钠 0.5 g/L，磷酸氢二钾 0.5 g/L，硫酸镁 0.5 g/L，硫酸亚铁 0.01 g/L，琼脂 20 g/L，pH 7.2～7.4。121℃灭菌 20 min。

(3) 马铃薯培养基

马铃薯 200 g/L，蔗糖 20 g/L，琼脂 15~20 g/L，pH 自然。121℃灭菌 30 min。具体配制方法详见附录。

3. 试剂和溶液

3%～5%来苏尔溶液、去氧胆酸钠、孟加拉红、重铬酸钾、青霉素、链霉素、制霉菌素等。

4. 仪器设备及其他

恒温培养箱、超净工作台、接种针、接种环、培养皿、试管、移液管(或移液枪、枪头和枪盒)、无菌玻璃涂棒、称量纸、药勺、采样铲等。

【实验内容】

1. 细菌的分离

(1) 制备土壤悬液

称取土样 5 g，无菌操作加入已灭菌的盛有 45 ml 生理盐水和玻璃珠的 250 ml 锥形瓶中。振荡 20 min，使样品中菌体、芽孢或孢子均匀分散。静置 20~30 s 使其自然沉淀，制成 10^{-1} 的土壤稀释液。按 10 倍梯度稀释法将菌悬液稀释至 10^{-6}

浓度(详见第一章接种技术)。

(2)平板涂布法分离

1)制作分离平板：取已灭菌融化并冷却至 45～50℃(温度过高导致皿盖上冷凝水太多，温度过低易使培养基过早凝固，导致制成的平板高低不平)的牛肉膏蛋白胨固体培养基，在其中加入已过滤除菌的制霉菌素母液(以抑制真菌的生长)，使其终浓度为 50 U/ml，充分摇匀后，每个培养皿内分别倾倒 15~20 ml 培养基。将培养皿放在桌面上轻轻前后左右转动，静置待其冷凝。

2)平板分离：待平板冷凝后，用无菌移液管(或移液枪)分别吸取上述已制好的 10^{-6}、10^{-5}、10^{-4} 3 个稀释度的土样稀释液各 0.1 ml，依次滴加于已凝固的牛肉膏蛋白胨培养基平板上。每个稀释度做 2～3 个平行皿。

3)涂布：用无菌玻璃涂棒将菌液自平板中央均匀向四周涂布扩散，切忌用力过猛划破培养基。

(3)培养

涂布好的平板置于 37℃恒温箱中倒置培养，24～48 h 后观察结果。

2. 放线菌的分离

(1)制备土壤悬液

称取土样 5 g，按前法制备 45 ml 10^{-1} 土壤悬液，充分振荡后自然沉淀。用移液管或移液枪取上清液将土壤悬液分别稀释至 10^{-2}、10^{-3}、10^{-4} 稀释度。

(2)平板涂布法分离

为抑制细菌和霉菌的生长，在冷却至 50℃的高氏合成 1 号培养基中加入终浓度为 75 μg/ml 的 $K_2Cr_2O_7$ 和 2 μg/ml 青霉素，摇匀后倾注平板，待冷凝后，分别吸取 0.1 ml 10^{-4}、10^{-3}、10^{-2} 土壤稀释液滴加于培养基平板内，无菌玻璃涂棒涂布均匀。

(3)培养

平板倒置于 28℃恒温箱中，培养 5～7 天后观察结果。

3. 霉菌的分离

(1)制备土壤稀释液

称取土样 5 g，按前法制备 45 ml 10^{-1} 土壤悬液。并依次稀释为 10^{-2}、10^{-3} 和 10^{-4} 稀释度。

(2)平板涂布法分离

将已灭菌的马铃薯培养基冷却至 50℃左右，加入无菌孟加拉红(1/3000，即 3000 ml 培养基中加入孟加拉红 1 ml)、链霉素(50 U/ml)和 0.1%去氧胆酸钠溶液以抑制细菌生长和降低霉菌的菌丝蔓延，倾注平板。待其冷凝后，用无菌移液管或移液枪分别吸取上述已制好的 10^{-4}、10^{-3}、10^{-2} 3 个稀释度的土样稀释液各 0.1 ml，依次滴加于已凝固的马铃薯培养基平板上。无菌涂棒涂布。

(3) 培养

将平板倒置于 28℃恒温箱中，培养 3～5 天后观察结果。

4. 酵母菌的分离

(1) 制备菌悬液

称取土样 5 g，加入盛有 45 ml 无菌生理盐水并装有玻璃珠的锥形瓶中。振荡 20 min，即成 10^{-1} 悬液。再依次稀释至 10^{-4}、10^{-5}、10^{-6} 3 个稀释度。

(2) 平板涂布法分离

依前法向无菌培养皿中倾倒已融化并冷却至 45~50℃，且已添加链霉素 (50 U/ml) 的马铃薯培养基制成平板，冷凝后分别将 10^{-6}、10^{-5}、10^{-4} 3 个稀释度稀释液 0.1 ml 滴加于平板上。每个稀释度作 2～3 个平行皿。涂布。

(3) 培养

平板倒置于 28℃恒温箱中，培养 2～3 天后观察结果。

5. 菌株的观察和平板菌落计数

(1) 平板菌落形态观察

用肉眼观察平板上菌落的形态特征，区分细菌、放线菌、酵母菌和霉菌的菌落，并用接种环挑菌检查其与基质结合紧密程度。

(2) 平板菌落计数

通过菌落形态观察划分菌落的大类后，可对平板上的菌落进行计数，并通过计数结果算出每克土样中的含菌数。

$$\text{每克含菌样品上微生物活菌数(个/g)} = \frac{\text{同一稀释度3个平板上菌落平均数} \times \text{稀释倍数} \times 10}{\text{含菌样品克数}}$$

(3) 菌体个体形态观察

挑取各种类型菌落制片，分别用第一章所述方法在光学显微镜下观察其个体形态。注意个体形态和菌体形态是否一致，菌体形态是否均一，有无混杂的菌株在内。

6. 平板划线纯化与保藏

采用无菌操作方式挑取以上各类菌落，于新鲜制备的平板培养基上划线接种，以进一步分离纯化。培养成熟后，挑取单菌落分别接种于相应的斜面培养基，在各自适宜的温度下培养后放 4℃冰箱保存。

【实验结果与分析】

1. 将你所分离的一类微生物平板菌落计数结果填入表 2-2 中。

表 2-2　微生物平板计数结果

实验组	每皿长出菌落数/个			
	细菌	放线菌	霉菌	酵母菌
第 1 皿				
第 2 皿				
第 3 皿				
平均值				
样品含菌数/(个/ml)				

2. 记录你所分离样品中单菌落菌株的菌落特征与镜检形态。

【思考题】

1. 请设计分离筛选下列微生物菌种的试验方案(任选一种)。方案中应包括采样、稀释液制备、培养基名称、培养温度、培养时间、分离纯化方法等。

1)酸奶中乳酸菌的分离和纯化。

2)土壤中链霉素产生菌的分离和纯化。

3)啤酒泥或酒曲发酵窖泥中酵母菌的分离和纯化。

2. 稀释分离时,为什么要将已融化的琼脂培养基冷却到 45～50℃才能倾倒至培养皿内?

3. 在恒温箱中培养微生物时，为何要将培养皿倒置?

4. 分离某类微生物时培养皿中出现其他类微生物的原因？应如何进一步分离和纯化？经过一次分离的菌种是否皆为纯种？若不纯，采用哪种分离方法最为合适？

实验 2　碱性蛋白酶产生菌的分离筛选及活性测定

【实验目的】

1. 掌握从自然界中分离目的微生物的基本原理。

2. 学习蛋白酶产生菌分离筛选的技术方法。

3. 掌握蛋白酶活力测定的原理与基本方法。

【实验原理】

碱性蛋白酶是一类适宜于在碱性条件(pH 9～10)下水解蛋白质肽键的酶类，在轻工、食品、医药工业中用途广泛。该酶最早发现于猪胰腺中，1945 年瑞士的 Dr Jaag 等发现地衣芽孢杆菌能够产生这类酶，从此开启了人们利用微生物生产碱性蛋白酶的历史。微生物来源的碱性蛋白酶都是胞外酶，具有来源广、菌体易培养且产量高、酶易提取等特点，适合大规模生产。目前，微生物来源的蛋白酶占据蛋白酶市场总量的2/3以上。

土壤是微生物的大本营。从土壤中筛选产蛋白酶的微生物时，通常采用牛奶平板或酪蛋白平板进行初筛，在该类平板上，能够产生胞外蛋白酶的菌株在菌落周围会产生明显的蛋白质水解圈，且该水解圈与菌落直径的比值可作为判断该菌株产酶能力的初步依据。但由于菌株在平板上和液体环境中的生长情况相差很大，因此，初筛获得的菌株必须通过复筛进行验证，即采用发酵培养基进行培养，对发酵液中蛋白酶活力进行精确测定后，才可能真正得到需要的碱性蛋白酶高产菌株。由于不同菌株的最适培养及产酶条件差异很大，常需采用多种发酵培养基进行该项复筛工作，否则极易漏掉某些对条件要求比较苛刻的高产菌株。

本实验按照中华人民共和国颁布标准QB747—1980(工业用蛋白酶测定方法)对碱性蛋白酶的活力进行测定。其原理是蛋白酶分解酪蛋白(底物)生成含酚基的氨基酸，而Folin试剂与这类含酚基的氨基酸（Tyr、TrP、Phe)在碱性条件下发生反应，形成蓝色化合物，通过分光光度计比色测定，便可知酶活大小。

【实验用品与仪器】

1. 土样

食堂垃圾堆放处、鱼粉厂附近、肉联厂附近的土样。

2. 培养基

(1)牛奶琼脂培养基(平板初筛用)

在普通肉汤蛋白胨固体培养基中添加终质量浓度为1.5%的牛奶。脱脂奶粉用水溶解后应单独灭菌(0.06MPa，30 min)，倒平板前再与加热熔化并冷却至50℃的肉汤蛋白胨培养基混合。

(2)LB斜面培养基

蛋白胨10 g/L，酵母膏5 g/L，氯化钠10 g/L，琼脂15~20 g/L，pH 7.0。121℃灭菌20 min。

(3)LB液体培养基(种子培养基)

上述配方去除琼脂。

(4)发酵培养基

玉米粉4%，黄豆饼粉3%，Na_2HPO_4 0.4%，KH_2PO_4 0.03%，3 mol/L NaOH，调节pH到9.0，0.1MPa灭菌20 min。250 ml三角瓶装液量50 ml(称量玉米粉、黄豆饼粉等不溶性原料时，应先计算出每个三角瓶所需的份量，分别称量，以保证每瓶培养基成分均一)。

3. 试剂和溶液

(1)pH 11硼砂-NaOH缓冲液

硼砂19.08 g，溶于1 000 ml水中；NaOH 4 g，溶于1000 ml水中，两液等量混合。

(2) 2%酪蛋白

称取 2 g 干酪素，用少量 0.5 mol/L NaOH（尽量少）润湿后适量加入 pH 11 的硼砂-NaOH 缓冲液，加热溶解，定容至 100 ml，4℃冰箱保存，一周内使用。

(3) 其他溶液

Folin 酚试剂、0.55 mol/L 碳酸钠溶液、0.5 mol/L 氢氧化钠溶液、甘氨酸-氢氧化钠缓冲液（pH 9.0）、10%三氯乙酸溶液、结晶紫染色液、碘液、番红染色液。

4. 仪器设备及其他

电子天平、高压灭菌锅、恒温培养箱、控温摇床、分光光度计、超净工作台、离心机、水浴锅、显微镜、移液管、试管、牙签、涂布棒、接种环、玻璃珠、酒精灯、载玻片、香柏油、擦镜纸、二甲苯等。

【实验内容】

1. 产碱性蛋白酶菌株的初筛

(1) 菌悬液制备

称取 5 g 土样加入装有 45 ml 无菌水及少量玻璃珠的锥形瓶中，室温下于 150 r/min 振荡 30 min，静置待其沉淀。取上层菌悬液进行 10 倍系列梯度稀释，稀释至 10^{-2}~10^{-6}（具体操作可参考第二章相关内容）。

(2) 平板分离培养

分别取 0.1 ml 稀释度为 10^{-3}～10^{-6} 的稀释液，涂布于牛奶琼脂培养基平板上，于 30℃培养 24～48 h。

(3) 观察及纯化

观察菌落周围是否出现透明圈以及透明圈的大小，并测量透明圈直径和菌落直径。以接种环挑取透明圈相对较大的菌落，在牛奶琼脂平板上进一步划线纯化。

(4) 斜面培养及镜检

纯化后的菌株接种于 LB 斜面培养基上，培养 24 h 后观察菌落特征、镜检观察菌体特征和革兰氏染色反应。同时接种于 LB 斜面培养基上保藏并编号，以备摇瓶复筛。

2. 产碱性蛋白酶菌株的摇瓶复筛

(1) 种子培养

将上述长好的新鲜蛋白酶产生菌和作为对照的地衣芽孢杆菌分别接种于种子培养基中，30℃，200 r/min 培养 12～16 h。

(2) 发酵培养

将以上已培养好的种子液以 5%（体积分数）接种量接入发酵培养基，每个菌株接 2 瓶，于 30℃，200 r/min 培养 36～48 h。为避免误差，每个菌株平行接种 3 瓶发酵培养基。

(3) 测酶活

摇瓶终止发酵后，移取 1 ml 发酵液于 1.5 ml 小离心管内，于 4℃，5000 r/min 离心 5 min，取上清液(即粗酶液)测酶活。

3. 蛋白酶活力测定方法——Folin 酚法

(1) 酪氨酸标准曲线的制作

1) 取 7 支试管，编号，按表 2-3 制作不同浓度的酪氨酸溶液。

表 2-3　酪氨酸标准曲线制作加样表

管号	0	1	2	3	4	5	6
100 μg/ml 酪氨酸溶液/ml	0	1	2	3	4	5	6
蒸馏水/ml	10	9	8	7	6	5	4
酪氨酸含量/(μg/ml)	0	10	20	30	40	50	60

2) 另取 7 支试管，依次编号 0、1、2、3、4、5、6。分别吸取上述不同浓度酪氨酸溶液 1 ml，加入对应编号试管中，再依次加入 0.55 mol/L 碳酸钠溶液 5 ml 和 Folin 酚试剂 1 ml，充分混匀，试管放入 40℃水浴中保温 15 min，取出后用冷水冷却至室温。编号为 0 的试管作为空白对照，测 OD_{650}。

3) 以酪氨酸含量(μg/ml)为横坐标，OD_{650} 为纵坐标，绘制酪氨酸的标准曲线。

(2) 蛋白酶活力测定

1) 底物酪蛋白溶液的配制：称取 0.2 g 酪蛋白，加入 1 ml 0.5 mol/L 氢氧化钠溶液搅拌，充分溶解后加入甘氨酸-氢氧化钠缓冲液 100 ml。冰箱保存备用。

2) 取适当稀释发酵液上清液(粗酶液)1 ml，加入已预热的 2 ml 酪蛋白溶液(底物)中，40℃下反应 15 min 取出，加入 3 ml 10%三氯乙酸溶液终止反应，室温下静置 15 min，10 000 r/min 离心 3 min。取上清液 1 ml，加入 0.55%碳酸钠溶液 5 ml 和 Folin 酚试剂 1 ml，充分混匀后，放于 40℃水浴中保温 15 min，取出后置盛有冷水的烧杯中冷却至室温，测 OD_{650}。同时取适当稀释的发酵上清液 1 ml 加入 3 ml 10%三氯乙酸溶液终止反应，然后加入 2 ml 底物酪蛋白溶液，于 40℃下反应 15 min 后取出，作为空白对照。

(3) 实验结果

1) 透明圈比值＝透明圈直径(mm)/菌落直径(mm)。

2) 由样品测定的 OD_{650} 值，在标准曲线上查出对应的酪氨酸量(μg)。

3) 碱性蛋白酶活力计算。

$$蛋白酶活力[\mu g酪氨酸/(min\cdot ml)]=\frac{样品酪氨酸含量(\mu g)\times 稀释倍数}{15\,min\times 1ml发酵液}$$

【实验结果与分析】

1. 拍照记录酪蛋白平板的透明圈现象。

2. 将产碱性蛋白酶菌株的初筛结果填入表 2-4 中。

表 2-4　碱性蛋白酶产生菌初筛结果

菌号	菌落形态	透明圈直径	菌落直径	透明圈直径/菌落直径	革兰氏染色
1					
2					
3					
4					
5					
6					
7					
8					

3. 产蛋白酶菌株的复筛结果填入表 2-5 中。

表 2-5　碱性蛋白酶产生菌复筛结果

菌 号	1	2	3	4	5	6	7	8
透明圈直径/菌落直径								
酶活/(U/ml)								

【思考题】

1. 在选择平板上分离获得蛋白酶产生菌的比例如何？试结合采样地点和你的实验结果进行分析和讨论。

2. 在选择平板上形成的蛋白质透明水解圈大小为什么不能作为判断菌株产蛋白酶能力的直接证据？试结合你初筛和复筛的结果进行分析。

实验 3　脂肪酶产生菌的筛选

【实验目的】

1. 学习如何通过富集、初筛和复筛得到脂肪酶产生菌。

2. 了解从土壤中筛选目的微生物的一般流程。

【实验原理】

脂肪酶(Lipase，EC.3.1.1.3)又称三酰甘油酰基水解酶，可以催化天然底物油脂水解，生成脂肪酸、甘油和甘油单酯或二酯，因而是重要的工业酶制剂，广泛应用于洗涤剂、食品、医药、农业等多个领域。从自然界中分离脂肪酶产生菌通常分为富集、初筛及复筛 3 个步骤。本实验主要采用罗丹明 B 显色平板初筛和摇瓶发酵测脂肪酶活性复筛相结合的方法从自然界中分离脂肪酶产生菌。

【实验用品与仪器】

1. 样品来源

土样：从不同食堂排水沟等地采集含油的土样。取样时先将表层土刮去 2~3 cm，每份取土样 10 g 左右，去除小石子、杂草等杂质，并将土样碾碎，注明采样地点及日期备用。

2. 培养基

(1) 富集培养基

蛋白胨 1%，酵母膏 0.5%，NaCl 1%，橄榄油乳化液 1%，pH 7.0。

(2) 平板初筛培养基

蛋白胨 1%，酵母膏 0.5%，NaCl 1%，橄榄油乳化液 0.1%，0.1%罗丹明 B 0.3%，琼脂 2%，pH 7.0。

(3) 液体种子培养基

LB 培养基。

(4) 摇瓶发酵培养基

橄榄油 2%，酵母膏 0.5%，$(NH_4)_2SO_4$ 0.5%，$MgCl_2·6H_2O$ 0.5%，pH 6.5。

3. 试剂和溶液

(1) 4% (*m*/*V*) 聚乙烯醇 (PVA) 溶液：称取 4 g 聚乙烯醇，放入约 80 ml 蒸馏水中，边搅拌边加热使其溶解，冷却后蒸馏水定容至 100 ml，双层纱布过滤，保存备用。

(2) 0.5 mol/L Tris-HCl 缓冲液 (pH 7.4)。

(3) 橄榄油乳化液：先将 0.5 mol/L Tris-HCl 缓冲液稀释为 0.05 mol/L，然后按橄榄油：PVA(4%)：Tris-HCl 缓冲液(0.05 mol/L)=1：2：3 的体积比，分别量取橄榄油 50 ml、PVA 100 ml、Tris-HCl 缓冲液 150 ml，将以上 3 种溶液混合，用组织捣碎机高速匀浆，灭菌(121℃，20 min)备用。

(4) 0.5 mol/L NaOH 溶液。

(5) 0.1%罗丹明 B：无水乙醇配制。

4. 仪器设备及其他

全自动高压灭菌锅、恒温培养振荡器、净化工作台、恒温培养箱、电热鼓风干燥箱、组织捣碎机、离心机、pH 计、磁力加热搅拌器、电子天平、手动可调式移液器等。

【实验内容】

1. 富集培养

采集的土样混匀碾碎，称取 5 g 放入 45 ml 富集培养基中，30℃，200 r/min 下振荡培养 3 天。

2. 平板初筛

用无菌水将富集培养液以 10 倍梯度稀释，吸取适宜浓度的菌悬液 0.1 ml，滴加于含有橄榄油乳化液及罗丹明 B 的初筛平板上，涂布棒涂布均匀，30℃培养至菌落长出，产脂肪酶的菌株周围有红色的变色圈。以菌落直径与变色圈直径之比为筛选依据，选择比值大的转接至斜面，37℃培养 1~2 天。

3. 摇瓶复筛

挑取新鲜斜面菌种一环，接入液体种子培养基中，30℃，200 r/min 培养 12 h。以 3%的接种量移入发酵培养基中，30℃，200 r/min 下振荡培养 40 h。发酵液于 10 000 r/min，离心 5 min 后，取上清液测定酶活。

4. 脂肪酶活力测定(NaOH 滴定法)

取 3 个 100 ml 锥形瓶，分别向空白瓶 A 和样品瓶 B、C 中，各加入底物溶液 4.0 ml 和 Tris-HCl 缓冲液(0.05 mol/L) 5.0 ml，再向 A 瓶中加入 95%乙醇 15.0 ml，置于水浴振荡摇床中预热 5 min。往 3 个瓶中各加入待测酶液 1.0 ml (由于空白瓶中预先加入了乙醇，待测酶液加入后脂肪酶将立即失活)，立即混匀计时，在预热温度(60℃)下精确反应 10 min 后，向样品瓶 B、C 中加入 15 ml 95%乙醇终止反应。取出 3 个锥形瓶，分别滴加 3～5 滴酚酞作为指示剂，用 0.05 mol/L NaOH 标准溶液滴定水解产生的游离脂肪酸，滴定溶液至呈粉红色。

在以上条件下，以分解底物(橄榄油)每分钟释放出 1 μmol 游离脂肪酸所需的酶量定义为 1 个脂肪酶活力单位(U)，以 U/ml 表示。

按下式计算酶活：$X=(B-A)\times 5\times n$

式中，X 为样品的酶活力(U/ml)；B 为滴定样品时消耗 NaOH 标准溶液的体积(ml)；A 为滴定对照时消耗 NaOH 标准溶液的体积(ml)；n 为酶液稀释倍数。

【实验结果与分析】

将筛选到的菌种相关数据填入表 2-6。

表 2-6　脂肪酶产生菌筛选结果

菌株号	分类	菌落形态	变色圈 D/mm	菌落直径 d/mm	D/d	酶活 /(U/ml)
1						
2						
3						
4						
5						
6						
7						
8						
9						
10						

【思考题】

1．脂肪酶产生菌为什么可以通过菌落周围的变色圈来进行初筛？

2．你测得的变色圈和菌落直径的比值是否与最终酶活测定相符？为什么？

实验4　产淀粉酶芽孢杆菌的分离及酶活检测

【实验目的】

1．学习从自然界中分离产淀粉酶的芽孢杆菌的方法。

2．培养学生自行设计实验流程、判断实验结果的能力。

【实验原理】

土壤中分布了很多产淀粉酶的芽孢杆菌，由于芽孢具有很强的耐热性，因此可先将土样稀释、加热去除无芽孢菌，平板分离得到单菌落后，经革兰氏染色、芽孢染色结合镜检观察。将确认为芽孢杆菌的菌株点种在含淀粉的平板上适温培养，淀粉酶能够水解培养基中的淀粉生成糊精和葡萄糖，滴加碘液后便会在产生淀粉酶的菌落周围出现透明的水解圈。最后将分离出的产淀粉酶菌株进行摇瓶发酵产酶试验，检测其酶活。

【实验用品与仪器】

1. 菌种

样品：面粉加工厂采集土壤样品。

2. 培养基

(1) 平板培养基

牛肉膏 3 g/L，蛋白胨 5 g/L，氯化钠 10 g/L，琼脂 1.5~2.0 g/L，pH 7.0~7.2。121℃灭菌 20 min。

(2) 平板淀粉培养基

牛肉膏 3 g/L，蛋白胨 10 g/L，NaCl 5 g/L，可溶性淀粉 2 g/L，pH 7.0~7.2。121℃灭菌 20 min。

(3) 产酶发酵培养基

蛋白胨 10 g/L，可溶性淀粉 10 g/L，$(NH_4)_2SO_4$ 5 g/L，KH_2PO_4 3 g/L，$CaCl_2·6H_2O$ 0.25 g/L，$MgSO_4$ 0.2 g/L，$FeSO_4·7H_2O$ 0.025 g/L。pH 7.0~7.2。121℃灭菌 20 min。

3. 试剂和溶液

2%可溶性淀粉、碘原液、标准稀释碘液、比色稀碘液、pH 6.0 磷酸氢二钠-柠檬酸缓冲液、标准糊精液、革兰氏染色液、芽孢染色液等。

4. 仪器设备及其他

恒温摇床、培养箱、紫外分光光度计、漏斗、滤纸、接种环、水浴锅、显微镜、玻璃珠、移液管、涂布棒等。

【实验内容】

1. 加热杀死非芽孢菌

土壤样品 5 g 置于 45 ml 含玻璃珠的无菌水中，振荡摇匀，于 75～80℃水浴 10～15 min。

2. 获得单菌落

上述水浴处理后的样品，经 10 倍梯度稀释后，取适宜浓度稀释涂布于含有淀粉的平板培养基上，37℃培养 24～48 h，获得单菌落，挑取表面干燥、粗糙、不透明、乳白色或微黄色的菌落。

3. 检出芽孢杆菌

经革兰氏染色和芽孢染色后，置显微镜油镜下观察所挑取菌株是否为芽孢杆菌。

4. 平板筛选

挑取确定为芽孢杆菌的单菌落点接于淀粉平板，37℃培养 24～48 h，加卢氏碘液检测水解圈的大小。

5. 发酵产酶

挑取含有较大水解圈的单菌落，接种到发酵产酶培养基，30℃振荡培养 24～48 h，检测其淀粉酶活力。

6. 淀粉酶活力检测

(1) 吸取 1 ml 标准糊精溶液，置于盛有 3 ml 标准稀释碘液的试管中，作为比色的标准管。

(2) 在 25 mm×200 mm 试管中加入 2%可溶性淀粉 20 ml，pH 6.0 磷酸氢二钠-柠檬酸缓冲液 5 ml，60℃水浴中预热 5 min，加入用 pH 6.0 磷酸氢二钠-柠檬酸缓冲液稀释 10 倍的酶液 0.5 ml，充分混匀，立即记时，每 10 min 取 1 ml 反应液加入预先盛有 3 ml 标准稀释碘液的试管中，当颜色反应由紫色逐渐变成棕橙色，与标准比色管颜色相同时即达到反应终点，反应总时间即为液化时间。

(3) 酶活力定义：以 1 ml 酶液于 60℃，pH 6.0，在 1 h 内液化可溶性淀粉的克数为 1 个酶活力单位。

$$\text{酶活力单位(g/ml)} = (60/t\times20\times2\%\times n)\div0.5=48\times n/t$$

式中，60 为反应时间 60 min；20 为可溶性淀粉溶液的毫升数；n 为酶液稀释倍数；0.5 为测定时所用酶液量；2%为可溶性淀粉浓度；t 为测定时记录的液化时间。

【实验结果与分析】

1. 绘出产淀粉酶的芽孢杆菌菌体及芽孢的形态图，并描述其单菌落的形态特征。

2. 将筛选得到的产淀粉酶菌株相关数据填入表 2-7。

表 2-7 淀粉酶产生菌筛选结果

菌株号	1	2	3	4	5	6	7	8
水解圈 *D*/mm								
菌落直径 *d*/mm								
D/*d*								
酶活/(g/ml)								

【思考题】

1. 你所采用的实验流程是否合理？实验中发现有何问题？
2. 平板上出现的透明圈是否与酶活测定结果完全对应，为什么？

实验 5 抗生素产生菌的筛选及活性测定

【实验目的】

1. 了解抗生素产生菌的筛选原理和方法。
2. 学习利用平板划线法对抗生素产生菌进行初筛。
3. 利用杯碟法检测菌株产抗能力。

【实验原理】

某些微生物在生长过程中能够产生一类特殊的次级代谢产物，它们在一定浓度下可以抑制或杀死其他种类的微生物，这类代谢产物便是我们常说的抗生素。青霉素是发现最早和应用最为广泛的抗生素。

由于抗生素的筛选需要利用敏感菌进行检测，因此常规的直接在初筛平板上加入相应底物通过变色圈直接筛选的方法。常规的抗生素产生菌的筛选方法通常分为 3 步：先利用加入抑制其他杂菌药物的选择性平板分离放线菌，再对筛到的放线菌的产抗能力进行初步鉴定，最终确定其抗菌谱。

确定某菌株是否产生抗生素，常通过菌落周围抑菌圈或抑菌带的有无和大小进行筛选。具体可采用 3 种方法。①平板划线法：将待测菌株与敏感菌的通用培养基制成平板，在平板中央以划线法接种待测菌株，于 28～30℃下培养 3～5 天后，将敏感菌以垂直方向划线于待测菌生长线两侧，但不能与待测菌相连。37℃培养 24 h 后观察。如果敏感菌靠近待测菌的一端产生了生长受到抑制的抑菌带，则说明待测菌株对于该敏感菌有抑制活性。还可以根据抑菌带的长短来初步判断待测菌产生抗生素的能力的强弱，选择抑制活性强的菌株进行复筛。②滤纸片或杯碟法：将高氏 1 号平板分离到的放线菌接入摇瓶发酵，取发酵上清液加入放在鉴定平板上的牛津杯中或滤纸片上(图 2-1)，培养后观察周围是否有圆形的透明无菌区域及该抑菌圈的大小。③琼脂块法：将含有已培养好的单菌落的琼脂圆柱块放到接有敏感菌的平板上，培养后，根据有无圆形的透明无菌区——抑菌圈的形成，可判断该菌是否产生相应的抗生素。根据供试菌的类型、抑菌圈的大小，可检测和衡量不同类型拮抗物或抗生素的浓度与抑菌效率。该方法集菌种筛选和测定于一体，即由某一抗生素的产生菌，在平板上由单孢子或单细胞发育而成单菌落的过程中，它所分泌的抗生素类物质将会全部累积在独立的琼脂块中。当介质固定时，抑菌圈的大小主要取决于菌株抗生素产量的大小及测定时所用指示菌的浓度，因而便可根据抑菌圈的大小，初步判断某单菌落产抗能力的强弱。利用此原理筛选抗生素产生菌的高产菌株，可替代工作量大、操作繁杂的摇瓶初筛等步骤，从而提高筛选效率。

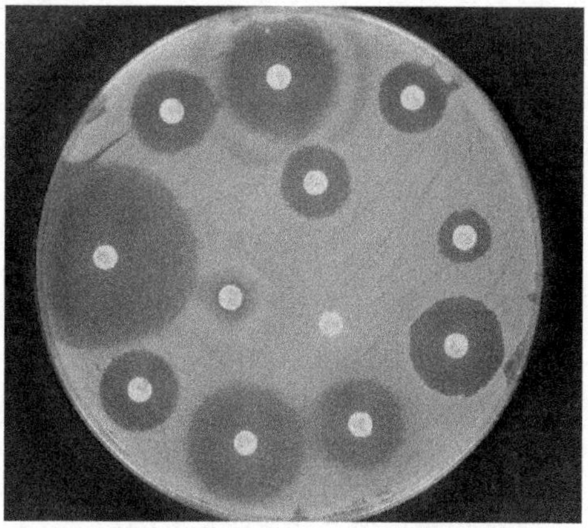

图 2-1　滤纸片法抗生素抗菌图谱

【实验用品与仪器】

1. 菌种

(1) 敏感菌株

如表 2-8 所示，各菌株均活化备用。

表 2-8　筛选抗生素时常用的几种敏感菌及其培养基

敏感菌株	代表微生物类型	培养基	培养温度/℃	培养时间/d
金黄色葡萄球菌(*Staphylococcus aureus*)	G^+球菌	牛肉膏蛋白胨	37	1
枯草芽孢杆菌(*Bacillus subtilis*)	G^+杆菌	牛肉膏蛋白胨	28	2
大肠杆菌(*Escherichia coli*)	G^-肠道菌	牛肉膏蛋白胨	37	1
草分枝杆菌(*Mycobacterium phlei*)	结核分枝杆菌	肉汤琼脂培养基	28	2
酿酒酵母(*Saccharomyces cerevisiae*) 白假丝酵母(*Monilia albicans*)	酵母状真菌	马铃薯葡萄糖琼脂	28	2
灰棕黄青霉(*Penicillium chrysogenum*)	丝状真菌	马铃薯葡萄糖琼脂	28	5~6
黑曲霉(*Aspergillus niger*)		马铃薯葡萄糖琼脂	28	5~6

(2) 测试菌株

从土样中分离到的放线菌若干株。

2. 培养基

(1) 高氏合成 1 号培养基

可溶性淀粉 20 g/L，硝酸钾 1 g/L，氯化钠 0.5 g/L，磷酸氢二钾 0.5 g/L，硫酸镁 0.5 g/L，硫酸亚铁 0.01 g/L，琼脂 20 g/L，pH 7.2～7.4。121℃灭菌 20 min。液体培养基则不加琼脂。

(2) 牛肉膏蛋白胨培养基

牛肉膏 3 g/L，蛋白胨 5 g/L，氯化钠 10 g/L，琼脂 1.5~2.0 g/L，pH 7.0~7.2。121℃灭菌 20 min。

(3) 马铃薯葡萄糖琼脂培养基

马铃薯 200 g/L，葡萄糖 20 g/L，琼脂 15~20 g/L，pH 自然。121℃灭菌 30 min。

(4) 肉汤琼脂培养基

牛肉膏 3 g/L，蛋白胨 10 g/L，NaCl 5 g/L，琼脂 15~20 g/L，pH 7.0~7.2。121℃灭菌 20 min。

(5) 胰蛋白胨大豆琼脂(TSA)

胰蛋白胨 15 g/L，大豆蛋白胨 5 g/L，氯化钠 30 g/L，琼脂 15 g/L，pH 7.3±0.2。

3. 试剂与溶液

(1) 终浓度为 75 μg/ml 的 $K_2Cr_2O_7$。

(2) 2 μg/ml 青霉素。

4. 仪器设备及其他

电子天平、高压灭菌锅、恒温培养箱、控温摇床、超净工作台、离心机、显微镜、培养皿、移液管、试管、三角瓶、量筒、研钵、涂布棒、载玻片和盖玻片、采土纸袋、牛津杯、滤纸片、打孔器、镊子、玻璃珠等。

【实验内容】

1. 土样采集和保存

放线菌以干燥、偏碱、有机质丰富的土层中居多。选定采土地点后，先铲去 5 cm 左右的表层土，取土样数十克于无菌纸袋、塑料袋或铝盒内，并注明采样日期、地点、植被及采样人员等相关信息。也可采用一根长 10～15 cm 无菌玻管直接插入铲去表土的土层中达一定深度(5～10 cm)后将它拔出，放入无菌试管中暂存，也可塞上试管塞保持玻管内土样原有的湿度。用玻管法采集土样不仅方便采土和携带，还可保存原土层自然生境的土样标本。采集的土样应及时分离，否则应放在通风干燥处。

2. 筛选平板的制备

融化的高氏合成 1 号培养基冷却至 50℃左右，加入重铬酸钾溶液至终浓度 75 μg/ml，青霉素 2 μg/ml，摇匀倒平板，静置冷凝。

3. 放线菌的分离

分离土样中放线菌的方法很多，其中以弹土法和稀释涂布法最为常用。

(1) 弹土法

土样风干 10 天后，研钵中研碎，撒布在无菌硬纸片上，倾去多余土样，开启已凝固平板的皿盖，用手指弹拨硬纸片背面(使纸片含菌面保持在平板上方)，盖上皿盖，置28℃培养。

(2)稀释涂布法

湿土(或风干)样品5 g加入含45 ml无菌水的三角瓶中充分振荡后自然沉淀，吸取上清菌悬液0.5 ml至含4.5 ml无菌水试管中，依次作10倍系列稀释至适宜浓度(通常为10^{-3}～10^{-5})，吸0.1 ml菌悬液至待分离的平板表面，涂布均匀，28℃培养。

(3)纯种分离

挑取上述平板上分离得到的放线菌单菌落，于新鲜的高氏1号培养基平板划线分离，28℃培养后，挑取纯菌落移接至斜面培养基，于28℃培养7天，统一登记编号，以供进一步筛选和分类鉴定。

4. 抗生素产生菌的筛选

(1)初步选择

在筛选抗生素产生菌时，可先根据形态特征进行初步选择。链霉菌属的菌落形态较大，气生菌丝和孢子丝都比较茂盛，色泽也多样；而小单孢菌属、诺卡菌属和游动放线菌属等的菌落形态较小，常呈无气生菌丝的光秃形，且色泽鲜艳，常被误认为是细菌。

(2)抗菌谱测定

1)放线菌的培养：将胰蛋白胨大豆琼脂(TSA，待测菌株与敏感菌的通用培养基)制成平板，在平板中央划线接种待测菌株，于28～30℃下培养3～5天至长出放线菌菌苔(图2-2A)。

2)抗菌谱的测定：从已长出的放线菌菌苔边缘向外划若干条垂直于抗生菌菌苔的平行线，接种已活化的各种敏感菌，接种时敏感菌不能与待测菌相连，每一供试菌划一条线，同一平板可接若干个供试菌。适温培养，根据抑菌带的有无及长短，即可初步判断该抗生菌的抗菌谱和抑菌效能(图2-2C)。减少每皿检测敏感菌的种类可得到更为精确的实验结果，即在待测菌的两端接种相同的敏感菌(图2-2D)。

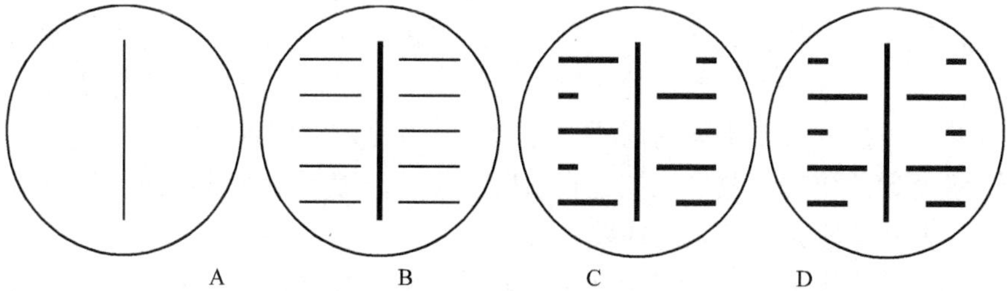

图2-2　抑菌带法测定抗生素的抗菌谱

A. 接种放线菌；B. 接种敏感菌；C、D. 培养后得到的抗菌谱

5. 抗生素活性的测定

(1)发酵液法

1)将待测放线菌接入液体高氏 1 号培养基，28℃摇瓶发酵 4 天。

2)制备鉴定平板(见琼脂块法)。

3)用记号笔在已冷凝的鉴定平板背面划线，分为 8 个区(图 2-3A)。

4)用无菌镊子夹取已灭菌的牛津杯放置于鉴定平板的各区内(图 2-3B)。

5)移液枪吸取已发酵 4 天的待测菌发酵液 1 ml，加入 1.5 ml 小离心管中，6000 r/min 离心 5 min，取上清液 100 μl 注入已放置于鉴定平板上的牛津杯中，同时 1 区牛津杯中加入 100 μl 的无菌水作为阴性对照，2 区牛津杯中加入 100 μl 的相应抗生素作为阳性对照，适应温度(细菌用 37℃，酵母或霉菌则为 28℃)培养，移去牛津杯后观察并精确测定抑菌圈大小(图 2-3C)。

6)采用发酵液法测定抗生素活性，也可用 6~8 mm 滤纸片(预先灭菌)均匀地吸足发酵液代替牛津杯，经培养后测定抑菌圈的大小。

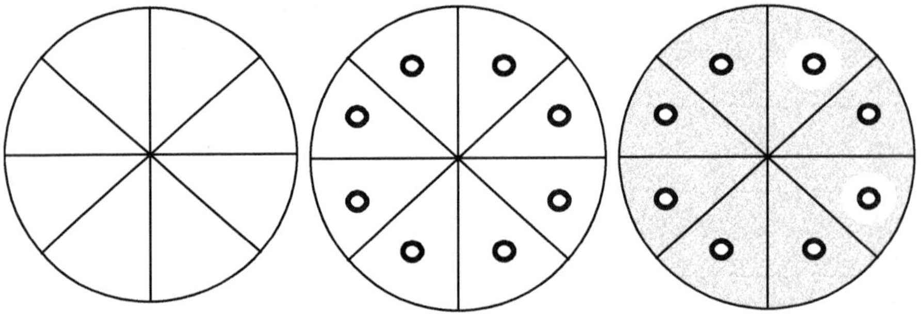

A　　B　　C

图 2-3　抑菌圈测定抗生素活性的示意图

A. 分区；B. 放入牛津杯；C. 出现抑菌圈

(2)琼脂块法

1)放线菌琼脂块培养：待测放线菌菌株制备成悬液，稀释至适宜的浓度后涂布平板，培养 2～3 天后可见微小单菌落，用无菌打孔器打下含有放线菌单菌落的琼脂块，无菌镊子移至灭菌的空平皿中，28℃培养 4~5 天。由于琼脂块很小，极易失水干燥，因此培养琼脂块的环境需要较高的湿度。在选择单菌落琼脂块中，可适当挑选形态和大小不同的菌落进行测定，以比较它们抑菌能力的大小。

2)敏感菌的培养：分别配制适宜敏感菌生长的琼脂培养基斜面，将敏感菌接于其上，并在适宜条件下培养成熟。

3)制备鉴定平板：用 5 ml 灭菌的生理盐水洗下斜面菌苔，混入融化并已冷却至 45~50℃的琼脂培养基内，摇匀后倒平板，静置待其冷凝。

4)抗菌谱的测定：用无菌镊子将已培养好的含单菌落的琼脂圆柱块移至接有

不同敏感菌的鉴定平板上，28℃培养 18～24 h 或 4～5 天后取出平板，观察抑菌圈并测定其直径。

【实验结果与分析】

1．将各放线菌的抑菌试验结果填入表 2-9。

表 2-9　抑菌实验结果

受试菌编号		1	2	3	4	5	6	7	8	9	10
菌落特征											
个体形态											
抗菌谱（抑菌带长度或抑菌圈直径）	枯草芽孢杆菌										
	金黄色葡萄球菌										
	大肠埃希菌										
	白假丝酵母										
	草分枝杆菌										
	灰棕黄青霉										
	黑曲霉										

2. 根据以上结果说明放线菌所产抗生素的抗菌谱。

【思考题】

1. 筛选抗生素产生菌一般有哪几步？

2. 采用琼脂块法和发酵液法检测抗生素活性时，影响抑菌圈直径大小的因素有哪些？

3. 本实验操作的关键是什么？

实验 6　土壤中纤维素分解菌的分离

【实验目的】

1．了解分离纤维素分解菌的原理。

2．学习从土壤中分离纤维素分解菌的方法。

【实验原理】

纤维素是地球上含量最丰富的多糖类物质，植物每年产生的纤维素达几十亿吨。纤维素是葡萄糖高分子缩聚物，在环境中比较稳定，只有在能分泌纤维素酶的微生物的作用下，才能被分解成简单的糖类得以利用。能够分解纤维素的微生物大多存在于土壤中，包括真菌、细菌、放线菌的很多类群。草食动物的肠道里也共生有大量能够分解纤维素的微生物。

本实验采用步骤稍复杂，但灵敏度较高的刚果红染色法鉴别纤维素酶产生菌。刚果红能与培养基中的纤维素形成红色复合物。当纤维素被纤维素酶分解后，刚果红-纤维素复合物就无法形成，因而培养基中会出现以纤维素分解菌为中心的透明圈，该水解圈大小与酶活高低有一定关系。本实验的鉴定平板以羧甲基纤维素钠为底物，纤维素酶催化水解底物中的β-1,4 糖苷键，使其变成纤维二糖和葡萄糖，因而在菌落周围产生透明圈。

【实验用品与仪器】

1. 样品来源

土壤样品：腐殖植物茎秆及土壤，碾碎备用。

2. 培养基

(1)初筛培养基

蛋白胨 5 g/L，酵母粉 1 g/L，氯化钠 5 g/L，碳酸钙 2 g/L，滤纸 5 g/L，土壤浸提液 10 g/L，pH 8.0。

(2)平板鉴别培养基

CMC-Na 10 g/L，蛋白胨 5 g/L，酵母膏 0.5 g/L，KH_2PO_4 1.5 g/L，$MgSO_4$ 0.2 g/L，NaCl 5 g/L，pH 7.0。

(3)种子培养基

PDA 液体培养基。

(4)复筛(发酵)培养基

蛋白胨 5 g/L，酵母粉 1 g/L，氯化钠 5 g/L，碳酸钙 2 g/L，滤纸 5 g/L，土壤浸提液 10 g/L，pH 8.0。

(5)斜面培养基(查氏培养基)

$NaNO_3$ 2 g/L，K_2HPO_4 1 g/L，KCl 0.5 g/L，$MgSO_4$ 0.5 g/L，$FeSO_4$ 0.01 g/L，蔗糖 30 g/L，琼脂 15~20 g/L，pH 自然。

以上培养基均 121℃灭菌 20 min。

3. 试剂和溶液

(1)土壤浸提液

土壤与去离子水以质量比 1 : 1 混合，60℃温浴 2 h，滤纸过滤除菌备用。

(2)DNS 试剂

称取 3,5-二硝基水杨酸 10 g，加入 500 ml 水中，分多次加入 NaOH 16 g，搅拌溶解(温度<45℃)，再分多次加入酒石酸钾钠 300 g，搅拌至全溶，冷却后用水定容至 1000 ml，室温下储存于棕色瓶中，在暗处放置 1 周后使用。

(3)底物

1%羧甲基纤维素钠。

（4）染色液

1.0 g/L 刚果红染色液。

（5）脱色液

1 mol/L NaCl、3,5-二硝基水杨酸、NaOH、酒石酸钾钠等。

4. 仪器设备及其他

恒温摇床、恒温培养箱、分光光度计、滤纸等。

【实验内容】

1. 好氧条件下筛选

称取 1 g 采集的样品，加入盛有 30 ml 培养液的锥形瓶（250 ml）中，30℃，140 r/min 下好氧培养。观察滤纸是否崩解、崩解时间和滤纸残余物的情况。选取滤纸有明显崩解迹象的锥形瓶备用。

2. 兼性厌氧条件下筛选

称取 1 g 样品，加入盛有 30 ml 培养液的锥形瓶（250 ml）中，30℃下静止培养。观察滤纸是否崩解、崩解时间和滤纸残余物情况。选取滤纸有明显崩解迹象的锥形瓶备用。

3. 平板分离

从初筛得到的试管中分别吸取 0.1 ml 菌液以 10 倍梯度稀释，选取适宜浓度的菌悬液涂布于平板鉴别培养基上。30℃恒温培养 2~4 天。

4. 刚果红染色

取两个鉴别平板，分别在背面划小格备用。待单菌落长出后，用无菌牙签挑取菌种，分别点种至两个平板内，30℃培养 2~4 天。取其中一块平板用刚果红染液染色 15 min 后，NaCl 脱色 10 min，观察，并将另一块平板对应位置的菌株接于斜面培养，以备复筛。

5. 发酵复筛

将新鲜斜面菌种接入液体种子培养基，30℃振荡培养过夜，以 10%的接种量接入 30 ml（250 ml 三角瓶）发酵培养基中，于 30℃振荡培养 2~4 天。发酵液离心，取上清液测定纤维素酶活。

6. 纤维素酶活测定

原理：纤维素酶可降解 CMC-Na，生成葡萄糖等还原糖，用 DNS 法显色，在 520 nm 处测其吸光度，对照葡萄糖标准曲线算出葡萄糖的浓度，以每分钟生成 1 μmol 的葡萄糖作为一个酶活单位。

$$酶活力计算：酶活力\ U(\mathrm{U/ml})=葡萄糖量/5\times E_{\mathrm{w}}$$

式中，5 为保温时间（酶与底物作用时间，min）；E_{w} 为粗酶液的体积（ml）；U 是指在特定条件下，每分钟催化纤维素水解成 1 μmol 葡萄糖的酶量。

酶活测定方法：取 3 支带刻度的试管，一支管作空白对照，两支管作平行样品管。每支样品管中加入 1 ml 酶溶液，置于 50℃水浴锅中预热 2 min，然后在 3 支试管中分别加入 4 ml 已预热至 50℃的底物溶液，准确计时 5 min 后取出，每管立即分别加入 1 ml 的 NaOH 溶液(2 mol/L)和 2 ml 的 DNS 显色液，摇匀后在对照管中加入 1 ml 酶液，将 3 支试管加入沸水浴中，5 min 后立即取出，流水冷却，用蒸馏水定容至 20 ml，于 520 nm 处测定 OD 值。

附录：葡萄糖标准曲线的制作

(1) 原理

还原糖与 DNS 试剂 (3,5-二硝基水杨酸) 沸水浴后可生成棕红色的氨基化合物，还原糖的含量导致生成物的颜色深浅不一，因而可通过 520 nm 的吸光值换算出溶液中还原糖的量。

(2) 方法

分别吸取 1 mg/ml 无水葡萄糖溶液 0.2 ml、0.4 ml、0.6 ml、0.8 ml、1.0 ml 于试管中，蒸馏水补足至 2 ml，加 DNS 试剂 3 ml，混匀后沸水浴 10 min，冷却后定容至 15 ml，于 520 nm 下测吸光度(A)。以吸光度为纵坐标，葡萄糖量为横坐标，绘制标准曲线，3 次重复试验的均值用最小二乘法拟合一元线性方程 $Y=ax+b$，求出吸光度与葡萄糖量的关系。

【实验结果与分析】

将本实验所筛到的的菌株填入表 2-10。

表 2-10　纤维素酶产生菌筛选结果

菌株号	是否崩解	崩解时间/d	滤纸残余情况	透明圈有无	透明圈大小/mm	透明圈直径/菌落直径	酶活/(U/ml)
1							
2							
3							
4							
5							
6							
7							
8							
9							
10							

【思考题】

筛选纤维素酶产生菌还可采用刚果红纤维素琼脂平板，但效果不如刚果红染色法灵敏，可能的原因是什么？

实验 7　生物降解塑料产生菌的分离

【实验目的】

1. 了解生物可降解塑料的概念。

2. 学习产聚羟基烷酸(PHA)微生物的分离方法。

【实验原理】

随着社会的不断进步，人们对材料的性能要求也日益提高。目前，聚乙烯、聚丙烯等通用塑料以及 PET 等聚酯的年产量均达到或超过千万吨，全球塑料的生产能力达到 2.4 亿 t。这些材料绝大多数来源于石油资源，价格受油价波动影响较大，而且大量的废旧塑料无法降解，无论燃烧还是埋于土壤中，都会导致环境污染。因此，研究与开发生物可降解塑料，减轻环境污染，已是当务之急。目前，世界发达国家积极发展生物可降解塑料，美国、日本、德国等国家都先后制定了限用或禁用非降解塑料的法规。

生物可降解塑料，即聚-3-羟基链烷酸酯(polyhydroxyalkanoate，PHA)，是细菌在缺乏氮、磷、镁等不平衡代谢条件下，细胞内合成的一种储藏性聚酯，是胞内的一种能量，这类储藏的聚酯相当于植物的淀粉、动物的糖原，生命活动需要时可以分解利用。由 PHA 制备的生物塑料，不仅具有化学塑料相似的物理机械特性、良好的加工性能，还可被微生物分解成二氧化碳和水，具有完全生物可降解性，是一种应用前景十分广阔的新型塑料。

合成 PHA 的微生物在自然界中分布极广，主要来自光能和化能自养及异养菌，共计 65~70 属、300 多种细菌。包括芽孢杆菌属、产碱杆菌属、甲基营养菌属、假单胞菌属、红螺菌属和固氮菌属等。本实验从海滩污泥采样进行产 PHA 微生物的分离，并进行初步的生理和形态学观察。

【实验用品与仪器】

1. 样品

从海滩采取污泥样品。

2. 培养基

富集和分离培养基：蛋白胨 10 g/L，酵母膏 5 g/L，NaCl 5 g/L，pH 7.4~7.6，固体培养基中添加琼脂 20 g。

3. 试剂和溶液

0.3%苏丹黑，0.5%番红等染色剂。

4. 仪器设备及其他

显微镜、恒温培养箱、15 mm×150 mm 试管、培养皿等。

【实验内容】

1. 产 PHA 微生物的富集培养

将 50 ml 灭菌的富集培养基加入 250 ml 的三角瓶，再加入 1 g 试验样品，30℃摇瓶振荡培养 20 min，形成土壤悬浊液后于 37℃，200 r/m in，富集培养 16 h。

2. 分离纯化培养

吸取富集后的培养物 0.5 ml，将培养液按照 10^{-1}、10^{-2}、10^{-3}、10^{-4}、10^{-5}、10^{-6}、10^{-7} 浓度稀释，选择菌落分散较好的，稀释浓度为 10^{-3}、10^{-4}、10^{-5} 的平板挑单菌落，再经反复稀释涂板纯化获取纯化后的菌株，取 0.1 ml 均匀涂布于分离培养基平板上，于 37℃培养 19 h。

3. 产 PHA 菌株的筛选

(1)初筛

按常规方法制取菌悬液涂片，吸干水分。用 0.3%的苏丹黑乙醇溶液染色 10 min 左右，以二甲苯冲洗涂片至无色，再用 0.5%番红染色液复染 2 min，水洗，吸干。显微镜油镜观察，找出视野中细胞内含有 70%以上蓝黑色颗粒的菌株。

(2)复筛

将初筛获得的菌株于牛肉膏蛋白胨液体培养基中培养，37℃，200 r/min，48 h，培养液在 4000 r/min，离心 10 min，收集菌体，并于 65℃烘干，再用硫酸降解法(详见本实验附录)测定 PHA 含量。

4. 形态学和生理生化特征

对获得的产 PHA 的菌株分别进行革兰氏染色、芽孢染色、荚膜染色。同时对菌株进行淀粉水解、油脂水解、尿素水解、明胶水解、石蕊牛奶、糖酵解、卵磷脂酶、接触酶等生理生化特征鉴定的试验，并依据《伯杰氏细菌鉴定手册》对菌株进行初步鉴定。

【实验结果与分析】

将筛选到的产 PHA 菌株填入表 2-11 中。

表 2-11 PHA 产生菌的筛选结果

菌株编号	100 ml 发酵液干重/g	PHA 含量(W/DW)
1		
2		
3		
4		
5		
6		

【思考题】

分离产 PHA 微生物的原理是什么？

附录：PHA 含量的测定——硫酸降解法

(1)原理

PHA 在浓硫酸的作用下，可以降解为巴豆酸，后者在 220~240 nm 波段的紫外光下有最大吸收。

(2)PHA 产品最大紫外吸收波长的测定

称取纯度已被标定的 PHA 产品，经 90℃、30 min 浓硫酸降解，用浓硫酸稀释一定倍数后，在 220~240 nm 紫外波段测定吸光值。

(3)PHA 紫外吸收(234 nm)标准曲线的制作

称取系列纯度已被标定的 PHA 产品，经 90℃、30 min 浓硫酸降解，用浓硫酸等梯度稀释后，在 234 nm 处测定紫外吸收，绘制标准曲线。

(4)样品的测定

称取一定质量(*M*)样品，加入一定体积(*V*)浓硫酸，经 90℃、30 min 降解后，再用浓硫酸稀释一定倍数(*D*)，然后测定其在 234 nm 处的紫外吸收 *A*，经查标准曲线得出 PHA 的浓度 *B*，最后按下式计算样品中 PHA 的百分含量，即纯度 *C*。

$$C=B\times D\times V/W\times 100\%$$

式中，C 为 PHA 产品的纯度；*B* 为通过样品吸光度 *A* 由标准曲线得出 PHA 浓度；*D* 为样品稀释倍数；*V* 为处理样品所用浓硫酸体积；*W* 为称取样品的质量。

实验 8　有机卤化物降解菌的筛选

【实验目的】

1．了解有机卤化物降解的原理。

2．学习有机卤化物降解菌的筛选方法。

【实验原理】

随着社会发展以及人们对化学制剂及农药的广泛使用和不正当的工业排废，有机卤化物污染土壤及水源的现象日趋严重。这类异生质卤化物很多都属于疑似致癌或高诱变物质，且自降解能力很差，传统的物理化学方法很难根治，且容易造成二次污染。研究发现，有的微生物对这类有机卤化物有很好的降解效果，它们通常能够产生一种使卤化物上的卤族元素脱除的酶，即脱卤酶。该酶不仅可以高效催化有机卤化物进行脱卤反应，还可以进行手性拆分，因而在治理环境污染和手性药物合成方面具有十分重要的作用。本实验利用合成有机农药的重要中间体——α-氯丙酸作为底物，加入溴百里香酚蓝(酸碱指示剂)配制成鉴定平板，筛选可以降解有机卤化物的微生物。这类菌株在脱除 α-氯丙酸中的氯原子的同时，释放出一个质子，使周围培养基 pH 降低，导致溴百里香酚蓝由蓝变黄，因而菌落周围出现黄色圈而被检出。

【实验用品与仪器】

1. 样品

从常喷洒农药的菜地采集土壤样品。

2. 培养基

(1)初筛平板培养基

Na_2HPO_4 0.1%，$K_2HPO_4·3H_2O$ 0.1%，无水 $MgSO_4$ 9.8 mg ，NaCl 0.5%，酵母提取物 0.05%，溴百里香酚蓝 8 mg，琼脂 2%，灭菌前用 1 mol/L NaOH 调节 pH 至 7.0，颜色为青绿色。121℃灭菌 20 min 后，加入α-氯丙酸至终浓度为 30 mmol/L。

(2)摇瓶种子培养基

LB 培养基。

(3)摇瓶复筛培养基

Na_2HPO_4 0.32%，KH_2PO_4 0.15%，$(NH_4)_2SO_4$ 0.05%，$MgSO_4$ 9.8 mg，酵母提取物 0.05%，121℃灭菌 20 min。加入α-氯丙酸至终浓度为 30 mmol/L。

(4)斜面培养基

蛋白胨 1%，酵母 0.5%，NaCl 0.5%，以 2%的比例加入琼脂，pH 7.0。

3. 试剂和溶液

(1)α-氯丙酸：配制 500 mmol/L，用 1 mol/L NaOH 调节 pH 至 7.0，微孔滤膜过滤备用。

(2)200 mmol/L 磷酸缓冲液(pH 7.5)。

4. 仪器设备及其他

高压灭菌锅、无菌工作台、多功能生化培养箱、冰箱、分析天平、移液枪、摇床、细菌过滤器等。

【实验内容】

1. 富集培养

称取土壤样品 5 g 加入装有 45 ml 不含琼脂的初筛液体培养基中，在 30℃、200 r/min 条件下振荡培养，每天向摇瓶中滴加 1 ml 500 mmol/L 的α-氯乙酸。5 天后，吸取 5 ml 富集液转接于新鲜摇瓶培养基中继续富集培养 5 天，每天仍加入 1 ml 500 mmol/L 的α-氯乙酸。

2. 初筛

富集培养液依次稀释为 10^{-2}、10^{-3}、10^{-4}、10^{-5}、10^{-6}，分别取 10^{-4}、10^{-5}、10^{-6}

稀释液 0.1 ml 涂布在初筛平板上，30℃恒温培养至菌落长出。观察菌株生长情况，挑取周围培养基变黄的菌落接于新鲜试管斜面，于 30℃恒温培养。

3. 复筛

初筛得到的斜面菌株接一环入摇瓶种子培养基，30℃振荡培养过夜，次日以 10%的接种量接入摇瓶复筛培养基中，30℃振荡培养 48 h。取上清液测脱卤酶的活性。

4. 脱卤酶活性测定

取一定量的粗酶液于 50 ml 的三角瓶中，添加终浓度为 30 mmol/L 的α-氯丙酸，置于 30℃，200 r/min 的摇床中反应，在底物转化率小于 5%范围内测定反应液中氯离子的浓度，氯离子的测定采用硝酸汞滴定法。每分钟产生 1 μmol 氯离子所需的酶量为一个活力单位(U)。

硝酸汞滴定法

(1)试剂

1)氯化钠标准溶液(0.0250 mo1/L)：将氯化钠置于坩埚中，在 500~600℃加热 40~50 min。冷却后称取 1.461 g 溶于蒸馏水中，移入 1000 ml 容量瓶中稀释到标线。

2)氯化钠标准溶液(0.0141 mol/L)：将氯化钠置于坩埚中，在 500~600℃加热 40~50 min。冷却后称取 8.248 g 溶于蒸馏水，置 1000 ml 容量瓶中，用水稀释至标线。精确吸取 10.0 ml，用水定容至 100 ml，此溶液每毫升含 0.500 mg 氯化物(Cl^-)。

3)硝酸汞标准溶液[$1/2Hg(NO_3)_2$=0.0250 mol/L]：溶解 4.283 g 硝酸汞[$Hg(NO_3)_2·H_2O$]于 50 ml 用 0.5 ml 浓硝酸酸化了的蒸馏水中，移入 1000 ml 容量瓶中，用蒸馏水稀释至标线，有混浊时过滤，以 0.0250 mol/L 氯化钠标准溶液标定，储存于棕色瓶中。

4)硝酸汞标准溶液[$1/2Hg(NO_3)^2$=0.0141 mol/L]：溶解 2.416 g 硝酸汞[$Hg(NO_3)_2·H_2O$]于 25 ml 用 0.25 ml 浓硝酸酸化了的蒸馏水中，移入 1000 ml 容量瓶中，用蒸馏水稀释至标线，有混浊时过滤。用 0.0141 mol/L 氯化钠标准溶液标定，储存于棕色瓶中。按氯化物浓度范围选用硝酸汞标准溶液浓度，以便控制滴定量并扩大测定浓度范围，如表 2-12 所示。

表 2-12　标准硝酸汞浓度与氯化物测定浓度范围对照表

氯化物浓度/(mg/L)	硝酸汞浓度/(mol/L)
≥20	0.141
20~5.0	0.0250
5.0~2.5	0.0141
<0.1(浓缩至 2.5)	0.0141

5)混合指示液：溶解 0.5 g 结晶二苯卡巴腙和 0.05 g 溴酚蓝(bromophenol

blue）粉末于 75 ml 乙醇（95%）中，并用 95%乙醇稀释至 100 ml。储存于棕色瓶中，可保存 6 个月。

6）硝酸溶液：3%硝酸水溶液。

7）1%氢氧化钠溶液：溶解 1g 氢氧化钠（NaOH）于水中，用水稀释至 100 ml。

（2）步骤

1）取 50 ml 水样或经过预处理的水样置于锥形瓶中，另取一锥形瓶，加入 50 ml 蒸馏水做空白试验。

2）加 5~10 滴混合指示液，摇匀。

3）若试样呈蓝色或红色，则滴加 3%硝酸溶液直到溶液转变为黄色后，再多加 1 ml 硝酸溶液。

4）若试样加指示液后立即出现黄色，则滴加 1%氢氧化钠溶液至溶液变为蓝色后，逐滴加入硝酸溶液，按步骤 3）法调节酸度，仔细调节 pH 为 3.0~3.5。

5）用 0.025 mol/L 硝酸汞标准溶液滴定至蓝紫色即为终点。若氯化物浓度小于 2.5 mg/L，则改用 0.0141 mol/L 硝酸汞标准溶液滴定，并使用容量为 1 ml 的微量滴定管进行。若氯化物浓度小于 0.1 mg/L，则取适量水样浓缩至大于 2.5 mg/L 后滴定。用同法滴定一个蒸馏水空白。

（3）结果的计算

氯化物的含量按下式计算：

$$\text{氯化物}(\text{Cl}^-,\text{mg/L}) = \frac{(V_2 - V_1)\times c\times 35.45\times 1000}{V}$$

式中，V_1 为蒸馏水消耗硝酸汞标准溶液体积（ml）；V_2 为水样消耗硝酸汞标准溶液体积（ml）；c 为硝酸汞标准溶液浓度（mol/L）；V 为水样体积（ml）；35.45 为氯离子（Cl^-）摩尔质量（g/mol）。

【实验结果与分析】

将筛选到的菌种相关数据填入表 2-13。

表 2-13 脱卤酶产生菌的筛选结果

菌株号	分类	菌落形态	变色圈 D/mm	菌落直径 d/mm	D/d	酶活/（U/ml）
1						
2						
3						
4						
5						
6						
7						
8						

【思考题】

筛选脱卤酶还可用哪些化合物作为底物？

实验 9　极端环境中嗜热菌的分离

【实验目的】

1. 了解极端环境微生物。
2. 学习高温环境嗜热微生物的分离方法。

【实验原理】

生物物种多样性是生物学研究领域最为活跃的研究课题之一。随着人类对地球和整个宇宙的探索，人们对生命禁区中存活的新生命形式(即极端微生物)产生了浓厚的兴趣。极端微生物(extreme philes)是在一般生物无法生存的极端环境中(高温、寒冷、强酸、强碱、高压、高辐射等)能够正常生存的微生物群体的统称。极端微生物主要包括嗜酸菌、嗜碱菌、嗜热菌、嗜冷菌等。由于它们具有特殊的基因型、特殊的机制及产物，对人类解决一些重大的问题，如生命起源及演化等有很大的帮助，在生物技术领域具有很大的应用前景，已成为热门研究领域。

生物的一个基本特征是对环境的适应性，而微生物对高温的适应能力尤为惊人，一般把在高温环境中生长的微生物叫嗜热菌(thermo philes)，包括一些细菌及古细菌。它们广泛分布在草堆、厩肥、温泉、煤堆、火山地、地热区土壤及海底火山附近等处。普通耐热菌的最高生长温度为 45~55℃，低于 30℃也能生长，而超嗜热菌最高生长温度可达 80~110℃，最低生长温度也在 55℃左右。

本实验以温泉水样中分离的嗜热菌为例，学习极端环境微生物的分离方法。

【实验用品与仪器】

1. 样品

从温泉采得两处样品：样品 1(温度 80~90℃，pH 6.8~7.0)和样品 2(温度 50℃，pH 6.3~6.5)。

2. 培养基

综合 YPG 培养基：蛋白胨 10 g/L，酵母膏 5 g/L，葡萄糖 20 g/L，$NaNO_3$ 3 g/L，K_2HPO_4 1 g/L，$CaCO_3$ 2 g/L，KCl 0.5 g/L，$MgSO_4$ 0.5 g/L，$FeSO_4$ 0.01 g/L。pH 7.2，固体培养基中添加琼脂 20 g。

3. 试剂和溶液

灭菌生理盐水、染色剂、95%的乙醇等。

4. 仪器设备及其他

恒温培养箱、微孔过滤器、15 mm×150 mm 试管、培养皿等。

【实验内容】

1. 嗜热菌的富集培养

温泉水样用孔径为 0.22 μm 的微孔滤膜过滤，取滤膜接种于综合 YPG 培养基，分别于 50℃摇床富集培养。

2. 嗜热菌的平板分离

将富集培养液稀释至适当浓度，取 100 μl 稀释液，涂布于事先于 50℃温箱中预热 20 min 的综合 YPG 培养基平板上，50℃培养。待菌落长出后，采用常规的稀释涂布法进行菌株的分离和纯化。

3. 嗜热菌的培养

由于培养温度高，水分蒸发快，应注意控制适当的培养湿度、琼脂百分比和平板厚度，以防平板干裂。当培养温度高于 65℃时，将平板倒置，旁边放置一盛水的培养盖，一起放入塑料袋中扎口培养(在袋子上扎些小孔，进行透气)，避免大量的水分蒸发。

4. 细胞形态与生理生化特征的鉴定

(1) 形态观察

将培养 12~18 h 的分离菌进行革兰氏染色，观察菌体形态特征，确定革兰氏属性。

(2) 培养温度

将已接种的培养皿分别置于 35℃、40℃、50℃、55℃、60℃、65℃和 70℃恒温培养，观察菌落生长情况，确定其生长的温度范围和最适温度。

(3) 培养基 pH 条件

将综合 YPG 培养基分别调 pH 至 3.5、4、5、6、7、8、9、10，制平板，接种后于 55℃恒温培养，观察菌落生长情况，确定最适培养 pH 条件。

(4) 生理生化实验

根据《伯杰氏细菌鉴定手册》(第 8 版)进行生化鉴定。

【实验结果与分析】

1. 不同培养条件下分离获得的不同类型的嗜热菌的染色类型。

2. 分离获得的嗜热菌的生理生化特征结果。

【思考题】

高温环境下哪些类型的菌株容易生存？

实验 10　自养型硝酸细菌的分离

【实验目的】

1. 了解自养菌的分离原理。

2. 学习自养型硝酸细菌的分离方法。

【实验原理】

随着生活水平的提高，废水以及湖泊、河流中的氮含量也在逐步升高，传统的废水处理工艺和方法已无法满足需要。氮在水体中的移出是依靠硝化、反硝化过程完成的，硝化作用的快慢决定了氮移出的快慢，硝化细菌的应用被认为是解决这个问题的关键，但硝化细菌在该领域的应用尚属空白。

硝化细菌(nitrifying bacteria)是一类广泛存在于自然界，在地球氮素循环中起重要作用的微生物。1891 年由著名微生物学家 Winogradsky 首次从土壤中分离纯化得到，随后证明硝化作用由亚硝酸细菌[也称氨氧化细菌(ammonia- oxidizing bacteria，AOB)]和硝酸细菌[也称亚硝酸氧化细菌(nitrite-oxidizing bacteria，NOB)]这两个不同生理类群的细菌共同完成。AOB 将氨氮转化为亚硝酸盐($2NH_3+3O_2 \longrightarrow 2HNO_2+2H_2O+158$ kcal①)，NOB 进一步将亚硝酸盐转化为硝酸盐($HNO_2 + 1/2\ O_2 \longrightarrow HNO_3 + 18$ kcal)。两者共同完成将氨氮转化为硝酸盐的过程，整个过程被称为硝化过程。

硝化细菌分为自养型和异养型两类，自养型硝化细菌以 CO_2 为唯一碳源，是通过氧化 NH_4^+到 NO_2^-或氧化 NO_2^-到 NO_3^-的过程获取能量的化能自养细菌。异养型硝化细菌仅占硝化细菌总数的很少一部分，硝化速率只有自养硝化细菌的 $1/10^3$~$1/10^6$，因此，自养型硝化细菌是生物脱氮过程中起主要作用的菌群，是污水生物脱氮的关键因素，其硝化速率直接影响污水处理系统的硝化效果和生物脱氮效率。

本实验采用污水处理厂的活性污泥作为菌源，通过反复富集培养，使硝化细菌成为优势菌群后，利用平板分离，筛选自养型硝化细菌。

【实验用品与仪器】

1. 土样

活性污泥。

2. 培养基

(1) 硝化细菌富集培养基

$NaNO_3$ 1 g/L，Na_2CO_3 1 g/L，NaCl 0.5 g/L，K_2HPO_4 0.5 g/L，$MgSO_4$ 0.5 g/L，$FeSO_4$ 0.4 g/L，超纯水定容，pH 7.8，121℃高温灭菌 30 min。

(2) 硝化细菌液体分离培养基

$NaNO_3$ 1 g/L，NaCl 0.5 g/L，K_2HPO_4 0.15 g/L，$MgSO_4$ 0.05 g/L，$CaCO_3$ 3 mg，$FeSO_4$ 0.15 mg，钼酸铵 0.05 ng，超纯水定容，pH 7.8，121℃高温灭菌 30 min。

(3) 硝化细菌斜面和平板分离培养基

液体分离培养基配方中添加 2%琼脂糖。

---

① 1cal=4.1868J，后同。

3. 试剂和溶液

(1) 格里斯试剂(A 液和 B 液)

A 液：对氨基苯磺酸 0.5 g，稀乙酸(10%体积比) 150 ml，棕色瓶保存；

B 液：α-萘胺 0.1 g，蒸馏水 20 ml，稀乙酸(10%) 150 ml，棕色瓶保存。

(2) 二苯胺试剂

二苯胺 1 g 溶于 20 ml 蒸馏水中，然后缓缓加入浓硫酸 100 ml 制成，保存在棕色瓶中，4℃存放。

4. 仪器设备及其他

离子色谱、总有机碳(TOC)分析仪、摇床、生化培养箱、超净工作台、离心机等。

【实验内容】

1. 硝化细菌的富集培养

(1) 样品分散

取 50 ml 活性污泥至装有玻璃珠的无菌锥形瓶中，在 28℃、150 r/min 的条件下，摇床振荡 15 min，使污泥充分打散，释放菌胶团或污泥颗粒中的活菌。

(2) 富集培养

打散的污泥以 10%的接种量移接入装有硝化细菌富集培养基的无菌锥形瓶中，28℃恒温黑暗培养。同时准备一瓶不接种污泥的装有富集培养基的三角瓶于相同条件下培养，作为对照。培养 1 周后用灭菌的 100 g/L 的 $NaNO_2$ 溶液补料一次，补料的量达到培养基初始底物浓度。

(3) 定性检测

培养 2 周后，按附录中定性方法检测各富集瓶中的硝化强度，挑选有较强硝化能力的富集瓶以 10%的接种量转接至新鲜的培养基中继续富集。

(4) 定量检测

培养 1 个月后，按附录中定量方法检测各富集瓶中的硝化强度，挑选 NO_3^--N 生成率高的富集瓶，以 10%的接种量转接至新鲜的培养基中继续富集。重复步骤(2)~(4)，不断淘汰杂菌，连续在黑暗条件下培养 8 个月。

2. 硝化细菌的筛选

(1) 平板分离

选取定量检测效果好的富集培养液，进行平板分离培养(由于培养时间较长，为防止后期培养基出现干裂，每个平皿中可倾倒 30 ml 平板培养基，且培养箱中同时放入开口的装有蒸馏水的容器)。28℃恒温、黑暗培养 14~21 天，观察菌落生长情况。

(2) 菌种分离纯化

待平板中长出针尖大小的菌落后，挑取单菌落至分离平板，重复划线分离3次。

(3) 硝化能力的检测

挑取已纯化的单菌落接入硝化细菌液体分离培养基，适温培养 1 个月后，定量检测培养液中的 NO_2^--N 或 NO_3^--N 的含量。

(4) 菌种保藏

将筛选得到的菌接入硝化细菌斜面培养基，适温培养后置冰箱保藏。

【实验结果与分析】

将筛选的结果填入表 2-14。

表 2-14 硝化细菌的筛选结果

菌号	定性检测结果		定量检测结果		菌落形态
	Griess 试剂	二苯胺试剂	NO_2^--N	NO_3^--N	
1					
2					
3					
4					
5					
6					

【思考题】

1. 本实验中分离硝化细菌的平板培养基中为何采用琼脂糖作为凝固剂，而非传统的琼脂？

2. 富集硝化细菌时为何要在黑暗下培养？

附录：硝化强度的检测

(1) 定性检测

富集培养过程中，每隔两周用 Griess 试剂检测 NO_2^-的减少(溶液由红色、粉红色变为无色)，用二苯胺试剂检测 NO_3^--N 的生成情况，具体操作如下。

无菌吸取培养液 0.2 ml 于 1.5 ml 离心管中，加入 Griess 溶液 A、B 各 1 滴，盖上离心管盖(若暴露在空气中，Griess 试剂在没有 HNO_2 的情况下也会缓慢呈现淡红色)，溶液显红色(粉红色或深红色)则说明培养液中有 HNO_2 存在，颜色越深说明该培养液氧化 NO_2为 NO_3^-的能力越差，即硝化作用越弱；如果溶液不显红色，则加入 2 滴二苯胺试剂，生成蓝色沉淀表示硝化反应呈阳性，若仍未显色，说明无硝化反应。根据蓝色的深浅可以定性判断硝化反应的强弱。

(2) 定量检测

可通过两种方式对硝化反应的强度进行检测。

1) NO_2^--N 的定量检测：取一定量培养液，12 000 r/min 离心 5 min，取上清液，稀释一定倍数，按国标方法(《水质：亚硝酸盐的测定分光光度法 GB7493.87》)检测。按以下公式计算硝化强度：

硝化强度[mg/(L·d)]=(空白样品中亚硝酸根浓度–接种样品中亚硝酸根浓度)/培养时间

2) NO_3^--N 的定量检测：取一定量培养液，12 000 r/min 离心 5 min，取上清液，稀释一定倍数，按国标方法(《水质：硝酸盐氮的测定紫外分光光度法(试行)HZ.HJ—JZ0138》)检测。该值越大说明硝化作用越强。

实验 11　利用亨盖特厌氧滚管技术对双歧杆菌进行活菌计数

【实验目的】

1. 了解厌氧微生物的生长特性。
2. 掌握厌氧微生物的滚管分离、培养与计数技术。

【实验原理】

厌氧微生物在自然界分布广泛，种类繁多，作用也日益重要。培养厌氧微生物的技术关键是要使该类微生物处于厌氧或氧化还原势低的环境中。制造厌氧的物理方法包括遮断空气法、煮沸法、真空法、空气置换法、气体喷射法或转管法等；化学方法包括焦性没食子酸法、铁丝绒法、保险粉法等；生物学方法包括与需氧菌共生好氧法、燕麦发芽法、庖肉培养基法等；混合法包括厌氧罐(袋)法、厌氧手套箱法或厌氧室法、空气置换铁丝绒法、空气置换钯粒法等。

目前常用的简便有效的培养厌氧菌的技术主要有：厌氧箱培养技术、厌氧罐培养技术、厌氧袋培养技术、亨盖特厌氧滚管技术。

亨盖特厌氧滚管技术(图 2-4)是美国微生物学家亨盖特(Hungate)于 1950 年首次提出、应用于瘤胃厌氧微生物研究，并经历几十年改进后，逐渐发展成的一种厌氧微生物的培养技术。主要利用除氧铜柱来制备高纯氮，并用其驱除小环境中的空气，使培养基的配制、分装、灭菌和储存，以及菌种的接种、培养、观察、分离、移种和保藏等过程始终处于高度无氧条件下。滚管技术的优点是：①试管口与空气接触面积小；②经滚动后，试管的内表面上有大面积的固体培养基可供长出单菌落。多年来的实践已经证明它是研究严格、专性厌氧菌的一种极为有效的方法。

亨盖特厌样滚管培养技术不仅可用于有益厌氧菌，如双歧杆菌等的分离与活菌培养计数，还可以用于有害腐败菌(如酪酸菌)或病原菌(如肉毒梭状芽孢杆菌)的分离与鉴定。本实验采用亨盖特厌氧滚管技术进行双歧杆菌的活菌计数。

图 2-4 亨盖特滚管的剖面图

【实验用品与仪器】

1. 样品

双歧酸奶(液体)、双歧杆菌制剂(固体)。

2. 培养基

(1) MRS 培养基

牛肉蛋白粉 10 g/L，鱼肉汁 10 g/L，酵母浸出汁粉 5 g/L，葡萄糖 20 g/L，乙酸钠 5 g/L，柠檬酸二铵 2 g/L，吐温 80 0.1 g/L，$MgSO_4$ 0.58 g/L，$MnSO_4$ 0.28 g/L。121℃灭菌 15 min，pH 6.2～6.4。

(2) PRAS 培养基(预还原培养基)

NH_4Cl 1 g/L，$MgCl_2$ 0.1 g/L，K_2HPO_4 0.4 g/L，KH_2PO_4 0.2 g/L，甲酸钠 5 g/L，乙酸钠 5 g/L，甲醇 3.5 ml，pH 7.0，1%的树脂刃天青(还原指示剂) 1 ml。使用前每 5 ml 培养基加入 1% Na_2S(还原剂)和 5% $NaHCO_3$ 及 3000 U/ml 青霉素液(抑制剂)各 0.1 ml。

3. 试剂和溶液

生理盐水等。

4. 仪器设备及其他

亨盖特厌氧滚管装置、除氧铜柱、定量加样器等。

【实验内容】

1. 铜柱系统除氧

铜柱是一个内部装有铜丝或铜屑的硬质玻璃管。两端为漏斗装，外壁绕有加热带，与变压器相连来控制电压和稳定铜柱的温度。铜柱一端连接气钢瓶，一端连接出气管口。从气钢瓶出来的气体，如 N_2、CO_2 和 H_2 等通过温度约 360℃的铜柱时，里面含有的微量 O_2 使铜柱由明亮的黄色变为黑色（CuO）。再向氧化状的铜柱通入 H_2，则 H_2 将 CuO 还原成铜，与氧结合生成 H_2O。因此铜柱可以反复使用，并不断起到除氧的目的。

2. 预还原培养基及稀释液的制备

制作预还原培养基及稀释液时，先将配制好的培养基和稀释液煮沸驱氧，再用半定量加样器趁热分装至螺口厌氧试管中，一般琼脂培养基装 4~5 ml，稀释液装 9 ml，并插入通 N_2 的长针头以排除 O_2。此时可以看到培养基内加入的氧化还原指示剂——刃天青由蓝色到红色最终变为无色，说明试管内已成为无氧状态，然后盖上螺口的丁烯胶塞及螺盖灭菌备用。

3. 菌悬液制备

无菌条件下准确称取 1 g 固体，或用无菌注射器吸取 1 ml 混合均匀的液体样品，加入装有稀释液的厌氧试管中，振荡均匀，制成 10^{-1} 稀释液。用无菌注射器吸取 1 ml 10^{-1} 稀释液至另一支装有 9 ml 生理盐水的试管中，制成 10^{-2} 稀释液。按此操作方法依次稀释至 10^{-7}，制成不同浓度的样品稀释液。通常选 10^{-5}、10^{-6}、10^{-7} 3 个稀释度进行滚管培养计数。

4. 厌氧滚管分离法

将盛有融化的无氧灭菌琼脂培养基试管放置于 50℃左右的恒温水浴中，用 1 ml 无菌注射器分别吸取 10^{-5}、10^{-6}、10^{-7} 3 个稀释度的稀释液各 0.1 ml 于上述试管中，将其平放于盛有冰块的盘中或特制的滚管机上迅速滚动，这样带菌的融化培养基在试管内壁立即凝固成一薄层。每个稀释度重复 3 次，而后置于 37℃（酸奶样品 42℃）恒温培养箱中培养。一般培养 24~48 h 后，即可在厌氧管的琼脂层内或表面长出肉眼可见的菌落。

5. 双歧杆菌活菌（分离）计数

选择分散均匀，数量在几十到几百个菌落的厌氧试管进行计数，即可得出每克或每毫升样品中含有的双歧杆菌活菌数：

$$\text{CFU/g(ml)样品} = 0.1\ \text{ml 滚管计数的实际平均值} \times 10 \times \text{稀释倍数}$$

【实验结果与分析】

1. 观察双歧杆菌形态，描述其形态特征。
2. 计算每克或每毫升样品中含有的双歧杆菌数量，记录结果。

【思考题】

1. 比较平板活菌计数和滚管活菌计数的异同？
2. 实验中通过哪些措施和方法保持细菌的厌氧状态？
3. 设计一个试验方案，如何从土壤中分离、纯化和培养厌氧微生物。

实验 12　担子菌的分离培养

【实验目的】

了解高等真菌的分离方法。

【实验原理】

担子菌是高等的真菌，已知有 1100 多属、16 000 多种。不少担子菌形体较大，如树木腐朽或木材腐朽后生出的各种覃菌，包括蘑菇、木耳、银耳、猴头等。其子实体形状特别，如伞菌类具有伞状或帽状的子实体，黑粉菌的黑粉状物，锈菌的锈状物等。担子菌都有很发达的菌丝体，菌丝有隔膜。有些担子菌，其大量菌丝平行成束并组成一根根肉眼可看的索状物，叫菌索。在担子菌所致树木腐朽、根腐处，剥开树皮或挖出病根即常可见到大量菌索。许多食用真菌和药用真菌属于担子菌。

担子菌可以从子实体组织直接分离，也可以从担子菌孢子中分离，还可以从植物组织中的根状菌索、菌核或菌根中分离获得。

【实验用品与仪器】

1. 菌株

待分离新鲜香菇子实体。

2. 培养基

马铃薯-葡萄糖培养基。

3. 试剂与溶液

75%乙醇。

4. 仪器设备及其他

滤纸、恒温培养箱、带钩眼科镊子、解剖刀、白凡士林、玻璃皿。

【实验内容】

1. 组织分离法

(1) 清洗和消毒

在超净工作台中用无菌水清洗新鲜的子实体表面后，用 75%乙醇消毒。

(2) 取出菌髓

用无菌解剖刀切开菇盖，立即用无菌镊子取出一小块菌髓。

(3) 接种

将取出的小块菌髓植入琼脂平板，或在液体培养基表面放一小块无菌滤纸，将小菌髓置于滤纸上，28℃培养 3~5 天。

2. 孢子分离法

切取 1/4 块子实体菌伞，用凡士林将菌伞粘在玻璃皿盖的内侧，并将皿盖盖在平板上，菌褶朝下，2 h 后，移去皿盖，换上新的无菌皿盖。28℃培养。

【实验结果与分析】

子实体菌髓和孢子在平板上生长后菌丝及菌落形态。

【思考题】

1. 如何避免操作过程中染菌发生？
2. 怎样进一步纯化分离得到的担子菌菌丝体？

实验 13　噬菌体的分离、纯化及其效价的测定

【实验目的】

1. 学习从自然环境中分离、纯化噬菌体的基本原理和方法。
2. 学习噬菌体效价测定方法。

【实验原理】

噬菌体即细菌病毒，它是专一性的寄生物，自然界中凡是有细菌分布的地方均可发现其特异噬菌体的存在。噬菌体一般是伴随着寄主细菌分布的，因此可到寄主细菌分布较多的地方采样以获得相应的噬菌体，如到污水中分离大肠杆菌噬菌体，乳牛农场采集乳酸杆菌噬菌体。

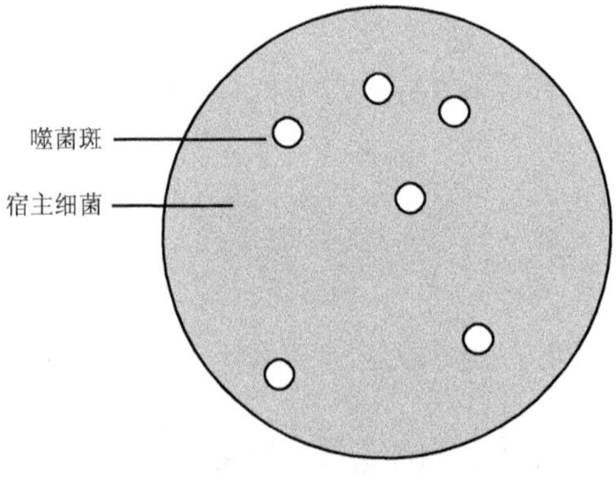

图 2-5　琼脂平板上的噬菌斑示意图

一个典型的噬菌体的侵染细菌的过程，可以分为 3 个阶段：感染阶段、增殖阶段和成熟阶段。装配成熟的噬菌体颗粒通过裂解寄主细胞释放时，可使液体培养基的菌悬液变清或在长有寄主细菌的固体琼脂平板上产生特异性的透明或混浊的空斑，称噬菌斑(图 2-5)。利用该现象可分离纯化噬菌体，并测定其效价。

噬菌体效价就是每毫升培养液中所含有感染性的活噬菌体的数量。由于有些活噬菌体无法引起感染，因此测得的噬菌斑数量为噬菌斑形成单位(plaque forming unit，PFU)。常用的测定方法有液体试管法和琼脂平板法两种：①以在液体试管中能引起溶菌现象(菌悬液由混浊变为澄清)的最高稀释度表示；②以在平板菌苔表面形成的噬菌斑数换算为每毫升样品中的噬菌体数表示。一般采用双层琼脂平板法测定噬菌体的效价，这样形成的噬菌斑形态、大小一致，清晰度高，计数准确。

本实验是从污水分离大肠杆菌噬菌体，经纯化后再测定其效价。

【实验用品与仪器】

1. 菌种

1)样品：污水

2)菌株：大肠杆菌。

2. 培养基

1)两倍浓缩的牛肉膏蛋白胨液体培养基。

2)双层平板培养基：上层牛肉膏蛋白胨培养基(琼脂 0.6%)，底层牛肉膏蛋白胨平板(琼脂 2%)。

3. 试剂和溶液

生理盐水。

4. 仪器设备和其他

无菌水、三角瓶、无菌玻璃涂棒、无菌吸管、无菌小试管、无菌滤器(孔径 0.22 μm)、恒温水浴箱、离心机、真空泵等。

【实验内容】

1. 噬菌体裂解液的制备

(1)宿主菌的培养

大肠杆菌接种于牛肉膏蛋白胨斜面，37℃恒温培养 24 h，斜面上加 5 ml 无菌水，刮下菌体制成菌悬液。

(2)噬菌体的增殖培养

取一 250 ml 三角瓶，装入 15 ml 两倍浓缩的牛肉膏蛋白胨液体培养基和污水样品 15 ml。加入制得的大肠杆菌悬液 0.3 ml，37℃振荡培养 24 h。

(3)制备裂解液

将上述培养液倒入 50 ml 无菌离心管，8000 r/min 离心 10 min。上清液通过无菌滤器过滤，滤液经 37℃培养过夜进行无菌检查。

2. 噬菌体的分离

(1)含菌平板的制备

无菌空平皿内滴加 1 ml 大肠杆菌悬液，倒入 15 ml 灭菌并冷却至 45℃左右的牛肉膏蛋白胨固体培养基，轻轻摇匀静置待其冷凝，或直接涂布少量大肠杆菌悬液于已倒好冷凝的平板上。

(2)噬菌斑的制作

待平板冷凝后，分散滴加数小滴滤液于平板上面，并滴加一小滴无菌生理盐水作为对照，置 37℃培养过夜。若在滴加滤液处形成无菌生长的透明噬菌斑，而在对照处无噬菌斑，便证明滤液中含有大肠杆菌噬菌体。

3. 噬菌体的纯化

(1)噬菌体悬液制备

取长有噬菌斑的平板，用接种环挑取噬菌斑两环，混入 0.2 ml 大肠杆菌悬液，备用。

(2) 双层平板制备

取上层牛肉膏蛋白胨琼脂培养基，融化并冷却至 45℃左右，加入以上噬菌体与细菌的混合液 0.2 ml，混匀并立即倒于已凝固的下层牛肉膏蛋白胨琼脂平板上，静置待凝。置 37℃培养 24 h。

(3) 噬菌体的纯化

该法分离得到的噬菌斑，其形态、大小常不一致，因而需要进一步纯化。重复上述分离步骤(1)、(2)，直至在平板表面的菌苔中出现形态、大小完全一致的噬菌斑。

(4) 过滤除菌

得到形态大小一致的噬菌斑后，再用液体培养方法，待液体培养基内菌液完全澄清后，过滤除菌，即得到纯化的噬菌体。

4. 噬菌体效价测定

噬菌体的效价测定可分为 5 个步骤，具体如图 2-6 所示。

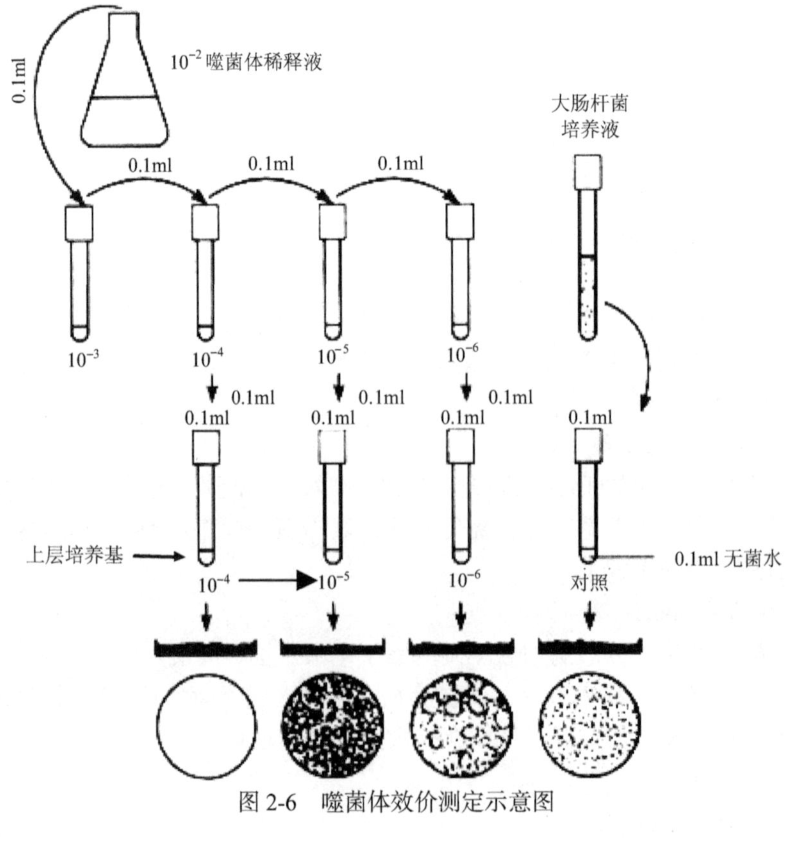

图 2-6　噬菌体效价测定示意图

(1) 制备下层平板

将融化后冷却至 45℃左右的下层牛肉膏蛋白胨固体培养基倾倒于 12 个无菌培养皿中，每皿约 10 ml 培养基，静置待其冷凝。培养皿底部注明噬菌体稀释度。

(2) 稀释噬菌体

按 10 倍梯度稀释，即吸取 0.1 ml 大肠杆菌噬菌体，注入一支装有 0.9 ml 1%蛋白胨水的试管中，依次稀释到 10^{-6} 稀释度。

(3) 噬菌体与菌液混合

取 12 支灭菌空试管，分别标记 10^{-4}、10^{-5}、10^{-6} 和对照，每个稀释度平行做 3 支管，3 支对照管中加 0.1 ml 无菌水。分别从对应的噬菌体稀释液中吸取 0.1 ml 于上述编号的试管中，并在每管中加入 0.1 ml 大肠杆菌菌悬液，振荡试管使菌液与噬菌体液混合均匀，置 37℃水浴中保温 5 min，使噬菌体粒子充分吸附并侵入菌体细胞。

(4) 制备上层平板

将融化并保温于 45℃的上层牛肉膏蛋白胨半固体琼脂培养基 5 ml 分别加入含有噬菌体和敏感菌液的混合管中，迅速搓匀后立即倒入相应编号的已凝固的底层培养基平板表面，摇动平板使其迅速地铺平静置，37℃培养 24 h。

(5) 观察并计数

观察平板中的噬菌斑，并将结果记录于实验报告表格内，选取每皿有 30～300 个噬菌斑的平板计算噬菌体效价。

$$计算公式：N=Y/V\times X$$

式中，N为效价值；Y为平均噬菌斑数/皿；V为每皿取样量；X为稀释倍数。

例如，当稀释度为 10^{-6} 时，取样量为 0.1 ml/皿，同一稀释度中 3 个平板上的噬菌斑的平均值为 186 个，则该样品的效价为：$N=186/0.1\times10^{6}=1.86\times10^{9}$。

【实验结果与分析】

1．观察、比较平板上不同噬菌斑的形态特征，并拍照记录。

2．记录平板中各稀释度的 PFU 数填入表 2-15 中。

表 2-15　噬菌斑形成单位 (PFU) 结果记录表

噬菌体稀释度	10^{-4}	10^{-5}	10^{-6}	对照
PFU 数				

【思考题】

1. 能否用其他菌作为寄主细胞来分离大肠杆菌 (肠道菌) 的噬菌体，为什么?

2. 比较分离纯化噬菌体与分离纯化细菌、放线菌基本原理和具体方法的异同。

3. 计算噬菌体效价时，为什么选择 30~300 个 PFU 的平板计数较好？

4. 如果在测定的平板上，出现其他细菌的菌落，是否影响噬菌体效价测定？

实验 14　抗噬菌体苏氨酸产生菌的选育

【实验目的】

学习选育抗噬菌体菌株的方法。

【实验原理】

工业生产菌株时受到噬菌体的污染，出现畸形菌体，发酵液变澄清及产物停止积累，甚至下降的现象，给生产造成很大的损失，因此选育抗噬菌体菌株十分必要。常用的选育方法主要有自然分离法和诱变法，前者是将常见的噬菌体与生产菌株混合培养，淘汰掉绝大多数敏感菌株，被裂解的菌株增殖后再加入噬菌体，由此反复淘汰后可获得不受噬菌体感染的菌株。诱变法按常规诱变方法进行，利用噬菌体来筛选产生突变的抗性菌株。值得注意的是，无论采取哪种方法选育得到的抗噬菌体菌株均需淘汰其中的溶源菌株。

【实验用品与仪器】

1. 菌种

(1) 北京棒状杆菌

(2) 噬菌体(实验 13 中筛选得到)

2. 培养基

(1) 平板与斜面培养基(Adams 培养基)

蔗糖 0.2%，NH_4Cl 0.1%，KH_2PO_4 0.15%，Na_2HPO_4 0.35%，$MgSO_4 \cdot 7H_2O$ 0.01%，琼脂 2.0%，pH 7.0～7.2。121℃灭菌 30 min，冷却至 50℃时加入硫酸链霉素溶液，使终浓度为 50 单位/ml。

(2) 液体培养基

蔗糖 4%，$(NH_4)_2SO_4$ 1%，KH_2PO_4 0.1%，$MgSO_4 \cdot 7H_2O$ 0.05%，酵母浸出物 2.0%，链霉素 50 单位/ml。

3. 试剂和溶液

生理盐水、链霉素等。

4. 仪器设备及其他

恒温振荡器、恒温培养箱、30W 紫外灯、紫外诱变箱、磁力搅拌器、红光、无菌锥形瓶、接种环等。

【实验内容】

1. 自然选育法

(1) 宿主菌活化

苏氨酸产生菌接入摇瓶培养基中，37℃，200 r/min 振荡培养过夜。

(2) 噬菌体感染

取 0.5 ml 已培养好的菌液转接入 10 ml 培养液中，并接入一定量的噬菌体悬液(感染系数为 0.01)。37℃，200 r/min 振荡培养 24 h。适度稀释后涂布琼脂平皿，37℃培养 24 h。

(3) 挑取抗噬菌体菌株

将单菌落划线接入另一平皿，在划线的两端点上微量的噬菌体，37℃培养 24 h。观察平板上菌落生长情况，对未出现噬菌斑的菌株做好记录，进行再次培养，与噬菌体、培养基混合倒平板，验证有无噬菌斑的情况，挑出形态正常并呈现抗性的菌株接入斜面保藏。

2. 紫外诱变选育法

(1) 宿主菌活化

同上。

(2) 菌悬液制备

取预培养好的菌液 5 ml，无菌生理盐水离心洗涤 2 次，并用生理盐水悬浮为 10^8 个/mL。

(3) 紫外诱变

吸取 3 ml 菌悬液于装有磁力搅拌棒的无菌小平皿内，小平皿置于紫外诱变箱的磁力搅拌器上，30W 紫外灯管预热 20 min 后，打开小平皿盖，置于紫外灯下 20 cm 处照射 60 s。

(4) 噬菌体感染

红光下将诱变后的菌悬液移入锥形瓶中，加入 0.1 ml 噬菌体悬液(10^8 PFU/ml)，200 r/min 振荡培养 24 h。0.1 ml 菌悬液涂布平皿，37℃培养 24 h。

(5) 挑取抗噬菌体菌株

挑取单菌落在琼脂平皿上划线接种，并于划线两端点种微量的噬菌体，37℃培养 24 h。挑出形态正常并呈现抗性的菌株接入斜面保藏。

【实验结果与分析】

本实验通过两种选育法各得到几株抗噬菌体菌株？哪种选育法效率更高？

【思考题】

紫外诱变后为何要在红光下操作？

实验 15　宏基因组文库构建

【实验目的】

1. 了解宏基因组技术的的操作原理和方法。

2. 熟悉宏基因组文库的构建过程。

【实验原理】

自然界中存在大量微生物，但能够采用现有技术培养的微生物不到 1%，超过 99%的微生物无法用常规方式分离和培养。因而，基于微生物分离培养的技术对微生物资源进行开发利用受到了极大的限制。为了突破这个限制，充分挖掘和利用微生物的多样性基因资源，人们一直在寻找新的技术方法。“宏基因组”(Metagenome)就是由 Handelsman 等于 1998 年提出的新名词，即生境中全部微小生物遗传物质的总和，目前主要指环境样品中的细菌和真菌的基因组总和。以此为基础的宏基因组文库避开了微生物分离培养的问题，同时包含了可培养和未能培养的微生物基因，极大地扩展了微生物资源的利用空间。目前已采用土壤、海水和海洋浮游生物等环境样品成功构建了宏基因组文库，已筛选到的生物活性物质有各种酶类及一些次生代谢产物，包括脂酶、酯酶、蛋白酶、淀粉酶、氧化酶、几丁质酶、核酸酶、膜蛋白、4-羟基丁酸代谢酶系、生物素合成酶系、色素、抗菌抗肿瘤活性物质及抗生素抗性基因等。

1. 基本原理

从环境样品中直接提取总 DNA，经纯化后部分酶切，然后把这些 DNA 片段连接到载体上，转化替代宿主细胞，形成一个重组 DNA 文库，即宏基因组文库。获得的克隆子根据宿主细胞获得的新功能进行筛选，或用相关已知序列设计探针或 PCR 引物寻找并分离目的基因片段，加上表达调控元件后使目的基因表达，从而获得产物。

2. 载体

促使宏基因或基因簇在重组克隆子中表达或提高表达量，载体起着重要作用。载体的选择主要是针对有利于感兴趣的目标产物基因的表达、目标基因的扩增及在筛选细胞毒类物质时表达量的调控等。

(1) 大片段插入载体

由于很多微生物活性物质是其次生代谢产物，代谢途径由多基因簇调控，尽量插入大片段 DNA 以获得完整的代谢途径多基因簇是很有必要的。目前多采用细菌人工染色体(BAC)和黏粒(cosmid)载体，前者插入片段大(可达 350 kb)，但克隆效率低，后者插入片段中等(20~40 kb)，克隆效率高。BAC 和 cosmid 载体在宿主细胞中的拷贝数低，稳定性高，但宏基因的扩增及其表达产物的获得困难。

(2) 表达载体

为了提高宏基因的表达便于重组克隆子活性检测，可以直接利用表达载体构建宏基因组文库。例如，有报道利用表达载体 pBluescript SK+克隆获得了表达脂酶、酯酶及 4-羟基丁酸脱氢酶的重组克隆子。表达载体可插入的宏基因片段一般小于 10 kb，适合于筛选单一基因或小的操纵子产物。

(3) 穿梭载体

外源基因的表达受宿主细胞的遗传类型(顺式元件、反式因子、tRNA 丰度、密码子偏爱等)、细胞基质、细胞的生理状态及初级代谢产物等的影响，利用穿梭载体扩大宿主范围有利于促使和提高外源基因的表达。

3. 宿主

宿主菌株的选择主要考虑转化效率、重组载体在宿主细胞中的稳定性、宏基因的表达、目标性状(如抗菌)缺陷型等。大肠杆菌是目前遗传背景研究得最清楚、应用最广泛的菌种，但研究经验表明不同微生物种类所产生的活性物质类型有明显差异，不同的研究目标应选择不同的宿主菌株，如 70%的抗生素来源于放线菌，如以寻找抗菌抗肿瘤活性物质为目标，选择链霉菌为宿主较理想，而筛选新的酶则采用大肠杆菌为宜。

4. 宏基因组文库的筛选

由于环境样品中微生物种类繁多，宏基因组文库容量一般较大，活性克隆子的筛选是新活性物质筛选的瓶颈。根据研究目的，可从生物活性水平、化合物结构水平以及 DNA 序列水平设计不同的筛选方案。

(1) 生物活性水平的筛选

生物活性水平的筛选又称为功能驱动筛选，根据重组克隆产生的新活性进行筛选。采用各种活性检测手段检测挑选活性克隆子，进行生化分析和插入 DNA 片段序列分析，进而对其深入研究。例如，在各种选择性平板上通过可见性状筛选产生脂酶、淀粉酶、甘油脱水酶及抗菌活性的克隆子；在羊血红细胞层上复制宏基因组克隆筛选溶血活性的克隆子等。这一策略以生物活性为线索能够发现全新的活性物质或基因，能够快速鉴别有开发潜力的克隆子，但工作量大，效率低，并且受检测手段的局限。

(2) 化合物结构水平的筛选

在一定条件下不同结构的物质在色谱中有不同的峰值，通过比较转入和未转入外源基因的宿主细胞或发酵液抽提物的色谱图筛选产生新结构化合物的克隆子。这一策略可直接筛选到新结构化合物，但不一定有生物活性，且工作量大，成本高。

(3) DNA 序列水平的筛选

DNA 序列水平的筛选也称为序列驱动筛选 (sequence-driven screening)，以序列相似性为基础，执行某类功能的酶可能具有相似的基因序列。根据某些已知的相关功能基因的保守序列或相似序列设计杂交探针或 PCR 引物，通过杂交或 PCR 扩增挑选阳性克隆。这一策略有可能筛选到某一类结构或功能的蛋白质中的新分子，而且基于 DNA 的操作有可能利用基因芯片技术大大提高筛选效率，但必须对相关基因序列有一定的了解，较难发现全新的活性物质。

【实验用品与仪器】

1. 菌株和质粒

E. coli DH5α；　pSK+质粒。

2. 培养基

(1) LB 培养基

见附录。

(2) 含 Amp 的 LB 固体培养基

将配好的 LB 固体培养基高压灭菌后冷却至 60℃左右，加入 Amp 储存液，使终浓度为 50 μg/ml，摇匀后倒平板。

3. 试剂和溶液

(1) 土壤 DNA 裂解缓冲液

分别称/量取 100 ml 1 mol/L Tris-HCl，200 ml 0.5 mol/L EDTA (pH 8.0)，1 g SDS 和 10 g CTAB 置于 1 L 烧杯中。加入约 600 ml 去离子水，充分搅拌溶解。用去离子水定容至 1 L。用孔径 0.45 μm 滤膜过滤，室温保存。

(2) 酶

*Bam*HI，*Sau*3AI，碱性磷酸酶 (CIAP)，T4DNA 连接酶。

(3) 100 mg/ml IPTG 储液

1 g IPTG 溶于 10 ml 蒸馏水，0.22 μm 膜过滤除菌，存于–20℃。

(4) 20 mg/ml X-gal

200 mg X-gal 溶于 10 ml *N*, *N*-二甲基甲酰胺，包以铝箔或黑纸存于–20℃。

(5) 氨苄青霉素 (Amp) 母液

配成 50 mg/ml 水溶液，–20℃保存备用。

(6) 溶液 I

50 mmol/L 葡萄糖，25 mmol/L Tris-HCl (pH 8.0)，10 mmol/L EDTA (pH 8.0)。溶液 I 可成批配制，每瓶 100 ml，118℃灭菌 15 min 后储存于 4℃冰箱。

(7) 溶液 II

0.2 mol/L NaOH (临用前用 10 mol/L NaOH 母液稀释)，1% SDS。

(8) 溶液 III

5 mol/L KAc 60 ml，冰醋酸 11.5 ml，H_2O 28.5 ml，定容至 100 ml，并高压灭菌。溶液终浓度为：K^+ 3 mol/L，Ac^- 5 mol/L。

(9) 0.1 mol/L $CaCl_2$ 溶液

称取 0.28 g 无水 $CaCl_2$，溶于 50 ml 双蒸水中，定容至 100 ml，高压灭菌。

(10) 含 15%甘油的 0.1 mol/L $CaCl_2$

称取 0.28 g 无水 $CaCl_2$，溶于 50 ml 重蒸水中，加入 15 ml 甘油，定容至 100 ml，高压灭菌。

(11) TER

10 mmol/L Tris-HCl (pH 8.0)，1 mmol/L EDTA (pH 8.0)，RNase (20 μg/ml)。

4. 仪器设备及其他

恒温摇床、电热恒温培养箱、台式高速离心机、无菌工作台、低温冰箱、恒温水浴锅、制冰机、分光光度计、微量移液枪等。

【实验内容】

1. 土壤总 DNA 的分离

(1) 土壤样品裂解

1) 将采集回来的土壤样品通过孔径为 1/4 英寸[①]的筛子进行细筛，除去混在样品中的一些植物根系、石块和昆虫等杂质。

2) 称取预处理过的土样 100 g，均等加到 2 个 200 ml 离心瓶中。

3) 每个离心瓶中分别加入 100 ml 70℃预热的裂解缓冲液，颠倒几次混匀。

4) 将两个离心瓶放于 70℃水浴中温育 2 h，期间每隔 30 min 轻轻颠倒离心瓶。每次颠倒混匀时，确保沉降在离心瓶底部的样品被充分悬起。

5) 2 h 时后从水浴中取出离心瓶，置于室温下冷却。

(2) 去除杂蛋白

1) 将冷却后的粗裂解样品转移至 500 ml 离心瓶中，4℃，6000 r/min 离心 10 min。离心后的上清液表层会出现一层厚厚的白膜。

2) 将上清液转移至一个干净的离心瓶中。避免将白膜物质带入离心瓶中。

3) 向瓶内加入等体积的氯仿/异戊醇 (24 : 1，*V*/*V*) 溶液，轻轻颠倒混匀。4℃，6000 r/min 离心 20 min。将上清液轻轻倒入量筒中，记录上清液总体积。

(3) 获取土壤总 DNA

1) 将量筒中的上清液移至一个新的离心瓶中，向离心瓶中加入 0.7 倍体积的异丙醇。轻轻颠倒混匀，室温 (22℃) 沉淀 30 min。

2) 4℃，16 000 *g* 离心 30 min 以沉淀土壤总 DNA。弃掉上清液，将离心瓶倒置在桌面上以排干瓶中液体。

3) 小心地向沉淀中加入 50 ml 70%乙醇，轻轻旋转离心瓶以洗涤沉淀的土壤总 DNA。4℃，16 000 *g* 离心 30 min。弃掉上清液，将离心瓶倒置在滤纸上以排

---

① 1 英寸=2.54 cm，后同。

干瓶中液体。

4) 沉淀置于室温干燥过夜至沉淀完全干燥。

5) 用 5 ml TE 重悬沉淀，将沉淀在 50℃中加热 20~30 min 或轻轻吸打沉淀几次以使沉淀完全溶解。

6) 将溶解的沉淀转移至一个干净的 10 ml 离心管中，4℃保存备用。

(4) 检验

取 20 μl 粗 DNA 抽提物，用 1%的 EB 琼脂糖凝胶电泳分析。在 100V 电压下电泳，紫外灯下检查电泳结果。

2. 土壤总 DNA 的纯化

(1) 电泳

使用 0.5×TBE 制备 1%琼脂糖凝胶，将粗 DNA 抽提物与 10×上样缓冲液混匀(可在 50℃水浴)。用移液器将混匀的 DNA 粗抽提物小心地加入到上样孔中。100V 电泳 1 h 后，20V 电泳 5~6 h，用新 0.5×TBE 替换原来的电泳缓冲液，并用新 0.5×TBE 清洗上样孔，不能使污泥进入到上样孔中。20V 电泳过夜，总共电泳 14~16 h。

(2) 染色

电泳完毕后用手术刀从凝胶的两端各切下约 2.5 cm 宽的含有土壤总 DNA 的凝胶块。转移至含有 0.5 μg/ml EB 的 0.5×TBE 中染色。轻轻振荡染色 1~2 h，然后在紫外灯下用手术刀在凝胶中标记出高分子质量的土壤总 DNA 上沿和下沿位置。

(3) 切胶

将染色的凝胶从紫外灯箱中取出，在桌面上将染色条带与未进行染色的凝胶进行对照拼接，按照标记大概位置，用一干净的手术刀准确地将高分子质量土壤 DNA 从未染色的凝胶中间部分切下。

(4) 透析

向一端封闭的透析袋(MWCO 10000)中加入 10 ml 0.5×TBE 缓冲液，然后小心将凝胶加入透析袋中。除去袋中所有空气后，用塑料夹封闭透析袋。将透析袋旋转至与电极平行的位置(与电流方向垂直)，然后用 0.5×TBE 缓冲液覆盖透析带，100V 电洗脱 2~3 h。电洗脱完成后，小心从一端打开透析带，将袋内溶液转移至一干净的 50 ml 离心管中。用 5~10 ml 0.5×TBE 缓冲液洗涤透析带，将洗涤液与电洗脱液合并在一起。

(5) 浓缩

使用 15 ml Amieon 离心超滤管(MWCO 30000)浓缩经电洗脱纯化的土壤总 DNA 样品。为了从 DNA 中去除电泳缓冲液，向浓缩样品中加入 15 ml TE。5000 r/min 离心浓缩，将体积缩小到 250~500 μl，用 TE 重复洗涤一次。小心用残留的液体将浓缩的土壤总 DNA 从超滤膜上剥离，将浓缩洗涤后的土壤总 DNA 转移至一新的 1.5 ml 离心管中。向浓缩管中加入 250 μl TE 以洗涤残留在膜上的土壤总 DNA，然后将洗涤液合并入 1.5 ml 离心管中。

(6)检验

在 1%的 TAE 琼脂糖凝胶中分别加入 0.1 μl、1 μl 和 10 μl 土壤总 DNA 样品以确定样品中 DNA 浓度。用λ-*Hin*d III Marker 作为参比以估算核酸浓度。纯化得到的土壤总 DNA 可以 4℃保存数月。

3. 宏基因组文库构建

Metagenome 的酶切及回收。

(1)总 DNA 的酶切

Soil Metagenome DNA	400~500 ng	37℃酶切 15min 65℃水浴 20min 终止反应
10×缓冲液	2 μl	
Sau3A Ⅰ(0.1U/μl)	1 μl	
无菌水	至 20 μl	

(2)DNA 酶切片段回收(用 DNA 纯化试剂盒)

1)取 100 μl 纯化缓冲液于 1.5 ml 离心管中，加 30~300 μl 总 DNA 酶切液，涡旋混匀；加 1 ml 纯化树脂，涡旋振荡 3 次(每隔 1 min 1 次)；将 DNA-树酯混合液装入一次性注射器，套上微型过滤柱，缓慢推挤使 DNA-树酯混合液通过微型过滤柱。

2)用一次性注射器吸 2 ml 80%异丙醇缓慢推挤洗涤过滤柱；除去注射器，将微型过滤柱套入 1.5 ml 离心管中，12 000 r/min 离心 2 min，过滤柱移入一新管。

3)加 50 μl 预热的无菌水(65℃)于微型过滤柱中，室温放置 2 min；12 000 r/min 离心 2 min，弃过滤柱，DNA 保存于−20℃。

(3)连接

1)取新的经灭菌处理的 0.5 ml Ep 管编号，将 0.4 μg 左右质粒 DNA 转移到无菌离心管中，加 0.8 μg 左右的 DNA 酶切片段；加蒸馏水至体积为 17 μl，于 65℃水浴 5 min，随即冷却至 0℃。

2)加入 10×T4DNA 连接酶缓冲液 2 μl，T4DNA 连接酶 1 μl(350 U/ μl)，混匀后 3000 r/min 离心 30 s。同时做两组对照反应，其中一对照组只有质粒载体无外源 DNA；另一对照组只有外源 DNA 片段没有质粒载体。

(4)转化

1)*E. coli* DH5α感受态细胞制备(见 $CaCl_2$ 法制备感受态细胞)。

2)转化：①从−70℃冰箱中取 100 μl 感受态细胞悬液，室温下使其解冻，解冻后立即置冰上；加入 20 μl 连接产物，混匀，冰浴 30 min；42℃水浴中热击 90 s，热击后迅速置于冰上冷却 3~5 min；②向管中加入 800 μl LB 液体培养基(不含 Amp)，混匀后 37℃振荡培养 1 h；将上述菌液摇匀后取 100 μl，加 X-gal(20 mg/ml)40 μl，IPTG(100 mg/ml)7 μl 涂布于含 Amp 的筛选平板上，正面向上放置 0.5 h，待菌液完全被培养基吸收后倒置培养皿，37℃培养。

同时做两组对照:

对照组 1：以同体积的无菌双蒸水代替 DNA 溶液，其他操作与上面相同。此组正常情况下在含抗生素的 LB 平板上应没有菌落出现；

对照组 2：以同体积的无菌双蒸水代替 DNA 溶液，但涂板时只取 5 μl 菌液涂布于不含抗生素的 LB 平板上，此组正常情况下应产生大量菌落。

(5)重组克隆子筛选及鉴定

1)倒置平板于 37℃继续培养 12~16 h，待出现明显而又未相互重叠的单菌落时拿出平板，置于 4℃数小时，使显色完全，白色菌落为带有重组质粒转化子。

2)用无菌牙签挑取白色单菌落接种于含 Amp 50 μg/ml 的 5 ml LB 液体培养基中，37℃下振荡培养 12 h。

3)提取白色单菌落中的质粒 DNA 直接电泳，同时以 pSK+质粒做对照，有插入片段的重组质粒电泳时迁移率较 pSK+慢。

【实验结果与分析】

1. 扫描总 DNA 的电泳凝胶，分析 DNA 提取效果。

2. 观察描述重组子筛选结果。

【思考题】

1. 在含有 X-gal 和 IPTG 的筛选培养基上，为什么携带载体 DNA 的转化子为蓝色菌落，而携带插入片段的重组质粒转化子为白色菌落？

2. 宏基因组文库的构建成功与否取决于哪些因素？

实验 16　细菌鉴定中常用的生理生化反应

【实验目的】

1. 掌握细菌鉴定中常用的生理生化反应方法。

2. 了解细菌在不同培养基的不同生长现象及其代谢产物在鉴别细菌中的意义。

【实验原理】

由于不同细菌具有的酶系统及其催化的反应不尽相同，导致它们对营养基质的分解能力和最终的代谢产物也存在差别。因此，常用生理生化试验的方法检测细菌对各种基质的代谢作用及其代谢产物，从而鉴别细菌的种属，以上反应统称为细菌的生理生化反应。常用于细菌鉴定的生理生化反应如下。

1. 糖(醇)类发酵试验

不同细菌所含酶不同，因而发酵糖(醇)的能力及产生的代谢产物也各不相同：有的产酸产气，有的产酸不产气。当发酵产酸时，培养基中的指示剂溴甲酚紫[pH 5.2(黄色)~6.8(紫色)]由紫变黄。产气与否可由杜氏小管中有无气泡来鉴别。

2. 甲基红试验(M. R.试验)

甲基红[pH 4.4(红)～6.2(黄)]试验用于检测由葡萄糖产生的有机酸，如甲酸、乙酸、乳酸等。有些细菌分解糖类产生丙酮酸，丙酮酸进一步反应形成甲酸、乙酸、乳酸等，使培养基的 pH 降低到 4.2 以下。有些细菌在培养的早期产生有机酸，但在后期将有机酸转化为非酸性末端产物，如乙醇、丙酮酸等，使 pH 升至大约 6。

3. 伏-普试验(Voges-Proskauer 试验，V-P 试验)

伏-普试验是用于测定细菌利用葡萄糖产生非酸性或中性末端产物的能力。细菌分解葡萄糖成丙酮酸后，再缩合脱羧成乙酰甲基甲醇。后者在碱性条件下，被氧化为二乙酰，二乙酰与培养基中的胍基作用，生成红色化合物，即为 V-P 反应阳性。

4. 靛基质试验

有的细菌，如大肠杆菌，能产生色氨酸酶，能够分解蛋白胨中的色氨酸产生靛基质，后者与培养基中的对二甲基氨基苯甲酸结合，形成玫瑰色靛基质。

5. 硫化氢试验

某些细菌能分解含硫的氨基酸，产生硫化氢，硫化氢与培养基中的铁盐反应，形成黑色的硫化铁沉淀，为硫化氢试验阳性。

6. 明胶液化实验

明胶在 25℃以下可维持凝胶状态，25℃以上则会液化。有些微生物能够产生一种称为明胶酶的胞外酶，导致明胶液化，甚至在 4℃仍能保持液化状态。

7. 柠檬酸盐利用试验

有的细菌，如产气杆菌，能在柠檬酸盐培养基上生长，分解柠檬酸盐后产生碳酸盐，使培养基变为碱性，导致培养基中的溴麝香草酚蓝指示剂[pH 6.0(黄)～7.6(蓝)]变为深蓝色。

8. 淀粉水解实验

细菌水解淀粉可以通过底物的变化来证明，即用碘测定不再产生蓝色。

【实验用品与仪器】

1. 菌种

大肠杆菌、变形杆菌、枯草芽孢杆菌、产气杆菌及未知菌。

2. 培养基

(1) 葡萄糖蛋白胨水培养基(M.R.试验和 V-P 试验)

蛋白胨 5 g/L，葡萄糖 5 g/L，K_2HPO_4 2 g/L，pH 7.0~7.2。115℃灭菌 30 min。

(2) 糖发酵培养基(糖发酵实验)

蛋白胨水培养基 1000 ml，1.6%溴钾酚紫乙醇溶液 1~2 ml，葡萄糖(或乳糖) 10.0g，pH 7.6。糖需单独灭菌。

(3) 乙酸铅培养基(硫化氢试验)

pH 7.4 的牛肉膏蛋白胨琼脂 100 ml，$Na_2S_2O_3 \cdot 5H_2O$ 0.25 g，10%$Pb(Ac)_2$ 水溶液 1 ml。

(4) 柠檬酸盐培养基(柠檬酸盐利用试验)

$NH_4H_2PO_4$ 1 g/L，K_2HPO_4 1 g/L，NaCl 5 g/L，$MgSO_4$ 0.2 g/L，柠檬酸钠 2 g/L，琼脂 15~20 g/L，1%溴麝香草酚蓝乙醇液 10 ml。

(5) 蛋白胨水培养基(吲哚试验)

蛋白胨 10 g/L，NaCl 5 g/L，pH 7.6。121℃灭菌 20 min。

(6) 明胶培养基(明胶液化试验)

牛肉膏蛋白胨液 100 ml，明胶 12~18 g，pH 7.2~7.4。121℃灭菌 30 min。

(7) 淀粉培养基(淀粉水解试验)

蛋白胨 10 g/L，牛肉膏 5 g/L，NaCl 5 g/L，可溶性淀粉 2 g/L，琼脂 15~20 g/L。

以上培养基的具体配制方法参见附录。

3. 试剂和溶液

甲基红试剂、V-P 试剂、吲哚试剂、KOH 溶液等。

4. 仪器设备及其他

超净工作台、恒温培养箱、移液管、杜氏小管、试管(每个试验 3 根试验管，1 根对照管，8 个试验，共 32 管)、接种环、接种针、酒精灯、火柴、试管架、记号笔等。

【实验内容】

1. 配制培养基

配制以上各种培养基。

2. 生理生化实验

(1) 糖(醇)类发酵试验

1) 编号：在各试管上分别标明培养基名称和所接种的菌名，下同。

2) 接种：取葡萄糖发酵培养基和乳糖发酵培养基各 3 支，分别接种大肠杆菌和普通变形杆菌，第 3 支不接种，作为对照。

3) 培养：将已接种好的培养基置 32℃温箱中培养 24 h 后观察。

(2) 甲基红试验(M. R.试验)

将大肠杆菌和产气杆菌分别接种到葡萄糖蛋白胨水培养基中，32℃培养 24 h，加甲基红指示剂数滴，观察结果。

(3) V-P 试验

将被检菌接种到葡萄糖蛋白胨水中，32℃培养 24 h，取出后加入 40% KOH 7 滴，然后再加入等量的 5% α-萘酚溶液，用力振荡，再放入 37℃温箱中保温 30 min，以加快反应速度。若培养物呈现红色，为 V-P 反应阳性。

(4) 吲哚试验

将被检菌接种到胰蛋白胨水培养基中，32℃培养 24 h 后，滴加数滴吲哚试剂于培养物液面，轻轻摇动，观察结果。

(5) 硫化氢试验

将大肠杆菌和变形杆菌以接种针穿刺接种到乙酸铅或柠檬酸铁氨培养基中，32℃培养 24 h，观察结果。

(6) 明胶液化试验

将大肠杆菌和枯草杆菌以接种针分别穿刺接种至营养明胶培养基中，置 32℃培养 24 h。观察结果时，将明胶培养基放入 4℃冰箱 30 min，不凝固则说明明胶被试验细菌液化，为阳性。

(7) 柠檬酸盐利用试验

取被检菌接种到柠檬酸盐培养基上，32℃培养 24 h 后，观察结果。

(8) 淀粉水解试验

取被检菌接种到淀粉培养基上，32℃培养 24 h 后，在培养基表面滴加碘液，观察是否变紫。

【实验结果与分析】

请将观察结果填入表 2-16。

表 2-16　生理生化试验结果

试验项目	大肠杆菌	枯草杆菌	产气杆菌	变形杆菌	未知菌	空白对照
葡萄糖发酵实验						
乳糖发酵实验						
甲基红试验						
伏-普试验						
吲哚试验						
硫化氢试验						
明胶液化试验						
柠檬酸盐利用试验						
淀粉试验						

【思考题】

1. 在吲哚试验和硫化氢产生试验中细菌各分解哪种氨基酸？
2. 假设某种微生物可以有氧代谢葡萄糖，发酵试验应该出现怎样的结果？
3. 通过哪些生理生化反应可以区分大肠杆菌和变形杆菌？

实验 17　利用 16S rRNA 基因序列分析进行微生物分类鉴定

【实验目的】

1. 了解微生物分子鉴定的原理和应用。
2. 掌握利用 16S rRNA 基因进行微生物分子鉴定的操作方法。
3. 运用软件构建系统发育树并对微生物进行系统发育关系分析。

【实验原理】

长期以来，对微生物的分类鉴定主要采用分离培养、形态特征、生化反应和免疫学等方法。但这些传统手段均存在耗时长、特异性差、敏感度低等问题，难以满足现代细菌学研究的发展要求。随着分子生物学技术的迅速发展，特别是 PCR 技术的出现及核酸研究技术的不断完善，产生了许多新的分类方法，如质粒图谱、限制性片段长度多态性分析、PCR 指纹图、rRNA 基因(即 rDNA)指纹图、16S 核糖体核糖核酸(ribosomal RNA，rRNA)序列分析等。这些技术主要是对细菌染色体或染色体外的 DNA 片段进行分析，从遗传进化的角度和分子水平进行细菌分类鉴定，从而使细菌分类更科学、更精确。其中原核生物 16S rRNA 基因(真核 18S rRNA 基因)序列分析技术已被广泛应用于微生物分类鉴定。

核糖体 rRNA 对所有生物的生存都是必不可少的。其中 16S rRNA 在细菌及其他微生物的进化过程中高度保守，被称为细菌的“分子化石”。在 16S rRNA 分子中含有高度保守的序列区域和高度变化的序列区域，因此很适于对进化距离不同的各种生物亲缘关系的比较研究。其具体方法如下：首先借鉴恒定区的序列设计引物，将 16S rRNA 基因片段扩增出来，测序获得 16S rRNA 基因序列，再与生物信息数据库(如 GenBank)中的 16S rRNA 基因序列进行比对和同源性分析比较，利用可变区序列的差异构建系统发育树，分析该微生物与其他微生物之间在分子进化过程中的系统发育关系(亲缘关系)，从而达到对该微生物分类鉴定的目的。通常认为，16S rRNA 基因序列同源性小于 97%，可以认为属于不同的种，同源性小于 93%，可以认为属于不同的属。

系统进化树(系统发育树)是研究生物进化和系统分类中常用的一种树状分枝图形，用来概括各种生物之间的亲缘关系。通过比较生物大分子序列(核苷酸或氨基酸序列)差异的数值构建的系统树称为分子系统树。系统树分有根树和无根树两种形式。无根树只是简单表示生物类群之间的系统发育关系，并不反映进化途径。而有根树不仅反映生物类群之间的系统发育关系，而且反映出它们有共同的起源及进化方向。分子系统树是在进行序列测定获得分子序列信息后，运用适当的软件由计算机根据各微生物分子序列的相似性或进化距离来构建的。计算分析系统发育相关性和构建系统树时，可以采用不同的方法，如基于距离的方法[UPGMA、ME(minimum evolution，最小进化法)]、N-J(neighbor-jioning，邻接法)、MP(maximum parsimony，最大简约法)、ML(maximum likelihood，最大似然法)和贝叶斯(Bayesian)推断等方法。构建进化树需要做Bootstrap检验，一般Bootstrap值大于70，认为构建的进化树较为可靠。如果Bootstrap值过低，所构建的进化树的拓扑结构可能存在问题，进化树不可靠。一般采用两种不同方法构建进化树，如果所得进化树相似，说明结果较为可靠。常用构建进化树的软件有Phylip、Mega、PauP、T-REX等。

本实验以枯草芽孢杆菌的鉴定为例，应用16S rRNA基因序列分析技术进行微生物鉴定的实验。

【实验用品与仪器】

1. 菌种和质粒

(1) 菌种

枯草芽孢杆菌，*E.coli* DH5α。

(2) 质粒

pMD18-T载体。

2. 培养基

LB培养基：胰蛋白胨 10 g，酵母提取物 5 g，NaCl 10 g，蒸馏水 1 L，pH 7.2。

3. 试剂和溶液

琼脂糖、细菌基因组提取试剂盒、dNTP、DNA聚合酶、PCR产物纯化试剂盒、T4 DNA连接酶、X-gal、IPTG、限制性内切核酸酶 *SpH* I和 *Pst* I等。

4. 仪器设备及其他

PCR仪、电泳仪、高速冷冻离心机、凝胶成像系统、超净工作台、摇床、电子天平、恒温培养箱等。

【实验内容】

1. 设计合成引物

使用16S rRNA全长通用引物。引物1：5′-AGAGGTTGATC CTGGCTCAG-3′；引物2：5′-TAGGGTTACCTTGTTACGACTT-3′。提交基因合成公司合成。

2. PCR扩增16S rRNA基因片段

以基因组DNA为模板，最适量为0.1~1.0 ng，过多可能引发非特异性扩增，过少可能扩增失败。PCR体系一般用25 μl，使用保真度较高的DNA聚合酶。

反应体系：

模板	1 μl
引物1	0.5 μl
引物2	0.5 μl
dNTP(10 mmol/L)	0.5 μl

Taq 酶(5 U/ml)	0.5 μl
10×PCR 缓冲液	2.5 μl
灭菌水	至 25 μl

PCR 反应：94℃预变性 5 min，94℃变性 30 s，65℃退火 40 s，72℃延伸 90 s，30 个循环。72℃保持 10 min。4℃存放。

3. 琼脂糖凝胶电泳检测 PCR 产物

配制 1%琼脂糖凝胶，取 4 μl PCR 产物，混合 0.5 μl 1 6×上样缓冲液加样，DL2000 Marker 作为分子质量标准，在 1×TAE 缓冲液中，110V 电泳 45~60 min，EB 染色，紫外凝胶成像仪中观察。

16S rRNA 基因片段大约为 1.5 kb。

4. 胶回收 16S rRNA 基因片段

(1) 电泳

配制 1%低熔点琼脂糖凝胶，将 PCR 获得的 16S rRNA 基因与上样缓冲液混合，加入到一大的胶孔中。4℃，50V 恒压电泳 2~3 h。

(2) 切胶

紫外灯下，用无菌刀片切下条带转移至干净的 1.5 ml 离心管中。

(3) 胶回收

1) 准确称量凝胶的质量，按 1 g≈1 ml 计，加入 5 倍体积的 TE 缓冲液，盖上盖子，于 65℃保温 5 min 融化凝胶。

2) 待凝胶冷却至室温，加入等体积的 Tris 饱和酚(pH 8.0)，剧烈振荡混匀 20 s。20℃，10 000 r/min 离心 10 min，回收水相。

3) 加入等体积的酚：氯仿(pH 8.0 的 Tris 饱和酚与氯仿等体积混合)，剧烈振荡，20℃，10 000 r/min 离心 10 min，回收水相。

4) 用等体积的氯仿抽提上清液，颠倒混匀，20℃，10 000 r/min 离心 10 min，回收水相。

5) 将水相移到一新的 1.5 ml 离心管，加入 0.2 倍体积的 10 mol/L 乙酸铵和 2 倍体积的无水乙醇，混匀后在室温下放置 20 min。然后于 4℃，12 000 r/min 离心 10 min，弃上清液，找开管盖，晾干沉淀，将沉淀溶解在一定量的无菌双蒸水中备用。

5. 16S rRNA 基因片段通过 pMD18-T 载体进行克隆

(1) 16S rRNA 基因片段与 pMD18-T 载体连接

在 0.5 ml 的微量离心管中分别加入以下溶液，16℃连接过夜(12~14 h)。

pMD18-T 载体	100 ng
胶回收的 16S rRNA 基因	50 ng
T4 DNA 连接酶	1 μl

2×连接缓冲液	5 μl
无菌双蒸水	至 10 μl

(2) 转化

将连接好的载体在冰上放置 5 min，然后全部加入到装有 200 μl *E.coli* DH5α 感受态细胞的微量离心管中，用预冷的移液枪头轻轻混匀，置于冰上 5 min。然后在 42℃水浴热击 90 s，迅速将离心管转移到冰上，放置 5 min。

将转化细胞转移到 10 ml 无菌试管中，加入 1 ml 37℃预热的 LB 培养基，37℃，200 r/min 振荡培养 1 h。

(3) 重组子的筛选

将上述培养液涂布到含有氨苄青霉素、IPTG 和 X-gal 的 LB 平板上，37℃恒温培养过夜，出现白色菌落的一般是重组子。

(4) 重组子的酶切鉴定

挑取几个白色菌落，分别接种到含有终浓度 100 μg/ml 氨苄青霉素的 LB 液体培养基中，37℃振荡培养过夜。用碱法提取转化子质粒。用限制性内切酶 *Sph*I 和 *Pst*I，37℃酶切 2~3 h。将酶切产物加样到 1%琼脂糖凝胶进行电泳，观察 1.5 kb 左右的酶切条带，证明是正确的重组子。

6. 16S rRNA 基因的序列测定

将验证正确的重组子交给专业测序公司完成测序。

7. 序列分析与系统发育树的构建

(1) 相似序列的获取

用 BLAST 生物信息数据库搜索功能进行在线相似性搜索，选择几个已知分类地位的相似序列。

(2) 多重序列比对分析

用 Clust X 软件对多个相似序列进行多重序列比对分析。

(3) 构建系统发育树

利用 Mega 4 软件构建系统发育树。

(4) 系统发育关系分析

【实验结果与分析】

1. 将 PCR 扩增的凝胶电泳结果扫描图打印出来，并对结果加以分析说明。
2. 对重组子筛选平板上的菌落特征进行描述和分析。
3. 对 PCR 产物进行测序所得的序列进行序列特征分析。
4. 对基于 16S rRNA 基因的序列构建的系统发育树进行系统发育关系分析。

【思考题】

1. 16S rRNA 基因的序列有什么特征？

2. 利用 16S rRNA 基因序列分析方法获得的鉴定结果与菌株已知的分类结果是否一致？若不一致，如何确定其准确的分类地位？

附录：用 Mega 4 构建系统发育树的过程

(1) 利用 BLAST (basic local alignment search tool) 数据库搜索程序获得 16S rRNA 相似序列

登录到有 BLAST 服务的网站，如美国国立生物技术信息中心 NCBI (http://blast.ncbi.nlm. nih.gov/Blast.cgi)。进入 BLAST 主页界面，选择 nucleotide blast (blastn)，把要搜索的 DNA 序列以 FASTA 格式粘贴到 Search 栏，Database 选项选择 Others，点击 BLAST，得到 result of Blast，选项中序列以 FASTA 格式保存。

>gb|HQ185400.1|　Stenotrophomonas maltophilia strain 5633 16S ribosomal RNA gene, partial sequence　Length=1540

Score = 2663 bits (1442),　Expect = 0.0

Identities = 1457/1464 (99%), Gaps = 1/1464 (0%)

Strand=Plus/Plus

Blastn 结果中参数含义：Score 是指提交的序列和搜索出的序列之间的分值，越高说明越相似；Expect (*E* 值) 是指比对的期望值，比对越好 *E* 值越小，一般在核酸的比对，*E* 值小于 1 e-10，比对就算是很好，多数情况下为 0；Identities 是指提交的序列和参比序列的相似性，如上所指序列为 1464 个核苷酸中二者有 1457 个相同；Gaps 指的是对不上的碱基数目；Strand 为链的方向，Plus/Minus 指的是提交的序列与参比序列是反向互补的，如果是 Plus/Plus 则二者皆为正向。

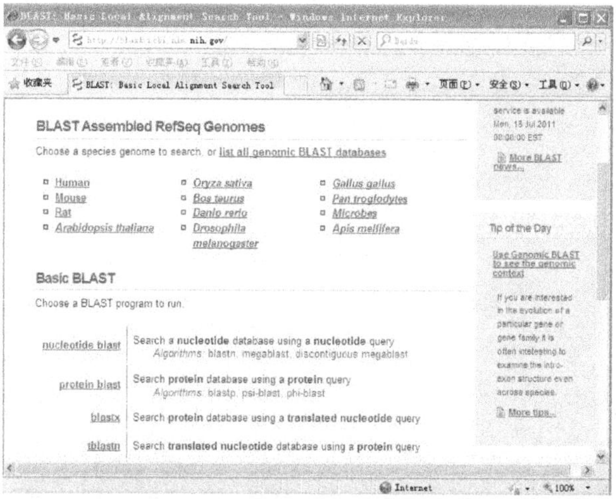
BLAST: Basic Local Alignment Search Tool - Windows Internet Explorer
BLAST Assembled RefSeq Genomes
Choose a species genome to search, or list all genomic BLAST databases
Human
Mouse
Rat
Arabidopsis thaliana
Oryza sativa
Bos taurus
Danio rerio
Drosophila melanogaster
Gallus gallus
Pan troglodytes
Microbes
Apis mellifera
Basic BLAST
Choose a BLAST program to run.
nucleotide blast
Search a nucleotide database using a nucleotide query
Algorithms: blastn, megablast, discontiguous megablast
protein blast
Search protein database using a protein query
Algorithms: blastp, psi-blast, phi-blast
blastx
Search protein database using a translated nucleotide query
tblastn
Search translated nucleotide database using a protein query
Tip of the Day
More tips...

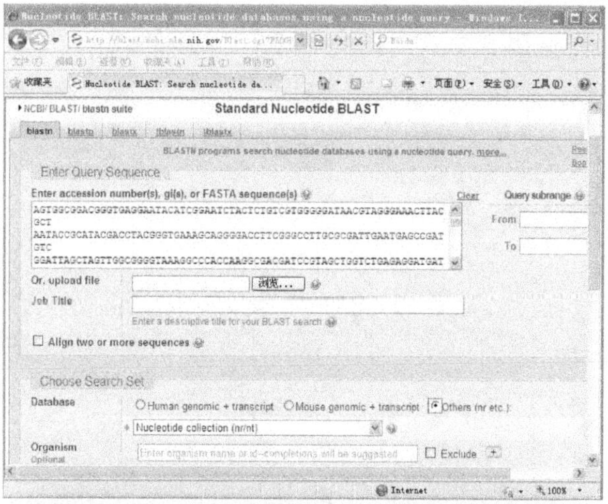
NCBI/ BLAST/ blastn suite
Standard Nucleotide BLAST
blastn
blastp
blastx
tblastn
tblastx
Enter Query Sequence
Enter accession number(s), gi(s), or FASTA sequence(s)
Clear
Query subrange
From
To
Or, upload file
Job Title
Enter a descriptive title for your BLAST search
Align two or more sequences
Choose Search Set
Database
Human genomic + transcript
Mouse genomic + transcript
Others (nr etc.):
Nucleotide collection (nr/nt)
Organism
Optional
Exclude

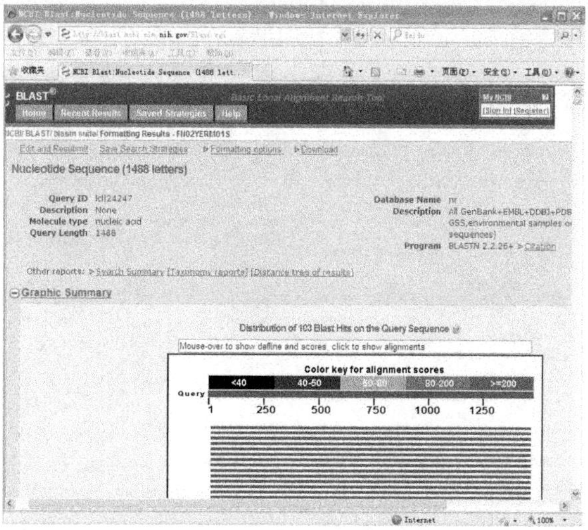
BLAST
Home
Recent Results
Saved Strategies
Help
Nucleotide Sequence (1488 letters)
Query ID
Description
None
Molecule type
nucleic acid
Query Length
1488
Database Name
nr
Program
Graphic Summary
Distribution of 103 Blast Hits on the Query Sequence
Color key for alignment scores
<40
40-50
50-80
80-200
>=200
Query
1
250
500
750
1000
1250

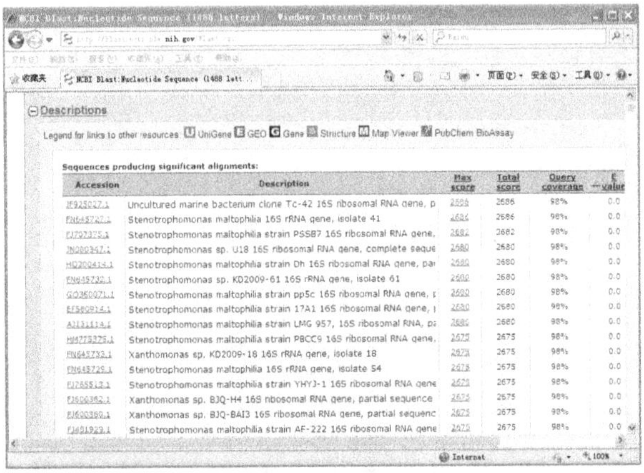

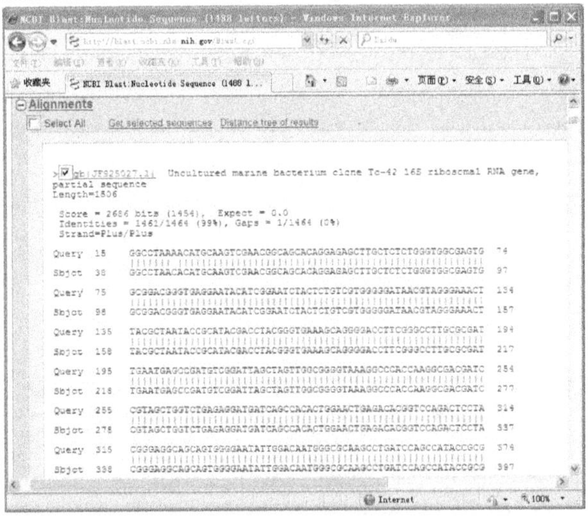

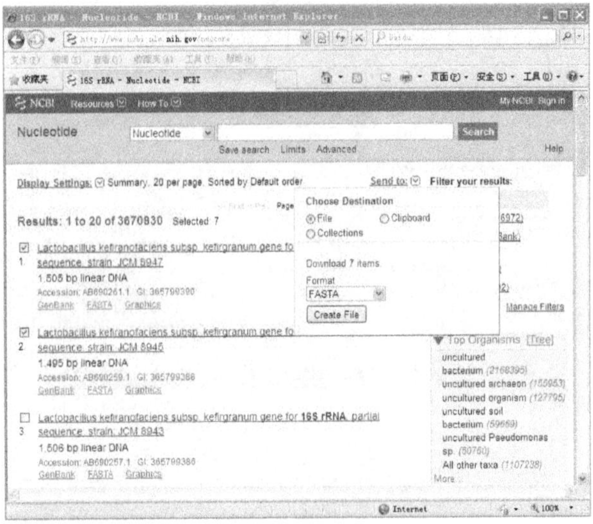

(2)利用 Clustal X 进行相似序列的多重比对

将检测序列和搜索保存的同源序列以 FASTA 格式编辑成为一个文本文件，导入 Clustal X 程序进行多重比对，在 Alignment 菜单中点击 Do Complete Alignment，保存自动生成的*.aln 和*.dnd 文档。

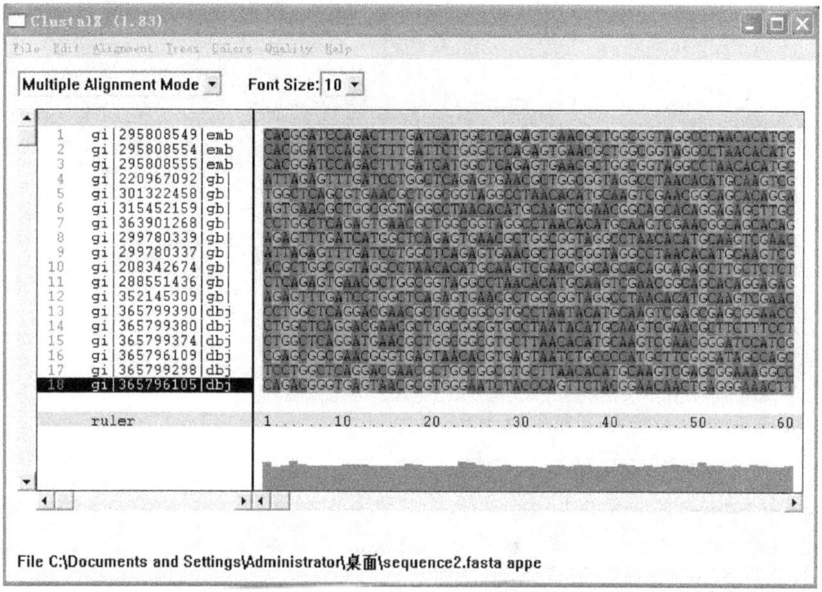

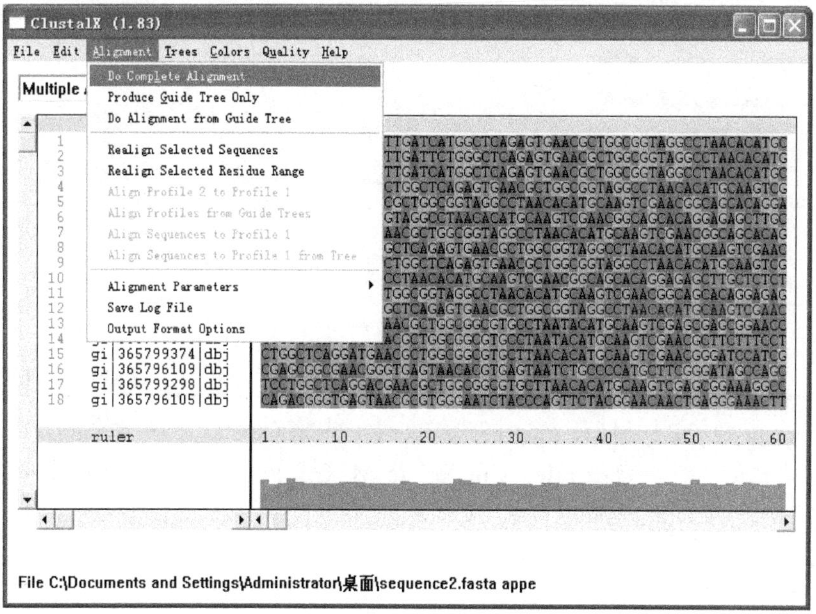

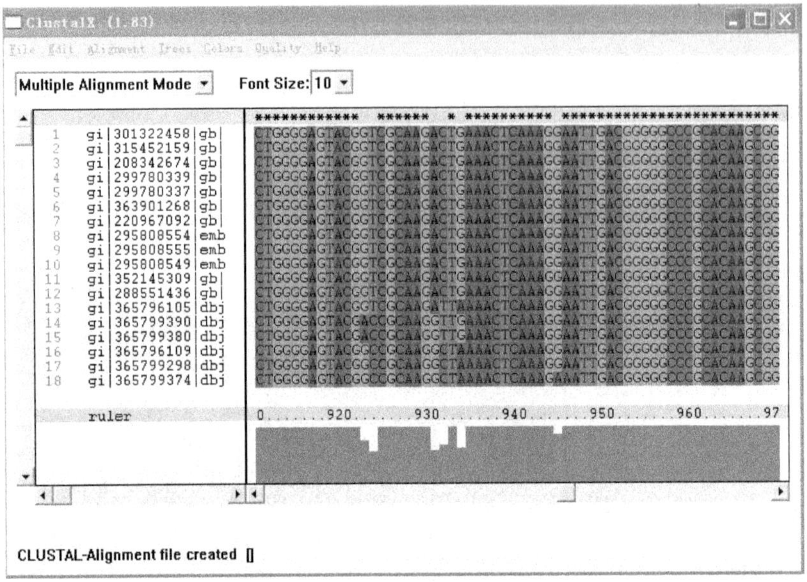

(3) 使用 Mega 软件构建系统发育树

1) 打开 Mega 4.0.2 程序，如下图所示。

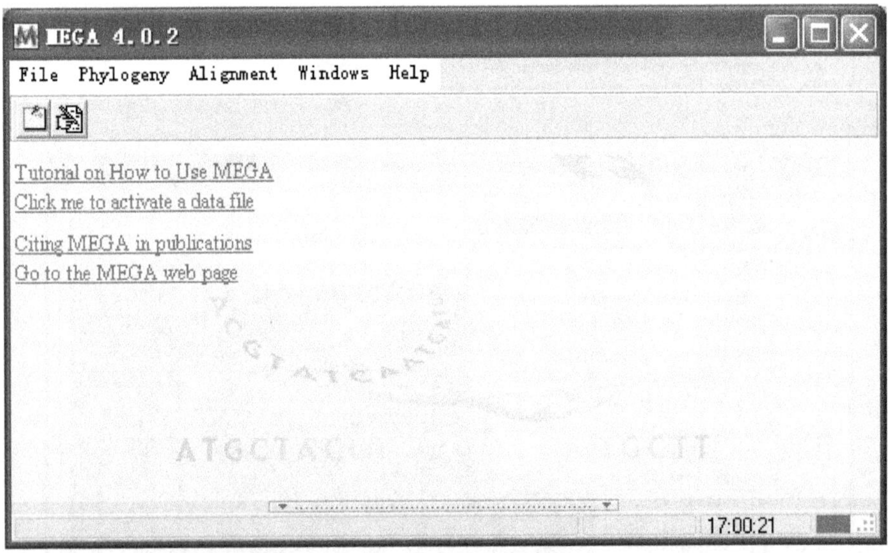

2) Mega 4.0.2 只能打开 meg 格式的文件，先将 Clustal X 输出的.aln 文件转换为 meg 格式的文件。点击 File：Convert to MEGA Format…，打开转换文件对话框，如下图所示。

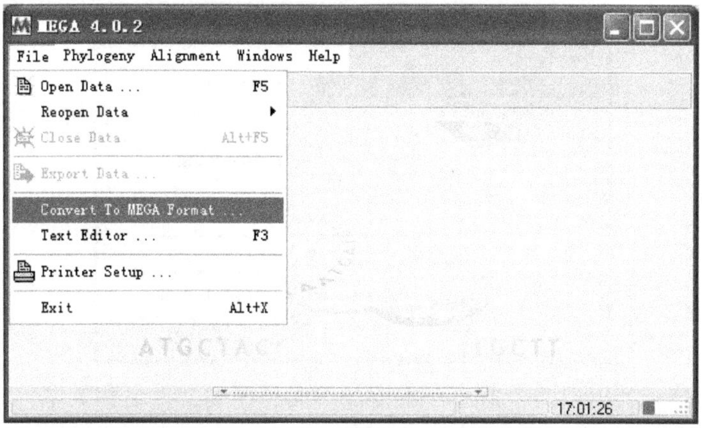

3) 选择文件和转换文件对话框，选择.aln 文件，点击 OK，如下图所示。

4) 转换成 meg 文件后查看 meg 序列文件最后是否正常，若存在 clustal. *行，即可删除。点击存盘保存 meg 文件，meg 文件会和.aln 文件保存在同一个目录，如下图所示。

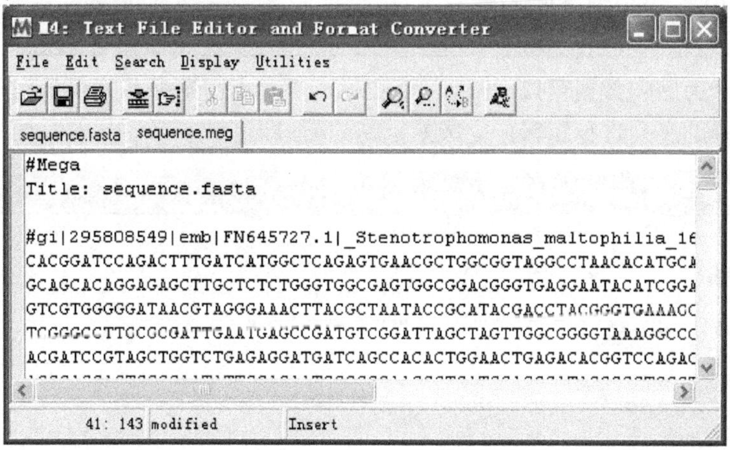

5) 退出转换窗口，回到主窗口。点击步骤 1 中的“Click me to activate a data file”打开转换后的 meg 文件，选择序列数据类型，点击 OK，如下图所示。

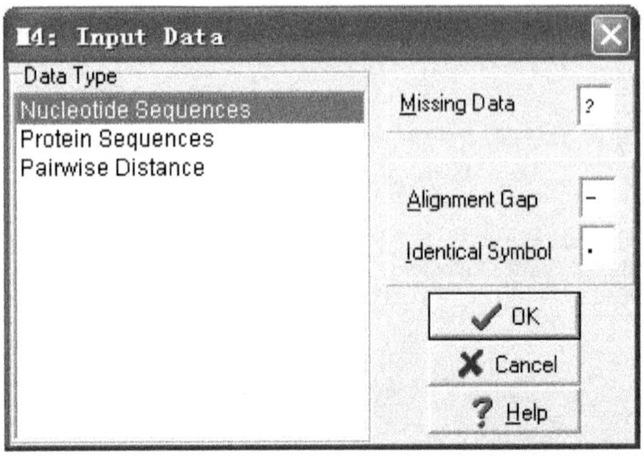

6)数据打开后出现两个窗口，主窗口下面有序列文件名和类型。

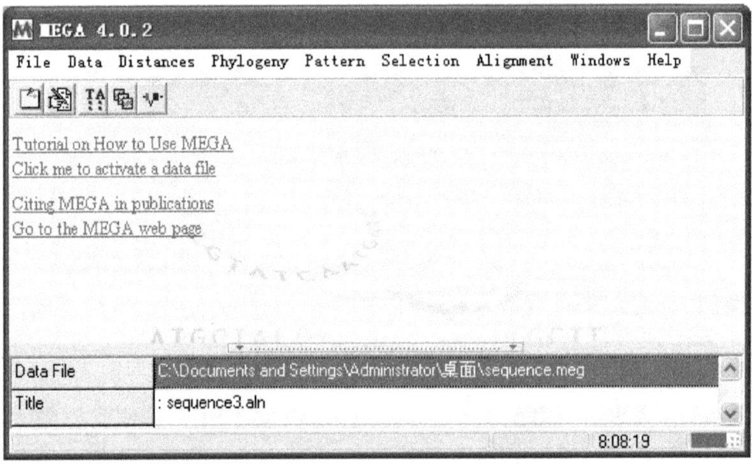

另一个为序列数据窗口，出现以下数据文件时点击选择和编辑数据分类图标，可对所选择的序列进行编辑，完成后点击 close 即可。

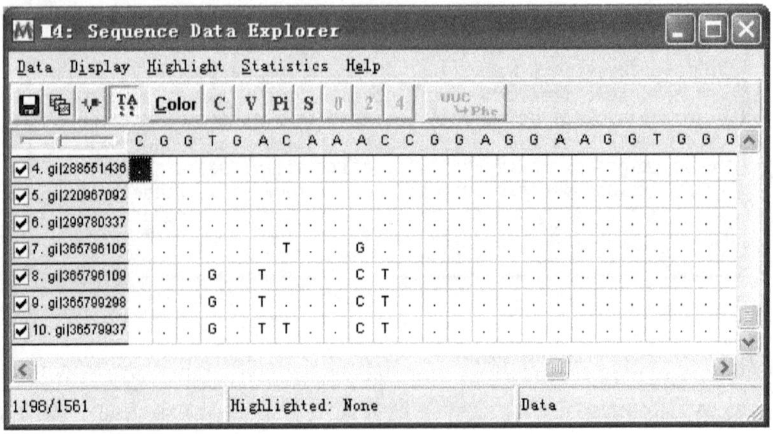

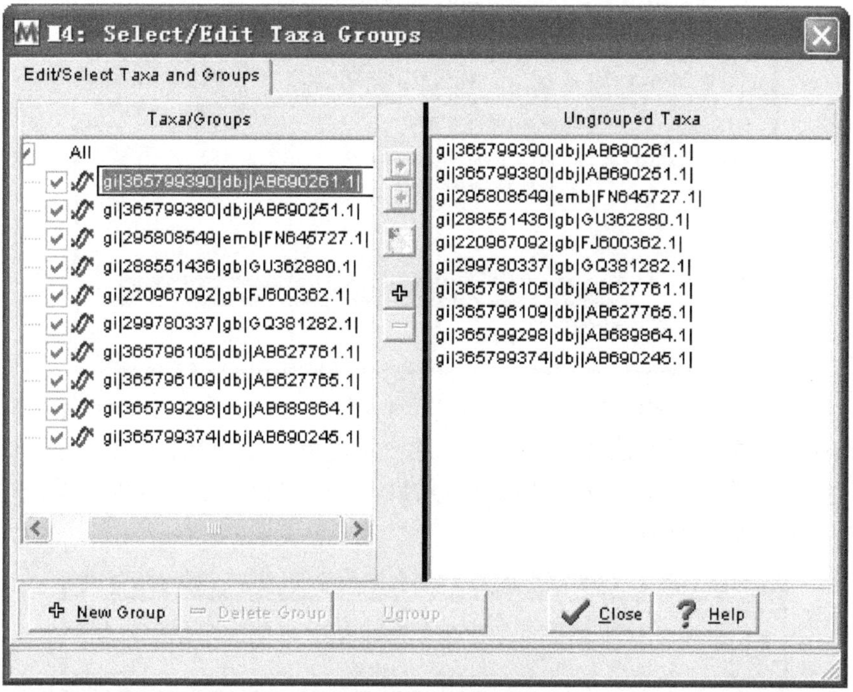

7) 构建进化树的算法主要分为两类：独立元素法(discrete character method)和距离依靠法(distance method)。所谓独立元素法是指进化树的拓扑形状是由序列上的每个碱基/氨基酸的状态决定的(如一个序列上可能包含很多的酶切位点，而每个酶切位点的存在与否是由几个碱基的状态决定的，也就是说一个序列碱基的状态决定着它的酶切位点状态，当多个序列进行进化树分析时，进化树的拓扑形状也就由这些碱基的状态决定了)。而距离依靠法是指进化树的拓扑形状由两两序列的进化距离决定。进化树枝条的长度代表着进化距离。独立元素法包括最大简约性法(maximum parsimony method)和最大可能性法(maximum likelihood method)；距离依靠法包括非加权组平均法(UPGMAM)和邻接法(neighbor-joining)。

用 Bootstrap 构建进化树，MEGA 的主要功能就是做 Bootstrap 验证的进化树分析，Bootstrap 验证是对进化树进行统计验证的一种方法，可以作为进化树可靠性的一个度量。各种算法虽然不同，但是操作方法基本一致。进化树的构建是一个统计学问题。我们所构建出来的进化树只是对真实的进化关系的评估或者模拟。

过程如下：

(a) 参数的设置：Phylogeny→Bootstrap test of phylogeny→Neighbor Joinin (N-J)。

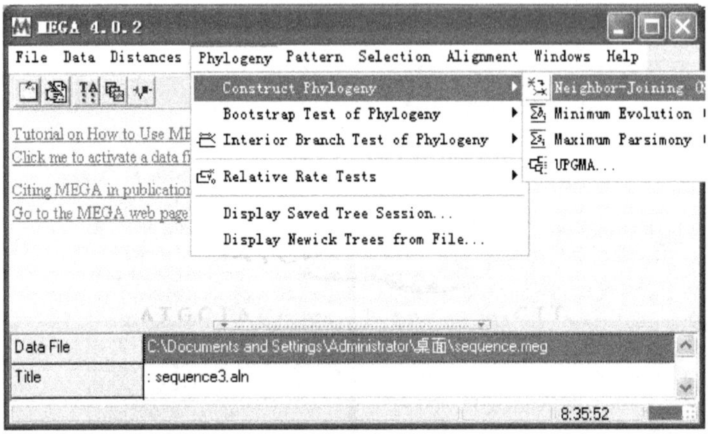

(b)系统进化树的测试，可以选择“Test of phylogeny”用 Bootstrap，也可以选择不进行测试。重复次数(replication)通常设定至少要大于 100 比较好，随机数种子可以自己随意设定，不会影响计算结果。一般选择 500 或 1000。设定完成，点击 Compute，开始计算。

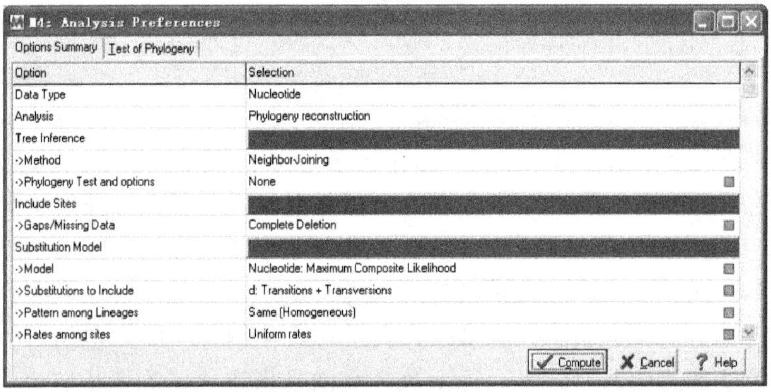

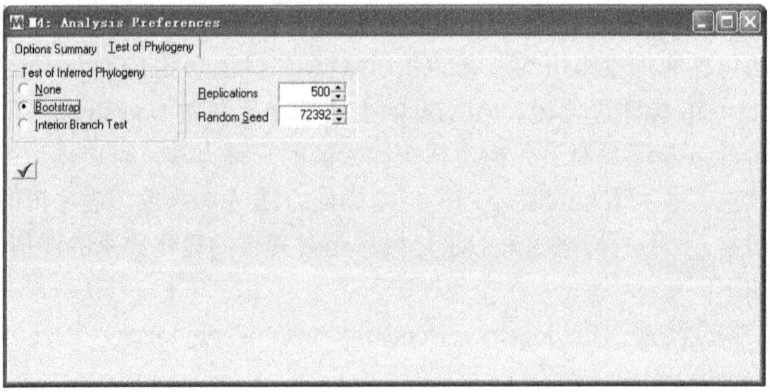

(c)输出系统发育树：程序产生一个树，该窗口中有两个属性页，一个是原始树，一个是 Bootstrap 验证过的一致树。树枝上的数字表示 Bootstrap 验证中该树枝可信度的百分比。结果如下：

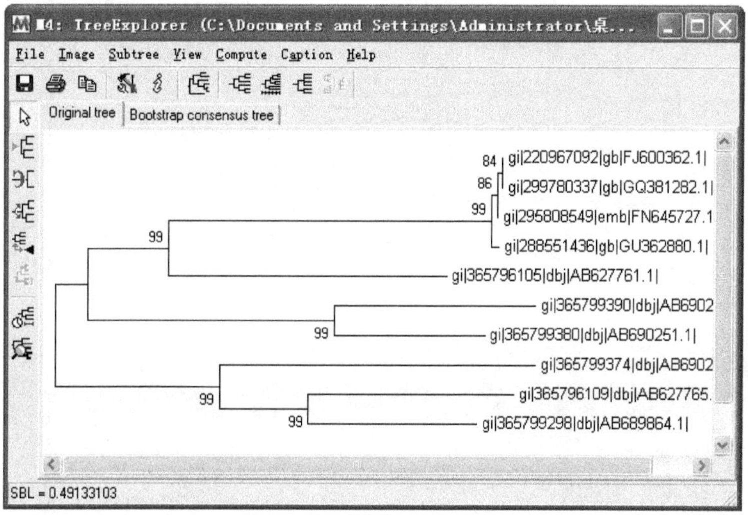

8)进化树的优化。

(a)利用该软件可得到不同树型，如下图所示。

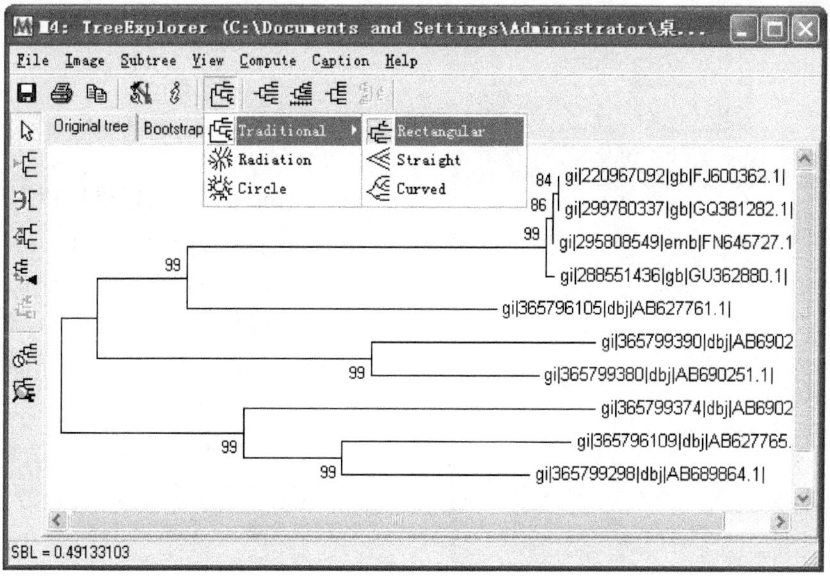

(b)显示建树的相关信息：点击图标 i。

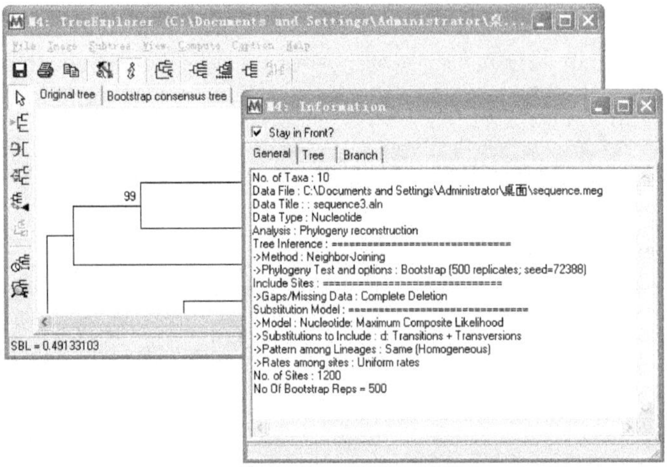

(c)点击优化图标，可进行各项优化。

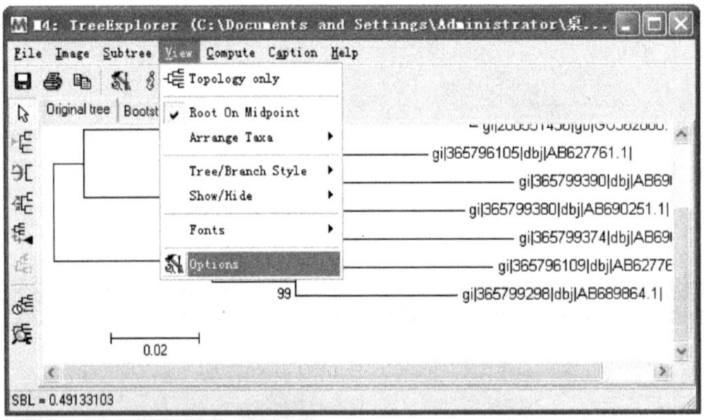

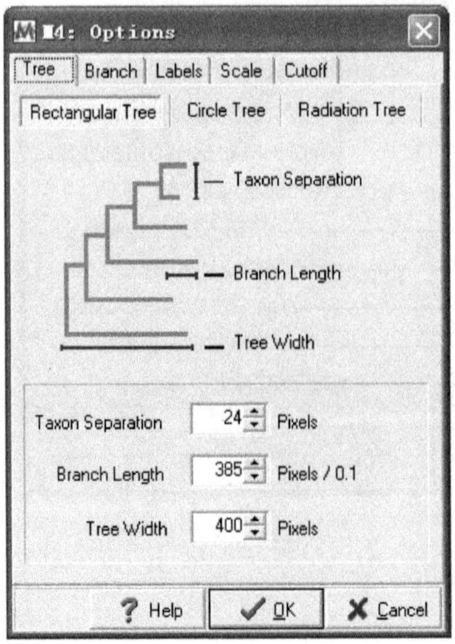

Tree 栏中，可以进行树型选择：rectangular tree/circle tree/radiation tree。每种树都可以进行长度、宽度或角度等的设定。Branch 可对树枝上的信息进行修改。Lable 可对树枝的名字进行修改。Scale 栏可进行标尺设置。Cutoff 栏可削减一致树，一般将“cut off for consensus tree”设为 50%。

第三章 微生物的诱变育种

菌种是发酵工业的核心，优秀的生产菌株具有生长迅速、稳定、转化率高以及生产工艺条件温和等特点。然而，来自于自然界的菌种起初并不一定具备这些优点，于是人们采用各种方法对其进行改造，以期获得更加优良并适用于工业生产的菌种。诱变育种就是通过人工方法处理微生物，使之发生突变，并运用合理的筛选程序和方法，把适合人类需要的优良菌株选育出来的过程。该育种方式具有速度快、收效大、方法简单等优点，在发酵工业菌种选育上具有卓越的成就，迄今为止国内外发酵工业中所使用的生产菌种绝大部分都是通过该方法得到的。

根据突变的诱发因素不同，可将诱变分为物理诱变、化学诱变和生物诱变 3 种。物理诱变中，紫外线成本低、获得容易且操作方便，频率较高。化学诱变中，*N*-甲基-*N'*-硝基-*N*-亚硝基胍(NTG)相对于其他化学诱变因子，致死率低、致突变率高，素有超级诱变剂之称。常用的生物诱变剂主要包括噬菌体 Mu 和转座子 Tn5 等。虽然菌种通过诱导发生突变，但是突变率相对于整体而言仍处于较低水平，并且突变的结果可能呈正突变，也可能呈负突变。因此若要通过诱变得到满意的菌种，还需配合一定的筛选方法和手段。通过本章实验能够初步掌握诱变、筛选突变株及相关检测的一般原理和方法。

实验 18 细菌的紫外诱变

【实验目的】

1. 熟悉紫外线诱变的原理和方法。
2. 掌握微生物的紫外线诱变技术。

【实验原理】

基因突变是微生物在遗传过程中一种非常普遍的现象，其形式有自发突变和人工诱变两种形式，自发突变是自然情况下产生的基因突变。人工诱变是指利用物理因素(紫外线、X 射线、γ 射线、激光等)或化学诱变(如亚硝酸、硫酸二乙酯)来处理生物，使生物发生基因突变。人工诱变中，以紫外线照射最为常用，紫外线的光谱范围为 40~390 nm，能诱发微生物突变的有效波长范围是 200~300 nm，但对诱变最适波长为 254 nm。紫外线诱变的机理是：DNA 对紫外线有强烈的吸收作用，尤其是碱基中的嘧啶，当其吸收紫外光后形成嘧啶二聚体(图 3-1)，从而阻碍碱基间的正常配对和 DNA 的复制，最终导致微生物的突变或死亡。

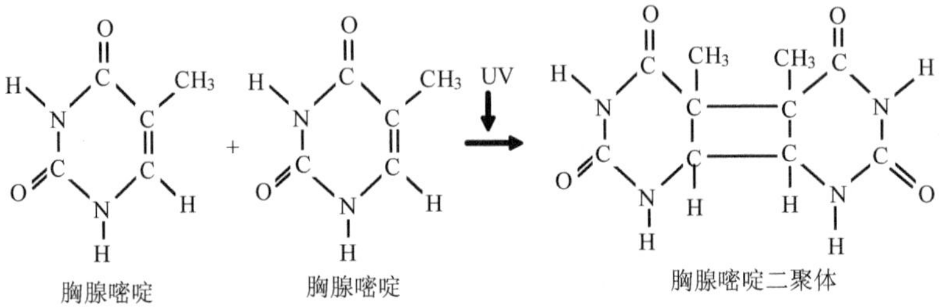

图 3-1　胸腺嘧啶和胸腺嘧啶二聚体(周德庆，2006)

经紫外线损伤的 DNA 能被可见光复活。因此用紫外线进行微生物诱变处理及处理后的操作时要避免长波紫外线和可见光的照射，故经紫外线照射后的样品需用黑纸或黑布包裹。

一切诱变剂都有杀菌和诱变双重功效，如果以剂量为横坐标，细胞存活率和突变率为纵坐标，就可以看到，当细胞存活率高时，突变率往往随着诱变剂量的增大而增大，当达到某一数值时，突变率反而下降。说明在诱变剂的使用中存在最适剂量。用于微生物诱变的紫外线剂量的表示方法可分为绝对剂量和相对剂量两种。实际工作中，在紫外灯功率及照射距离一定的条件下，主要采用相对剂量(即照射时间)来表示。

【实验用品与仪器】

1. 菌种

枯草芽孢杆菌(*Bacillus subtilis*)。

2. 培养基

1)牛肉膏蛋白胨培养基。

2)淀粉琼脂培养基。

3. 试剂和溶液

无菌生理盐水、碘液等。

4. 仪器设备及其他

紫外灯、磁力搅拌器、离心机、高压灭菌器、培养箱、移液枪、无菌培养皿、无菌试管、无菌移液管、 涂布棒、烧杯、无菌锥形瓶、无菌离心管、酒精灯、脱脂棉、玻璃珠等。

【实验内容】

1. 活化菌种

将枯草芽孢杆菌 BF7658 保藏斜面中的菌落移接入牛肉膏蛋白胨斜面上，37℃恒温培养 48 h。

2. 制备菌悬液

(1) 收集菌体

选取生长丰满的活化枯草杆菌斜面，用 5 ml 生理盐水将菌苔洗下，放入盛有玻璃珠的无菌锥形瓶中，振荡 10 min 以打碎菌块。菌液离心(3000 r/min) 15 min，弃上清液。

(2) 洗涤菌体并调整菌浓

菌体用无菌生理盐水悬浮并洗涤 2~3 次，最后用血球计数板在显微镜下直接计数，调整细胞浓度为 10^8 个/ml。

3. 紫外线照射

(1) 预热紫外灯

将紫外灯开关打开预热约 20 min，使紫外灯照射强度稳定。紫外灯的照射功率为 15W，照射距离为 30 cm。

(2) 加菌液

取直径 60 mm 带有一粒搅拌子或曲别针的无菌平皿 2 套，用记号笔标记为“1 min”、“2 min”，分别加入调整好细胞浓度的菌悬液 3 ml。

(3) 照射

取平皿置于磁力搅拌器上，打开开关低速搅拌(勿将菌液甩出)。照射 1 min 以杀死平皿盖上的微生物，再打开平皿盖，搅拌状态下分别照射 1 min 和 2 min。盖上平皿盖，关闭紫外灯。

4. 稀释涂布(避光或在红光下操作)

(1) 稀释菌液

将经过照射的菌悬液和未照射的菌悬液分别用无菌生理盐水稀释至 10^{-1}~10^{-6} 稀释度。

(2) 平板涂布

分别取 10^{-5} 和 10^{-6} 稀释液 0.1 ml 加于淀粉琼脂培养基平板中央，无菌玻璃涂布棒涂布均匀，每个稀释度重复涂布 3 个平板。未经紫外线处理的菌悬液稀释涂布平板作为对照。

5. 培养

将上述处理好的平板用黑布包裹放在培养箱中，37℃培养 48 h。

6. 计算存活率及致死率

(1) 存活率

将培养 48 h 后的平板取出进行菌落计数，计算出对照(0 min)、紫外线处理(1 min、2 min)后每毫升菌数，计算各处理剂量存活率。

$$存活率(\%)=\frac{处理后每毫升菌数}{对照每毫升菌数}\times 100\%$$

(2)致死率

计算出对照(0 min)、紫外线处理(1 min、2 min)后每毫升菌数，计算各处理剂量致死率。

$$致死率（\%）=\frac{对照每毫升菌数-处理后每毫升菌数}{对照每毫升菌数}\times 100\%$$

7. 观察诱变效果

在平板菌落计数后，分别在菌落数为 5~6 个的平板上加菌悬液数滴，在菌落周围将出现透明圈。分别测其透明圈直径和菌落直径并计算它们的比值，与对照平皿相比较，说明诱变效果。再选取比值大的菌落移接到牛肉膏蛋白胨斜面培养基上培养和保藏。

注意：①紫外线对人体的细胞，尤其是人的眼睛和皮肤有伤害，长时间与紫外线接触会造成灼伤。故操作时要戴防护眼镜，操作尽量控制在防护罩内。②稀释涂布应在红光下进行，避免菌液接触可见光。

【实验结果与分析】

按要求如实在表 3-1 中填写实验结果，并分别算出存活率和致死率，以及测量经紫外线处理后的枯草芽孢杆菌菌落周围的透明圈直径与菌落直径及它们之间的比值(HC)。

表 3-1 紫外线处理后枯草芽孢杆菌数的存活率和致死率

项目	照射 0 min(对照)		照射 1 min(对照)		照射 2 min(对照)	
	稀释 10^{-5} 倍	稀释 10^{-6} 倍	稀释 10^{-5} 倍	稀释 10^{-6} 倍	稀释 10^{-5} 倍	稀释 10^{-6} 倍
每皿菌落数/个						
存活率/%						
致死率/%						
HC 比						

【思考题】

1. 紫外线诱变作用的机理是什么？
2. 在照射及照射后应注意什么？

实验 19 营养缺陷型的筛选和鉴定

【实验目的】

1. 了解营养缺陷型菌株选育的原理。
2. 学习并掌握营养缺陷型的诱变、筛选与鉴定方法。

【实验原理】

从自然界中直接分离到的微生物被称为野生型菌株(wild type strain)，它们通常具有合成自身所需要各种营养物质(氨基酸、维生素、核酸等)的能力，因而能在基本培养基上生长。经过人工诱变或自然突变后，有些菌株可能会失去这种能力，只有在基本培养基中补充所缺乏的营养因子才能生长，这类菌株称为营养缺陷型菌株(auxotroph)。营养缺陷型菌株不仅可用于大量生产核苷酸、氨基酸等中间产物，还是研究代谢途径和基因重组遗传规律必不可少的遗传标记菌种。

通过人工诱变方法选育营养缺陷型菌株一般分为 4 个环节：诱变剂处理、淘汰野生型、检出缺陷型、鉴定缺陷型菌株。本实验选用亚硝基胍(NTG)为诱变剂。NTG 有超诱变剂之称，主要诱发 GC-AT 的转换，并能使细胞发生一次或多次突变，诱变效果好，导致细胞发生突变的频率高，因此常用于诱发营养缺陷型突变株。营养缺陷型菌株的检出有点植对照法、影印法、夹层法及限量补充法等。本实验采用点植对照法筛选营养缺陷型。将经过 NTG 诱变处理的菌液在完全培养基平板上涂布分离，长出菌落后将其分别用牙签转接到方位相同的另一基本培养基和完全培养基平板上培养，观察比较两平板的菌落生长情况，即可判断出营养缺陷型菌株，再经过生长谱法的鉴定，便可具体得出该菌株为何种营养物质的缺陷型。

【实验用品与仪器】

1. 菌种

啤酒酵母(*Saccharomyces cerevisiae*)。

2. 培养基

基本培养基(MM)

葡萄糖 0.5%，柠檬酸钠 0.1%，$(NH_4)_2SO_4$ 0.2%，K_2HPO_4 0.4%，KH_2PO_4 0.6%，$MgSO_4·7H_2O$ 0.02%，琼脂 2%，pH 6.0。

完全培养基(CM)：与基本培养基的配方相同，另加入 1 g 蛋白胨，调节 pH 至 6.0。

液体完全培养基：在以上完全培养基的基础上去除 2%琼脂。

3. 试剂和溶液

(1)混合氨基酸

将 21 种氨基酸按表 3-2 组合，各取 100 mg 左右，烘干研细，制成 6 组混合氨基酸粉剂，分装避光保存备用。另外取全部(21 种)氨基酸混合在一起(每种 20 mg 左右)，烘干研细后保存，作为初步鉴定用。

(2)混合碱基

称取腺嘌呤、次黄嘌呤、黄嘌呤、鸟嘌呤、胸腺嘧啶、尿嘧啶和胞嘧啶各 50 mg，混合烘干磨细后避光保存备用。

(3)混合维生素

将硫胺素、核黄素、吡哆醇、泛酸、对氨基苯甲酸、肌醇、烟酰胺、胆碱和生物素各取 50 mg 混合，烘干磨细后避光保存备用。

表 3-2　六组混合氨基酸

组别	所含氨基酸					
A	赖氨酸	精氨酸	蛋氨酸	胱氨酸	亮氨酸	异亮氨酸
B	缬氨酸	精氨酸	苯丙氨酸	酪氨酸	色氨酸	组氨酸
C	苏氨酸	蛋氨酸	苯丙氨酸	谷氨酸	脯氨酸	天冬氨酸
D	丙氨酸	胱氨酸	酪氨酸	谷氨酸	甘氨酸	丝氨酸
E	鸟氨酸	亮氨酸	色氨酸	脯氨酸	甘氨酸	谷氨酰胺
F	脯氨酸	异亮氨酸	组氨酸	天冬氨酸	丝氨酸	谷氨酰胺

(4)其他

亚硝基胍(NTG)、磷酸缓冲液(pH 6.0，0.2 mol/L)、生理盐水、无菌水、甲酰胺、浓 NaOH 等。

4. 仪器设备及其他

冷冻高速离心机、试管、培养皿、锥形瓶、涂布棒、接种环、牙签等。

【实验内容】

1. 菌悬液的制备

挑取少量新鲜斜面上的啤酒酵母单倍体，接入盛有 20 ml 完全液体培养基的 250 ml 无菌锥形瓶中，28℃培养 16～18 h。培养后的菌液于 6000 r/min 离心 5 min，倾去上清液，用磷酸缓冲液清洗 2 次以去除菌体表面残余的培养基。缓冲液重悬菌体，倒入装有玻璃珠的无菌锥形瓶，振荡数分钟得到均匀分散的酵母菌菌悬液。血球计数板计数并调整菌浓度至 10^7~10^9。

2. 诱变处理

(1)NTG 配制

称取 1.5 mg 的 NTG 放入无菌离心管，加入 0.15 ml 甲酰胺助溶，再加入 pH 6.0 的磷酸缓冲液 1 ml，使其完全溶解，在 28℃水浴中保温备用。

(2)NTG 诱变

取 5 ml 菌悬液加入上述含有 NTG 的离心管中，充分混匀，立即放入 28℃的水浴中振荡 30 min，取出在 6000 r/min 下离心 5 min，将上清液倒入浓 NaOH 中，重悬菌体，加 5 ml 磷酸缓冲液再清洗 2 次以去除菌体表面残余的 NTG，弃去废液，加 5 ml 无菌水制成菌悬液。

3. 营养缺陷型的检出

(1)菌悬液稀释

诱变处理后的菌悬液按 10 倍梯度稀释。

(2)平板分离

将 15 ml 完全培养基倒入无菌培养皿中，待培养基凝固后吸取 0.1 ml 适宜浓度的菌液加入培养皿中，无菌涂布棒涂布均匀，28℃培养 1～2 天，至长出菌落。

(3)牙签点种

取完全培养基和基本培养基各一平板，用记号笔在其背面画小格，用灭菌牙签将完全培养基上已长出的菌落，分别点种到位置相同的基本培养基和完全培养基平板上(图 3-2)。点种时，需注意要先点基本培养基，再点完全培养基。经 28℃培养后，观察比较菌落生长情况，凡是在基本培养基上不生长，而在相应位置的完全培养基上却有菌落出现，就可初步判断此菌落是营养缺陷型菌株。

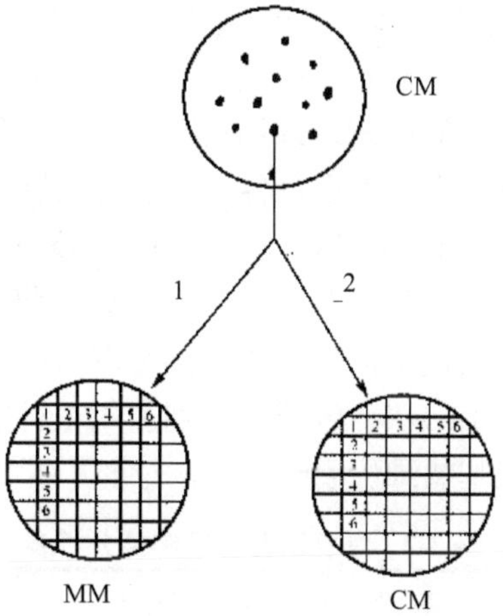

图 3-2　点植对照法检出营养缺陷型(施巧琴和吴松刚，2009)

4. 缺陷类型的初测

(1)菌种培养

将疑似营养缺陷型的菌落接种到完全培养基斜面上，编上菌号，在 28℃下培养 1～2 天后取出，供鉴定用。

(2)营养缺陷型种类鉴别

1)取疑似营养缺陷型菌株的新鲜斜面，加入 5 ml 无菌水，刮下表面菌苔，制成菌悬液。

2)取 0.5 ml 菌液滴加于无菌空平皿内，一菌一皿，每皿倾注约 15 ml 融化并冷却至 45～50℃的基本琼脂培养基，摇匀待其冷凝。

3)每个平皿划分为 3 个区域，在每个区域的中央放上一小片分别浸润了混合氨基酸、混合核酸碱基和混合维生素溶液的滤纸片。置 28℃下培养 24 h。观察各菌株的生长情况。在添加了哪种营养的培养基上生长，即表明此菌株属于该类营养物质的营养缺陷型突变株(图 3-3)。

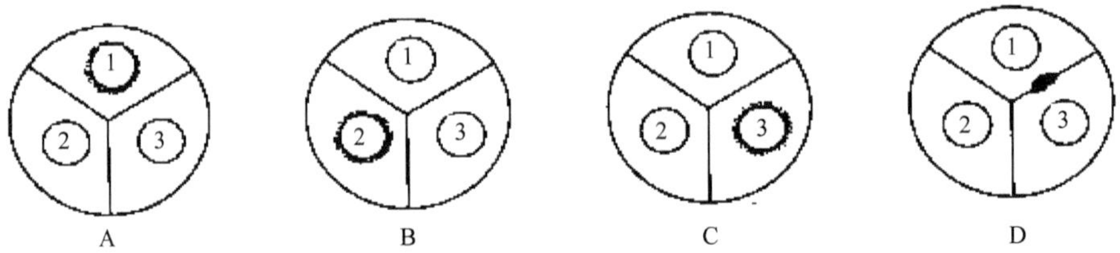

图 3-3　营养缺陷型生长谱测定

A. 氨基酸缺陷型；B. 核酸碱基缺陷型；C. 维生素缺陷型；D. 氨基酸-维生素缺陷型图。1. 氨基酸混合液；2. 核酸碱基混合液；3. 维生素混合液

5. 生长谱测定

初测所选出的营养缺陷型中，有可能是氨基酸缺陷型、核酸碱基缺陷型或维生素缺陷型，其中，氨基酸缺陷型突变株较为常见。对于氨基酸缺陷型菌株来说，将待测菌株细胞用生理盐水洗涤后，吸取 1 ml 菌液加入无菌培养皿中，倾注约 15 ml 融化并冷却至 45～50℃的基本琼脂培养基，摇匀待冷凝后将平板均匀划分为 6 个区域，在每个区域中央放入少量各组已混合的氨基酸结晶或粉末(共 6 组，表 3-2)。经培养后，可以看到某些区域的混合氨基酸四周出现混浊的生长圈，按表 3-3 所示就可确定属于哪一种氨基酸缺陷型。如果菌落生长在两氨基酸扩散的交叉处，其生长圈呈双凸透镜状，说明该菌落为双重氨基酸缺陷型。若是核酸碱基或维生素缺陷型，可按上法在各区域中分别加入单种核酸碱基或维生素，培养后就可确定属于哪一种碱基或维生素缺陷型。

表 3-3　氨基酸营养缺陷型分析表

菌落生长区	缺陷类型	菌落生长区	缺陷类型	菌落生长区	缺陷类型
A	赖氨酸	A，C	蛋氨酸	B，F	组氨酸
B	缬氨酸	A，D	胱氨酸	C，D	谷氨酸
C	苏氨酸	A，E	亮氨酸	C，E	脯氨酸
D	丙氨酸	A，F	异亮氨酸	C，F	天冬氨酸
E	鸟氨酸	B，C	苯丙氨酸	D，E	甘氨酸
F	瓜氨酸	B，D	酪氨酸	D，F	丝氨酸
A，B	精氨酸	B，E	色氨酸	E，F	谷氨酰胺

【注意事项】

NTG 是一种强烈的致癌剂，操作时要小心。称量药品时，要戴好塑料手套和口罩。用过的废液也不可随意倾倒，需经浓碱处理，接触过的器皿需处理后再经大量水冲洗后再清洗使用。

【实验结果与分析】

请在表 3-4 中记录营养缺陷型突变株的鉴定结果。

表 3-4 营养缺陷型菌株的缺陷类型

缺陷型菌株编号	缺陷型类型	生长区	缺陷的标记
1			
2			
3			
4			
5			
6			
7			
8			

【思考题】

1．诱变处理时为什么要加磷酸缓冲液？

2．牙签点种时，为什么要先点基本培养基，后点完全培养基？

实验 20 紫外线与硫酸二乙酯复合诱变产蛋白酶的枯草芽孢杆菌

【实验目的】

1．比较紫外线、硫酸二乙酯和复合诱变因素的诱变效果。

2．掌握微生物复合诱变育种的方法。

【实验原理】

紫外线是一种最常用的物理处理方法，它用于微生物菌种的诱变处理有着悠久的历史。其诱变的机理是嘧啶二聚体的产生，从而阻碍碱基间的正常配对和 DNA 复制，最终导致微生物的基因发生突变或死亡。硫酸二乙酯是一种烷化剂，能与 DNA 中碱基发生化学变化，从而引起 DNA 复制时碱基配对的转换或颠换。由于紫外线和硫酸二乙酯对 DNA 分子作用引起的突变位点不同，不仅可以弥补单因子诱变出现的热点饱和(突变位点在同一诱变剂的反复处理下所出现的诱变效应饱和现象)，还可以弥补 DNA 分子对单因子诱变的不亲和性而产生无增变效应(目的性状未发生增益的现象)，大大提高诱变的效果。

本实验以产生蛋白酶的枯草芽孢杆菌为实验菌种，进行紫外线与硫酸二乙酯复合诱变。根据枯草芽孢杆菌诱变后在酪蛋白培养基上出现的透明圈直径的大小，来指示复合诱变的效应。

【实验用品与仪器】

1. 菌种

枯草芽孢杆菌。

2. 培养基

(1) 牛肉膏蛋白胨培养基

牛肉膏 3 g/L，蛋白胨 5 g/L，氯化钠 10 g/L，琼脂 1.5~2.0 g/L，pH 7.0~7.2。121℃灭菌 20 min。

(2) 酪蛋白培养基

牛肉膏 0.3 g/L，酪蛋白 1.0 g/L，琼脂 2.0 g/L，NACl 0.5 g/L，pH 7.6~7.8。

3. 试剂和溶液

20%硫酸二乙酯(现配现用)、25%硫代硫酸钠、0.1 mol/L 磷酸缓冲液(pH 7.0)。

4. 仪器设备及其他

紫外灯、磁力搅拌器、离心机、高压灭菌器、培养箱、移液枪、培养皿、试管、移液管、涂布棒、烧杯、锥形瓶、离心管、酒精灯、脱脂棉、量筒、搅拌石、玻璃珠等。

【实验内容】

1. 平板制作

将酪蛋白培养基融化，冷却到 45℃左右倒平板 16 套，凝固后备用。

2. 制备菌悬液

取已培养 20 h 的长势良好的枯草芽孢杆菌新鲜斜面一支，用 5 ml 磷酸缓冲液(pH 7.0)将菌苔洗下，装入一支盛有玻璃珠的无菌锥形瓶中，振荡 10 min 以打碎菌块。离心(3000 r/min) 15 min，弃上清液。将菌体用 pH 7.0 磷酸缓冲液洗涤 2~3 次。血球计数板在显微镜下直接计数，调整细胞浓度为 10^8 个/ml。

3. 紫外线诱变

(1) 菌悬液加入平皿

取放有搅拌子或曲别针的直径 60 mm 的无菌平皿 2 套，用记号笔标记为“对照”、“30S UV”，然后分别加入调整好细胞浓度的菌悬液 4 ml。

(2) 照射

紫外灯预热约 20 min，使紫外灯照射强度稳定。紫外灯的照射功率为 15W，照射距离为 30 cm。将加入菌悬液并标记为“30S UV”的平皿放在磁力搅拌器上，打开开关，低速搅拌。先开平皿盖照射 1 min，再打开平皿盖，搅拌照射 30 s，盖上平皿盖，关闭紫外灯。照射计时从开盖起至合盖止。

(3) 稀释涂布培养

取经过照射的菌悬液 0.2 ml 在 pH 7.0 磷酸缓冲液中稀释成 10^{-1}~10^{-6}。分别从

10^{-5}和10^{-6}稀释液中取 0.2 ml 涂平板，每个稀释度重复涂布 2 个平板。以同样操作，将未经紫外线处理的标有“对照”的菌悬液取 0.2 ml 稀释涂布平板作为对比。用黑色布包裹置于 37℃培养箱中，培养 48 h。

4. 硫酸二乙酯诱变

(1) 诱变

将上述剩余的 2 份 3.8 ml 菌悬液对应移到标有“对照”、“30S UV”的无菌试管中，各加入 20%硫酸二乙酯 0.2 ml，使其终浓度为 1%（*V*/*V*），并振荡处理，30 min 后立即加入 0.5 ml 的 25%硫代硫酸钠溶液终止反应。

(2) 稀释涂布

将经过处理的菌悬液在 pH 7.0 硫酸缓冲液中稀释成10^{-1}~10^{-6}。取10^{-5}和10^{-6}两个稀释度涂平板，每套平板加稀释液 0.2 ml，用无菌玻璃涂布棒涂布均匀，每个稀释度重复涂布 2 个平板。将上述处理好的平板用黑色布包裹放在培养箱中，37℃培养 48 h。

5. 计算存活率及致死率

将培养 48 h 后的平板取出进行细菌计数，计算出对照(0 min)、UV 处理、DES 处理及复合处理后各稀释度每毫升平均 CFU 数，计算各处理剂量存活率。

$$\text{存活率}(\%)=\frac{\text{处理后每毫升CFU数}}{\text{对照每毫升CFU数}}\times 100\%$$

$$\text{致死率}(\%)=\frac{\text{对照每毫升CFU数}-\text{处理后每毫升CFU数}}{\text{对照每毫升CFU数}}\times 100\%$$

6. 观察诱变效果

在平板菌落计数后，观察各组菌落的透明圈大小并分别测其各组透明圈直径和菌落直径的 HC 比，与对照平皿相比较，说明诱变效应。

【注意事项】

一般化学诱变剂都具有毒性，很多还具有致癌作用，故操作时切忌用口吸取，并防止与皮肤直接接触。

【实验结果与分析】

将实验结果填入表 3-5，并分别算出存活率和致死率，以及测量经各方法处理后的枯草芽孢杆菌菌落周围的透明圈直径与菌落直径及它们之间的比值。

表 3-5　各种处理后枯草芽孢杆菌数的存活率、致死率及平均 HC 比值

项目	对照组		UV 诱变组		DES 诱变组		复合诱变组	
	稀释 10^5 倍	稀释 10^6 倍	稀释 10^5 倍	稀释 10^6 倍	稀释 10^5 倍	稀释 10^6 倍	稀释 10^5 倍	稀释 10^6 倍
平均菌数/ml								
存活率								
致死率								
HC 比值								

【思考题】

1．化学诱变处理时为什么要用缓冲液来稀释？

2．20%的硫酸二乙酯为什么要现配现用？

实验 21　利用氮离子注入诱变技术筛选 L-精氨酸高产突变株

【实验目的】

1．学习利用离子注入技术筛选高产菌株的方法。

2．熟悉离子注入技术的操作。

【实验原理】

离子注入法是利用离子注入设备产生高能离子束(40~60 keV)，并注入生物体引起遗传物质的永久改变, 然后从变异菌株中选育优良菌株的方法。

合成 L-精氨酸代谢途径不是分支代谢，其中间代谢产物是谷氨酸，其合成途径见图 3-4。精氨酸的累积受到其自身反馈抑制和阻遏的影响。一般情况下，与末端产物氨基酸结构类似的化合物对于特定的微生物的生长具有抑制作用。在培养基中加入精氨酸的类似物磺胺胍(SG)可以筛选出抗终产物结构类似物的突变株。

本实验采用氮离子束注入法对谷氨酸棒杆菌进行诱变处理。将诱变后的菌悬液分离在含有 SG 的培养基上，在该培养基上长出的菌株便已解除了精氨酸作为终产物的反馈抑制和阻遏，能够大量产生 L-精氨酸，通过此方法筛选得到 L-精氨酸高产突变株。

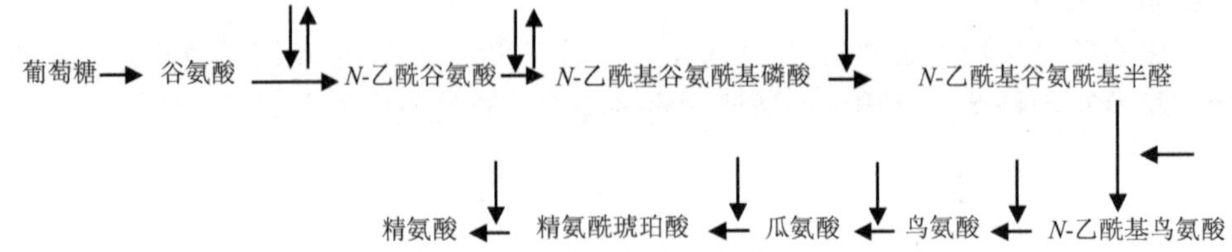

图 3-4　合成精氨酸的代谢途径

“→”代表代谢途径　“↓”代表精氨酸反馈抑制“↑”代表精氨酸阻遏

【实验用品与仪器】

1. 菌种

谷氨酸棒杆菌(*Coynebacterum glutamicum*)。

2. 培养基

(1)斜面培养基

牛肉膏 10 g/L，蛋白胨 10 g/L，琼脂粉 15 g/L，NaCl 5 g/L，pH 7.0～7.2。121℃灭菌 20 min。

(2)琼脂基本培养基

葡萄糖 10 g/L，$(NH_4)_2SO_4$ 3 g/L，KH_2PO_4 1 g/L，$K_2HPO_4·3H_2O$ 2 g/L，$MgSO_4·7H_2O$ 0.5 g/L，$FeSO_4·7H_2O$ 0.02 g/L，$MnSO_4·H_2O$ 0.02 g/L，生物素 50 μg/L，硫胺素盐酸盐 200 μg/L，琼脂 20 g/L，pH 7.0～7.2。121℃灭菌 20 min。

(3)完全培养基

营养琼脂 45 g/L，pH 7.0~7.2。121℃灭菌 20 min。

3. 试剂和溶液

无磺胺胍(SG)。

4. 仪器设备及其他

氮离子注入机、超净工作台、离心机、培养皿、250 ml 三角瓶、恒温箱等。

【实验内容】

1. 菌体的预培养

从新鲜菌种斜面接一环菌苔于装有 20 ml 基本培养基的 250 ml 锥形瓶中，30℃，100 r/min，培养 12 h 至对数生长期。

2. 出发菌株对磺胺胍拮抗性的测定

(1)菌悬液制备

取对数期的菌液 5 ml，离心(3500 r/min，10 min)去除上清液，用无菌水洗涤 3 次。加入 5 ml 无菌水制成菌悬液，稀释至 10^{-7}。

(2)平板培养

取 0.1 ml 菌悬液涂布于 SG 浓度分别为 0.00 g/L、0.04 g/L、0.06 g/L、0.08 g/L、0.10 g/L 的基本培养基上，于 30℃培养 7 天，观察各个平板的菌落数，找出对 SG 的临界拮抗浓度。

3. 氮离子注入诱变

(1)菌膜制备

将处于对数期的菌液离心(3500 r/min，10 min)去除上清液，无菌水洗涤 3 次后制成菌悬液，并调整菌体细胞浓度为 10^8 个/ml。取 0.1 ml 稀释的菌悬液涂布于 90 mm 无菌空培养皿中，置于超净工作台风干制成菌膜，制作 12 个。

(2) 氮离子注入

将含有菌膜的培养皿放入氮离子注入机靶中抽真空，进行离子注入。空白对照不注入离子，其他条件相同。离子注入能量为 30 keV，分别做 5 个梯度剂量，每个剂量 2 个平板。离子注入剂量分别为 0.5×10^{15} ion/cm^2、1×10^{15} ion/cm^2、1.5×10^{15} ion/cm^2、2×10^{15} ion/cm^2、2.5×10^{15} ion/cm^2。

4. 平板分离

诱变后的各平皿加入 1 ml 无菌生理盐水，将菌体制成菌悬液。稀释至 10^{-4} 后涂布于完全培养基上，30℃培养 3 天，观察平板菌落数，计算不同离子剂量浓度的杀菌率。

$$杀菌率=\left(1-\frac{氮离子注入处理存活菌落数}{空白对照存活菌落数}\right)\times100\%$$

5. 筛选突变株

(1) 氮离子注入诱变

选择杀菌率为 75%左右的离子注入剂量组，稀释后涂布于含 SG 为临界浓度的平板培养基上，30℃培养 7~10 天，观察菌落的生长情况。

(2) 突变株筛选

挑取合适的菌落在 SG 筛选平板上分离纯化后，编号并接种在完全培养基上斜面上，培养后保藏。

【实验结果与分析】

1. 记录不同剂量离子注入剂的杀菌率。
2. 记录抗 SG 的突变株的菌落数及生长情况。

【思考题】

比较离子注入诱变方法与传统诱变的相同点与不同点。

实验 22　耐高浓度自身代谢产物卡那霉素链霉菌的高产菌株的选育

【实验目的】

1. 选育耐高浓度自身代谢产物卡那霉素链霉菌。
2. 了解亚硝基胍 (NTG) 的诱变原理及使用方法。

【实验原理】

卡那霉素产生菌的生长受自身所产抗生素不同程度的抑制。一般来说，菌种的产抗能力越高，对自身所产抗生素的耐受力越强，产抗能力越低，耐受力也越低。通常产卡那霉素链霉菌的原始菌株只能耐受 100～500 μg/ml 浓度的卡那霉素。本实验采用亚硝基胍(NTG)为诱变剂进行诱变，在固体培养基中加入适量卡那霉素，筛选能够耐受高浓度卡那霉素的菌株，从中得到卡那霉素的高产菌株。

【实验用品和仪器】

1. 菌种

卡那霉素链霉菌(*Streptomyces kanamyceticus*) P757。

2. 培养基

牛肉膏蛋白胨培养基。

3. 试剂和溶液

亚硝基胍(NTG)晶体，卡那霉素。

4. 仪器设备及其他

超净工作台、高压灭菌锅、移液枪、培养皿、三角瓶、涂布棒、接种环。

【实验内容】

1. 制备含菌平板

将活化的斜面菌种挑 1 环至 5 ml 牛肉膏蛋白胨培养液的试管中，28℃培养 1 天。按 5%接种量移种于新鲜的牛肉膏蛋白胨培养液中，28℃培养 2 天。取 0.2 ml 菌液涂布于牛肉膏蛋白胨培养基的平板上，倒置于 28℃恒温箱中培养 1 天。

2. 诱变处理

在上述含菌平板的中央和其他部位放少许 NTG 结晶，然后将培养基倒置于 28℃恒温箱中培养 2 天。

3. 增殖培养

放有 NTG 药物的周围有一透明的抑菌圈，紧靠抑菌圈有一个生长较密的生长圈，用接种环挑取该处菌苔于装有 20 ml 牛肉膏蛋白胨培养基的三角瓶中，置 28℃振荡培养 2 天，使诱变后的突变体进行繁殖，以增加菌数。

4. 制备含高浓度卡那霉素的筛选平板

在牛肉膏蛋白胨培养基中加入一定量的卡那霉素，制成卡那霉素终浓度为 100 μg/ml、500 μg/ml、1000 μg/ml、1500 μg/ml 和 2000 μg/ml 的筛选平板。

5. 涂布平板

用移液枪吸取处理后的菌液 100 μl 涂布于各个平板，置于 28℃的恒温培养箱中培养 5～6 天。

6. 培养及观察

观察经培养后的菌落，如菌落大小、菌落颜色等。

【注意事项】

NTG 是一种强烈致癌物质，操作时要戴橡皮手套，穿工作服，戴口罩，用称量瓶称量，最好在通风橱中进行。凡接触过 NTG 的器皿必须及时、单独处理，如用自来水大量冲洗或用 1~2 mol/L 的 NaOH 浸泡过夜，洗净。

【实验结果与分析】

将实验结果填入表 3-6。

表 3-6　耐卡那霉素平板的生长结果

卡那霉素浓度 /(μg/ml)	菌株数/个	颜色	备注
100			
500			
1000			
1500			
2000			

【思考题】

本实验除了使用亚硝基胍(NTG)作为诱变剂以外，还可以使用何种诱变剂？

实验 23　利用 AEC 抗性突变选育金针菇高赖氨酸含量品种

【实验目的】

1. 了解利用抗反馈调节突变株来选育高产菌株的原理。
2. 学习利用抗反馈调节突变株来选育高产菌株的方法。

【实验原理】

赖氨酸是人体必需氨基酸，食用菌中赖氨酸含量的高低直接影响其品质。L-赖氨酸生物合成途径上有两个重要酶——天冬氨酸激酶和二氢吡啶二羧酸合成酶，受终产物赖氨酸的反馈调节。一定浓度的 L-赖氨酸结构类似物 AEC 同样会起反馈抑制作用。在赖氨酸发酵生产和农作物氨基酸品质改良上，常利用随机突变或基因工程方法，使表达天冬氨酸激酶和二氢吡啶二羧酸合成酶的基因发生改变，不再受终产物的反馈抑制作用，进而达到超量表达赖氨酸的目的。

S-(2-氨基乙基)-2′半胱氨酸(AEC)的分子式为 $C_5H_{12}N_2O_2S$，结构式为 $CH_2(NH_2)_2CH_2S_2CH_2CH(NH_2)COOH$，是赖氨酸[$CH_2(NH_2)_2CH_2CH_2CH_2CH(NH_2)COOH$]的结构类似物，对赖氨酸生物合成途径上的酶同样具有反馈调节作用，因此常添加于诱变后的筛选平板培养基，用于抗反馈调节突变株的筛选。

【实验用品与仪器】

1. 菌种

金针菇(*Flammulina velutipes*)菌种和单核菌丝。

2. 培养基

(1)PDA 培养基

葡萄糖 20 g，$MgSO_4$ 1 g，KH_2PO_4 2 g，马铃薯 200 g 用水煮沸 20 min 后的滤液 1000 ml，琼脂 20 g。

(2)基本培养基

葡萄糖 20 g，$MgSO_4$ 1 g，KH_2PO_4 2 g，$(NH_4)_2SO_4$ 1.5 g，水 1000 ml，琼脂 20 g。

3. 试剂和溶液

S-(2-氨基乙基)-2′半胱氨酸。

4. 仪器设备及其他

紫外灯、培养皿、试管、血球计数板、磁力搅拌器等。

【实验内容】

1. AEC 在 PDA 培养基中对金针菇菌丝生长的抑制作用试验

将金针菇单核菌丝和双核菌丝分别接种在 AEC 浓度为 2000 mg/L、1000 mg/L、500 mg/L、250 mg/L、125 mg/L、62.5 mg/L、31.3 mg/L、15.6 mg/L、7.8 mg/L 和 0 mg/L 的 PDA 培养基试管斜面上，25℃培养，观察 10 天内菌丝的生长情况。

2. AEC 在基本培养基中对金针菇菌丝生长的抑制作用试验

将金针菇单核菌丝和双核菌丝接种到AEC 浓度分别为1200 mg/L、600 mg/L、300 mg/L、150 mg/L、75 mg/L、37.5 mg/L、18.8 mg/L、9.4 mg/L、4.7 mg/L 和 0 mg/L 的基本培养基试管斜面上，25℃培养，观察 10 天内菌丝的生长情况。

3. AEC 在 PDA 培养基中对金针菇粉孢子萌发的抑制作用试验

往金针菇单核菌丝和双核菌丝斜面加入无菌水，振荡，用接种环取含粉孢子的无菌水，接种在 AEC 浓度分别为 2000 mg/L、1500 mg/L、1000 mg/L、500 mg/L 和 0 mg/L 的 PDA 培养基试管斜面上，观察 10 天内粉孢子的萌发情况。

4. 紫外线辐射影响金针菇粉孢子萌发的实验

将无菌金针菇粉孢子悬液移至无菌培养皿内，用血球计数板测金针菇粉孢子的起始浓度。将培养皿置于磁力搅拌器上，距离 30W 紫外灯 20 cm。紫外线辐射时用磁力不停搅拌孢子悬液。分别在辐射前辐射不同时间时取 0.5 ml 孢子悬液，做系列稀释，在孢子萌发培养基上测辐射前后的金针菇粉孢子萌发率。

5. 紫外线辐射金针菇粉孢子筛选 AEC 抗性突变株

将金针菇粉孢子在将紫外线下进行辐射，致死率达 90%时，取金针菇粉孢子悬液涂布在 AEC 浓度为 2000 mg/L 的 PDA 平板上，观察粉孢子萌发情况，单孢操作挑起可萌发的金针菇粉孢子。将可萌发菌株进行摇床培养，测定其菌丝体赖氨酸含量变化。

【实验结果与分析】

1．观察 AEC 对金针菇菌丝生长与粉孢子萌发的抑制浓度。

2．观察紫外线辐射对金针菇粉孢子萌发率的影响。

3．观察 AEC 抗性突变株的氨基酸含量变化。

【思考题】

实验中为什么选用金针菇单核菌丝产生的粉孢子作为诱变材料？

实验 24　高通量选育复合诱变的谷氨酸高产菌

【实验目的】

1．学习利用高通量的方法筛选突变菌株。

2．学习谷氨酸高产菌的选育方法。

【实验原理】

L-谷氨酸是蛋白质或肽的结构氨基酸之一，虽非人体必需氨基酸，但它可以作为碳氮营养参与机体代谢，有较高的营养价值，在食品、医药、工业及农业上有广泛的用途。本实验采用 X 射线和硫酸二乙酯（DES）复合诱变谷氨酸棒状杆菌。X 射线具有很强的穿透力，会造成 DNA 碱基损伤和单、双链断裂及分子内、分子间交联等损伤，进而产生恶性转化、染色体畸变、基因突变等诱变效应。硫酸二乙酯（DES）则主要通过使碱基错误配对而导致 DNA 分子发生改变。由于诱变是非定向的，其中正变率远远低于负变率，采用深孔板对复合诱变的谷氨酸产生菌进行高通量筛选，可极大地简化步骤，提高筛选效率。

【实验用品与仪器】

1. 菌种

谷氨酸棒杆菌。

2. 培养基

(1) 液体培养基

葡萄糖 10 g/L，NaCl 5 g/L，蛋白胨 10 g/L，酵母膏 5 g/L，牛肉膏 10 g/L，pH 7.0。

(2) 斜面培养基

牛肉膏 10 g/L，蛋白胨 10 g/L，氯化钠 5 g/L，pH 7.0~7.2。

(3) 种子培养基

葡萄糖 25 g/L，K_2HPO_4 1.5 g/L，$MgSO_4$ 0.6 g/L，玉米浆 30 g/L，$FeSO_4·7H_2O$ 0.005 g/L，$MnSO_4·4H_2O$ 0.005 g/L，尿素 2.5（分消灭菌），pH 7.0~7.2。

(4) 发酵培养基

葡萄糖 140 g/L，K_2HPO_4 1.0 g/L，$MgSO_4$ 0.6 g/L，玉米浆 5 g/L，$FeSO_4·7H_2O$

0.002 g/L，$MnSO_4·4H_2O$ 0.002 g/L，尿素 7.0（分消灭菌），pH 7.0~7.2。

(5) 显色平板培养基

在发酵培养基中加入 0.01 g/L 的溴甲酚紫及 20 g/L 的琼脂，pH 7.0~7.2。

以上培养基除斜面培养基在 121℃灭菌 20 min，其余均于 115℃灭菌 20 min。

3. 试剂和溶液

CPB 溶液：丁二酸钠 135 g/L，$MgCl_2$ 2 g/L，EDTA 1.98 g/L，pH 7.0。

4. 仪器设备及其他

SBA-40C 生物传感分析仪、生化培养箱、超净工作台、蒸汽灭菌器、冷冻离心机、数显控温水浴锅、回转式恒温调速摇瓶柜、X 射线照射装置、微量进样器、振荡仪、冰箱等。

【实验内容】

1. 菌体预培养

将菌株接种至含有无菌 30 ml 完全培养基的 250 ml 三角瓶，30℃，200 r/min 培养过夜，转接入新鲜完全培养基培养至对数中前期，10 000 r/min 离心 10 min，弃上清液，用 CPB 洗涤去除菌体表面残余的培养基，重悬菌体用于诱变。

2. X 射线诱变

将菌悬液转入无菌装有玻璃珠的三角瓶中，温和均匀打散菌体，并调整细胞浓度为 10^8 个/ml 左右。取 1 ml 菌悬液分装至 5 ml 离心管中，蜡封，冰袋保护下进行 X 射线照射，额定电压 100 kV，电流 5 mA，源距 10 cm，照射 30 min。照射时需及时更换冰块，以确保照射过程中温度恒定（3~6℃）。取样进行梯度稀释并涂布于完全培养基平板上，以未诱变的菌悬液作对照，30℃培养 2 天，计算致死率。

3. DES 诱变

经 X 射线处理过的菌悬液中加入终浓度为 1.0%（*V*/*V*）的 DES，混匀后于 37℃水浴处理 50 min，再加入等体积的终止剂 2%的硫代硫酸钠，终止诱变，10 000 r/min 离心 10 min，无菌生理盐水洗涤 2 次，去除诱变剂后重悬菌体。取样进行梯度稀释并涂布于完全培养基平板上，以未诱变的菌悬液作对照，30℃培养 2 天，计算致死率。

4. 平板分离

经复合诱变的菌体按 10 倍梯度稀释，取适宜浓度稀释液涂布于含有 0.04%溴甲酚紫的培养基平板，30℃培养 2 天。

5. 高通量筛选

挑选变色圈大且出现早的菌株，分别接种至每孔均含有 1 ml 种子培养基的 96 孔深孔细胞培养板（简称深孔板）中，30℃，200 r/min 摇床培养 24 h，按 10%接种量转接至含有 1 ml 发酵培养基的深孔板中，30℃，200 r/min 摇床培养 24 h 后，在无菌条件下每孔加入 80 μl 10%的无菌尿素补充氮源，继续 30℃，250 r/min 摇床培养 24 h。用 SBA-40C 型生物传感分析仪检测各孔发酵液的谷氨酸产量，挑选产酸量大于原始菌产量的突变株进行摇瓶发酵复筛。

【实验结果与分析】

分别计算 X 射线和 DES 诱变的致死率。

【思考题】

1．为什么在加入尿素之后，摇床转速提高至 250 r/min？

2．利用深孔板筛选突变菌株与传统的平板筛选法相比有何优越性？

实验 25　由转座子引起的插入突变

【实验目的】

学习用转座子诱发微生物突变的原理和方法。

【实验原理】

转座子(Tn)是在原核生物和真核生物中发现的，能在不同的染色体位点之间转移位置的一段特殊的核苷酸序列。它通常由一个或几个抗药性基因加上两端的末端重复序列(IR)所构成。转座子的插入往往带来两种表型效应，即被插入基因失活和其本身携带的抗性。

本实验所用的受体菌是一个特殊的半乳糖突变型 *E. coli* 2-1 $F^-\triangle(lac^+pro^+)/galE\ str^r$，它在发酵过程中，如果有乳糖或半乳糖存在(乳糖会分解为半乳糖)，细胞中便会积累有毒的半乳糖代谢中间产物 UDP-Gal，而致其死亡，因此这种突变型菌株不能在含有乳糖的基本培养基上生长。如果将转座因子 Tn5(带 Km^r)插入到大肠杆菌 $F'lac^+\ pro^+$因子的乳糖发酵基因导致其突变后，再将该 F′因子转移到受体菌株中，便可能出现两种结果：若受体只接受了 F′因子，但 Lac^+ 时，在乳糖加甘油的培养基上不能生长；若 Lac^+基因中插入了 Tn5 而成为 Lac^-，便能在该培养基上生长。

有关 F^-和 F′的原理请参见实验 29 中细菌接合内容。

【实验用品与仪器】

1. 菌种

1) 受体菌 *E. coli* 2-1 $F^-\triangle(lac^+pro^+)/galE\ str^r$。

2) 供体菌 *E. coli* 2-2 $F'lac^+\ pro^+/\triangle(lac\ pro)$：Tn5。

2. 培养基

1) 肉汤液体培养基：牛肉膏 3 g/L，蛋白胨 10 g/L, NaCl 5 g，pH 7.4～7.6。

2) 基本培养基：素琼脂 175 ml 熔化后加无菌的 10 倍磷酸缓冲液(10×A) 20 ml，20%乳糖 2 ml，20%的甘油 2 ml，0.25 mol/L $MgSO_4 \cdot 7H_2O$ 1ml，终浓度为 30 mg/ml 的链霉素和卡那霉素溶液，混匀后倒 8 个平皿，静置待凝。以“L”表示。

3）素琼脂 175 ml 溶化后加无菌的 10 倍磷酸缓冲液（10×A）20 ml，20%葡萄糖 4 ml，0.25 mol/L $MgSO_4 \cdot 7H_2O$ 1 ml，终浓度为 30 mg/ml 的链霉素和卡那霉素溶液，混匀倒 8 个平皿。以“G”表示。

3. 试剂和溶液

1）10×A 缓冲液：K_2HPO_4 105 g、KH_2PO_4 45 g、$(NH_4)_2SO_4$ 10 g、柠檬酸钠·$2H_2O$ 5 g。

2）素琼脂：称 3.5 g 琼脂粉加 175 ml 蒸馏水，灭菌备用。

4. 仪器设备及其他

灭菌三角瓶（150 ml）2 个、培养皿、试管、摇床等。

【实验内容】

1. 菌种培养

将供体菌和受体菌分别接种于 5 ml 肉汤培养液中，37℃振荡培养过夜（14～16 h）。分别将两株菌转接入新鲜肉汤，37℃继续培养 3～4 h。

2. 诱变

将供体、受体各取 1 ml 混合于一支试管中，37℃水浴 60 min，然后稀释为 10^{-1}、10^{-2}、10^{-3}。

3. 平板分离

分别取 10^{-1}、10^{-2}、10^{-3} 稀释度的 0.1 ml 菌液涂布于“G”平板上，每个稀释度 2 个重复。37℃培养 2 天后，统计 F′lac^+ pro^+ 转移的菌落数。

分别取 10^{-1}、10^{-2}、10^{-3} 稀释度的 0.1 ml 菌液涂布于“L”平板上，每个稀释度 2 个重复。37℃培养 2 天后，统计长出的菌落数。

4. 结果观察与计算

观察结果，计算转座子转移到 *lac* 基因上的频率。

$$\text{转移频率} = \left(\frac{\text{“L”平板菌落数} \times \text{稀释倍数}}{\text{“G”平板菌落数} \times \text{稀释倍数}}\right) \times 100\%$$

【实验结果与分析】

对两种平板上长出的菌落进行计数，并计算转座子转移到 *lac* 基因上的频率。

【思考题】

你认为“G”和“L”两种平板上的菌落哪个更多？为什么？

实验 26　正交法优化培养条件

【实验目的】

1. 了解正交法的试验设计步骤。

2．利用正交法优化大肠杆菌的培养条件。

【实验原理】

对于多因素多取值的试验设计，一般的分析方法工作量大且繁琐，特别是在微生物试验中，试验周期较长，如果没有简捷的试验方法，既费时又耗力。而正交法是从大量实验中挑选出适量且具有代表性的组分，通过正交表安排多因素试验，利用统计学原理进行数据分析的一种科学方法，符合“以尽量少的试验，获得足够的、较为准确的有效信息”的试验设计原则。

微生物生长周期长，若将正交法应用于微生物试验当中，将会大大提高试验的效率，不仅方法简捷，而且通过计算又能体现出等同于一般试验的效果。这里我们选取大肠杆菌作为该试验菌种，利用其生长条件设计一个多因素多取值的生长环境。

本试验采用正交试验设计，研究在不同菌种浓度、pH 和温度下对培养大肠杆菌生长状况的影响。并利用方差法对试验结果进行分析。取 3 种不同菌种浓度的大肠杆菌分别为 C_1、C_2、C_3，分别在初始 pH 为 pH_1、pH_2、pH_3 和温度为 T_1、T_2、T_3 的条件下，加入到 LB 液体培养基中进行培养，24 h 之后取出并利用分光光度计测定菌体浓度，利用方差处理实验数据，找出最佳组合，进而确定最佳工艺条件。试验条件如表 3-7 所示。

表 3-7　正交试验因素水平表

水平	菌种浓度 /(个/ml)	pH	温度/℃
1	10^4	6	36
2	10^6	7	37
3	10^8	8	38

【实验用品与仪器】

1. 菌种

大肠杆菌。

2. 培养基

LB 液体培养基。

3. 试剂和溶液

10% HCl、NaOH（100 g/L）、无菌生理盐水。

4. 仪器设备及其他

无菌培养皿、无菌试管、无菌移液管、无菌锥形瓶、无菌离心管、涂布棒、高压灭菌锅、培养箱、酒精灯、恒温振荡摇床、pH 计、721 型分光光度计等。

【实验内容】

1. 制备种子液

取经 37℃培养 12 h 的大肠杆菌于离心管中，3500 r/min 离心 15 min，去除上清液后用生理盐水洗涤 2 次，充分振荡，制备成菌悬液。用显微镜计数法，将菌液浓度调节 10^8 个/ml。

2. 接种

取 9 支无菌试管，分别编号，即 1、2、3、4、5、6、7、8 和 9，分别用 5 ml 的无菌吸管按条件吸取不同浓度的大肠杆菌过夜培养液(培养 10~12 h)，转入盛有 50 ml 不同 pH 下的 LB 液体培养基，即 1~9 号培养皿中。

3. 培养

将已接种好的培养皿按照正交法放入相应的不同温度的恒温箱中培养，24 h 后取出，立即放入冰箱中储存，待测。

4. 生长量的测定

用未接种的 LB 液体培养基做空白对照，选 600 nm 波长用光电比浊法进行测定。将冰箱中的待测培养基一次进行测定，测定前，将培养液充分振荡，使细胞均匀分布。对于细胞密度较大的培养液应用 LB 液体培养基进行适当的稀释后测定，使其在测定范围之内(即吸光值为 0.1~0.65)，测定后乘以稀释倍数。

5. 试验结果分析

对实验中取得的各组数据进行分析，用方差分析方法定量分析各个因素对实验结果的影响程度，得到最优组合以及确定最佳工艺条件。

【实验结果与分析】

1. 将所得结果填入表 3-8 中。

表 3-8　大肠杆菌的正交试验表

组数	菌种浓度	pH	温度/℃	OD_{600}
1	1	1	1	
2	1	2	2	
3	1	3	3	
4	2	1	2	
5	2	2	3	
6	2	3	1	
7	3	1	3	
8	3	2	1	
9	3	3	2	
K_1				
K_2				
K_3				
R				

2. 数据处理及分析

(1)计算出各水平试验结果总和，即第 1、第 2、第 3 列上的 K_1、K_2、K_3，并求出 K_1、K_2、K_3 和 R 值。

(2)根据 K 值、R 值计算公式及 R 值的大小，排出因素显著性的顺序，并比较 K 值找出最佳组合，确定最佳工艺条件。

【思考题】

采用正交法来进行试验有什么优点？

实验 27　响应面法优化米曲霉 α-淀粉酶发酵培养基

【实验目的】

1. 了解响应面设计的基本原理。
2. 学会 SAS 统计学软件处理与分析实验数据。
3. 学会响应面法优化微生物的培养基配方。

【实验原理】

响应面法(response surface methodology，RSM)是利用合理的试验设计并通过实验得到的一定数据，采用多元二次回归方程来拟合因素与响应值之间的函数关系，通过对回归方程的分析来寻求最优工艺参数，解决多变量问题的一种统计方法。响应面法是一种经济、简单、易学的优化方法，在科研和生产领域得到广泛应用，逐渐受到众多科研工作者的青睐，尤其近年来在微生物培养基的优化工作中发挥重要作用。

RSM 主要有 3 种常用的试验设计方案：Box-Behnken 设计(BBD)、中心组合设计(central composite design，CCD)及均匀外壳设计(uniform shell design，USD)。BBD 是将二水平因素设计与平衡的及不平衡的不完全区组设计结合在一起，发展了一类三水平的二阶设计。它的优点是每个因素只有三水平，实验次数少，最后借助 SAS 统计软件能迅速进行优化试验的安排和数据分析处理。将试验设计、统计优化和应用统计软件三者有机结合，可以迅速有效地达到试验设计优化的最终目标，而被广泛地应用于微生物培养基优化。

【实验用品与仪器】

1. 菌种

米曲霉(*Aspergillus oryzae*)。

2. 培养基

(1)斜面培养基(改良查氏培养基)

蔗糖 30 g/L，$NaNO_3$ 2 g/L，$K_2HPO_4·3H_2O$ 1 g/L，$MgSO_4·7H_2O$ 0.5 g/L，KCl 0.5 g/L，$FeSO_4·7H_2O$ 0.01 g/L，麸皮 10 g/L，琼脂 20 g/L，pH 自然。

(2)种子培养基

葡萄糖 10 g/L，豆饼粉 15 g/L，玉米淀粉 10 g/L，酵母膏 5.0 g/L，$NaNO_3$ 1.0 g/L，K_2HPO_4 1.0 g/L，$MgSO_4$ 0.5 g/L，$FeSO_4$ 0.01 g/L，pH 自然。

(3)发酵培养基

葡萄糖 5 g/L，豆饼粉 20 g/L，玉米淀粉 15 g/L，酵母膏 5.0 g/L，$NaNO_3$ 1.0 g/L，K_2HPO_4 1.0 g/L，$MgSO_4$ 0.5 g/L，$FeSO_4$ 0.01 g/L，pH 自然。

3. 仪器设备

电子天平、恒温摇床、离心机、数控恒温水浴锅、超净工作台、可见分光光度计等。

4. 软件

SAS(statistical analysis system，统计学分析系统)9.0 版本。

【实验内容】

1. 菌种活化

取出保存于冰箱中的斜面，转接到新鲜斜面，28℃培养 72 h，活化 1~2 代备用。

2. 米曲霉 α-淀粉酶发酵培养

从新鲜米曲霉斜面接一环到种子培养基(30 ml/250 ml 三角瓶)中，28℃、250 r/min 培养 24 h 后作为摇瓶发酵的种子，按 10%的接种量接种到发酵培养基中(装液量为 50 ml/250 ml)，28℃、250 r/min 摇床培养 72 h。

3. 响应面法优化培养基优化

选择发酵培养基中影响 α-淀粉酶发酵 3 个重要组分：豆饼粉、玉米淀粉、酵母膏，分别记为因素 X1、X2、X3，每个因素取 3 个水平，以(−1,0,1)编码，如表 3-9 所示。以发酵酶活作为响应值，采用 Box-Behnken 的中心组合设计，设计三因素三水平共 15 个试验点，如表 3-10 所示。

表 3-9 Box-Behnken 试验设计优化的因素与水平

水平	因素		
	X1/(g/L)	X2/(g/L)	X3/(g/L)
−1	15	12	3
0	20	15	5
1	25	18	7

表 3-10　Box-Behnken 设计矩阵

试验号	因素			Y 响应酶活力/(U/ml)
	X1 麸皮	X2 酵母膏	X3 $NaNO_3$	
1	−1	−1	0	
2	−1	1	0	
3	1	−1	0	
4	1	1	0	
5	0	−1	−1	
6	0	−1	1	
7	0	1	−1	
8	0	1	1	
9	−1	0	−1	
10	1	0	−1	
11	−1	0	1	
12	1	0	1	
13	0	0	0	
14	0	0	0	
15	0	0	0	

4. 酶活力的测定

参照实验 4 的 α-淀粉酶测定方法。

5. 验证实验

采用 SAS 统计学软件，对结果进行分析，并获得最佳组合，根据最佳组合配方，进行发酵验证实验，判断以上分析预测值的可靠性。

【实验结果与分析】

1. 将结果记录到表 3-10 中，并使用 SAS 软件对结果进行分析，得到二次回归方程及方差分析，以及各个因素之间的相互关系和最大响应值所对应因素的值，通过对最佳值的组合便可得到最优的发酵配方。

2. 根据理论预测最大值的优化配方进行发酵验证，与预测值进行比较，确证优化实验结果可靠性。

3. SAS 软件分析具体步骤(见本实验附录)。

【思考题】

1. 响应面设计的优点和局限性？

2. 在理论预测结果与实际验证存在较大出入时，如何进行有效的优化结果的选择？

附录

(1)SAS 软件主界面

(2)SAS 软件 ASSIST 界面

(3)选择试验响应面 Box-Behnken 设计

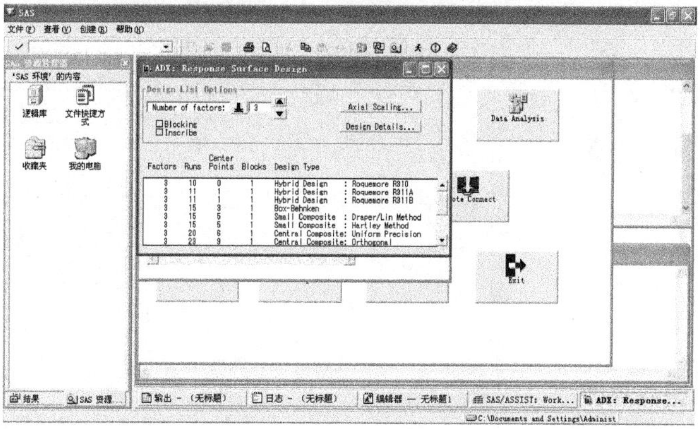

(4) Box-Behnken 设计矩阵界面(完成响应值输入，分析结果报告与图谱)

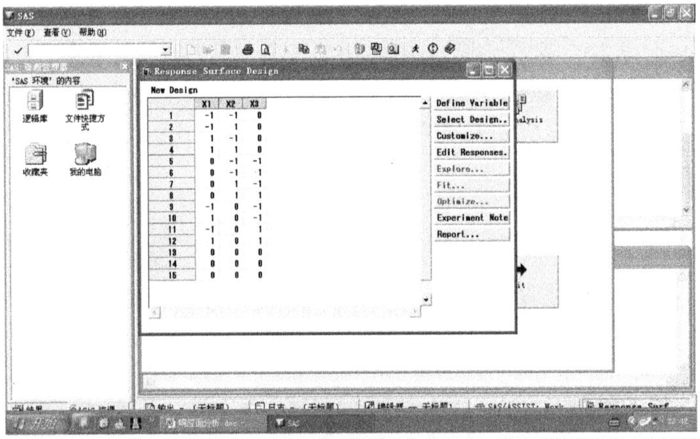

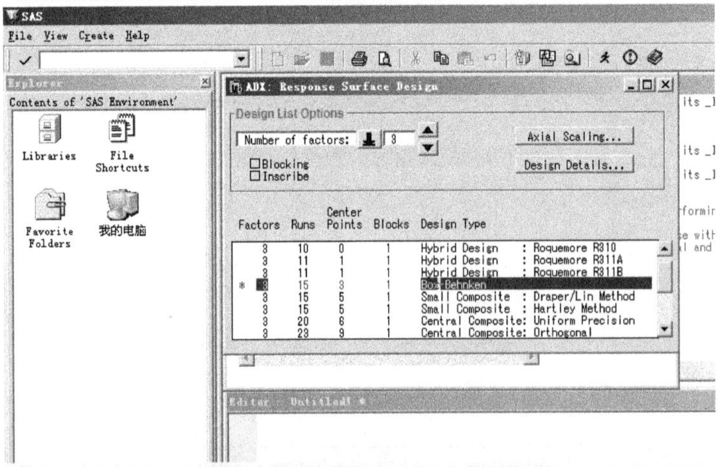

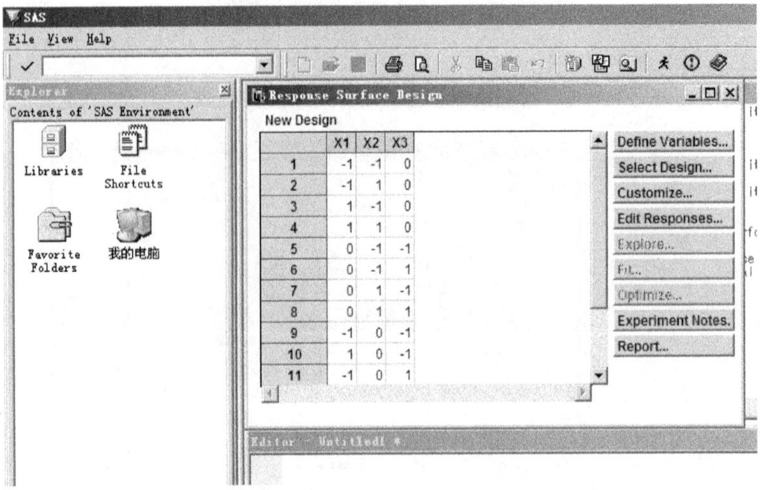

(5)导入数据(edit response)

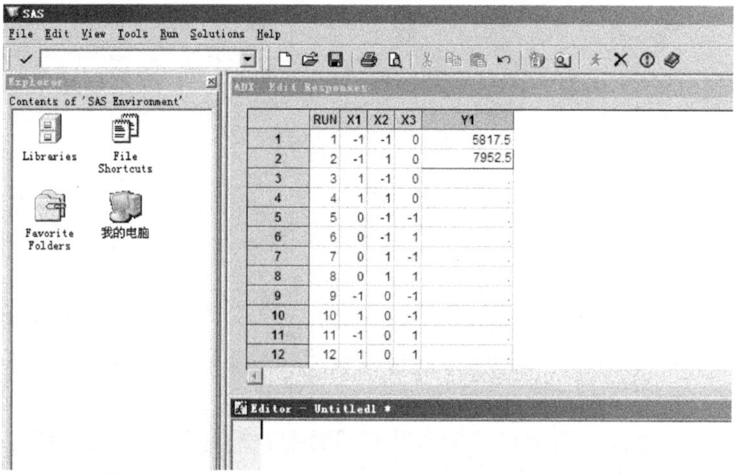

(6)数据分析(report)

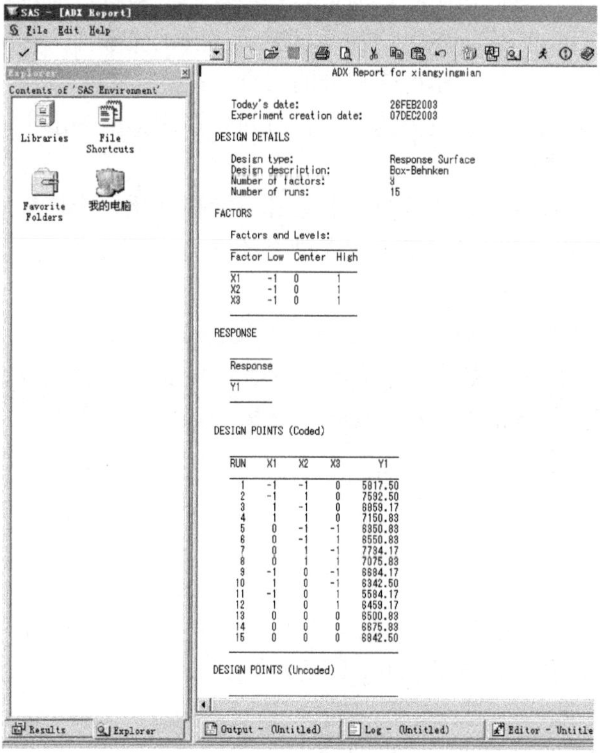

实验 28　均匀实验设计优化发酵培养基配方

【实验目的】

1. 了解均匀实验设计的基本原理。
2. 利用统计学软件处理与分析实验数据。
3. 利用均匀实验设计优化微生物的培养基配方。

【实验原理】

均匀设计法是由中国科学院应用数学研究所方开泰教授和王元教授提出的一种统计试验设计的方法，它利用综合实验设计和数学建模，通过局部实验回归拟合因素与结果间的全局函数关系，从而得到较为准确的实验结论。它与正交设计、最优设计、旋转设计、稳健设计和贝叶斯设计等试验设计方法相辅相成。

我们知道，所有的试验设计方法本质上都是在试验的范围内给出代表性点的方法，试验设计就是如何在试验域内最有效地选择试验点，通过试验得到响应的观测值，然后进行数据分析求得达到最优响应值的试验条件。目标就是要用最少的试验次数取得关于系统的尽可能充分的信息。多次研究证明，与正交试验相比，均匀设计为研究人员提供了更多的选择，且对于多因素、多水平的试验具有较好的稳健性。

均匀设计涉及数论、函数论、试验设计、随机优化、计算复杂性等领域，开创了一个新的研究方向，形成了中国人创立的学派，并获得国际认可，已在国内外诸如航天、化工、制药、材料、汽车等领域得到广泛应用。

本实验采用均匀实验设计，对裂殖壶菌(*Schizochytrium limacinum* FJU-512)的发酵产 DHA 的培养基配方进行优化，借助 DPS 数据分析软件，对优化结果进行分析并从中得到最佳的发酵产 DHA 的配方。

【实验用品与仪器】

1. 菌种

裂殖壶菌。

2. 培养基

种子培养基：葡萄糖 30 g/L，蛋白胨 10 g/L，酵母浸出粉 5 g/L，海水晶 15 g/L。

斜面培养基：种子培养基+20 g/L 琼脂粉。

3. 试剂和溶液

葡萄糖、蛋白胨、海水晶、酵母浸出粉等。

4. 仪器设备与其他

离心机、旋转蒸发器、GB204 分析电子天平、振荡器、索氏提取器、循环水真空泵、电热恒温水槽、氮吹仪、气相色谱仪。

【实验内容】

1. 菌种活化及培养

从冻存管中取出菌体进行平板活化后，接入斜面再次活化。然后在 500 ml 三角瓶中装入 100 ml 种子培养基，接入斜面菌种，于 28℃、200 r/min 培养 24 h。

2. 发酵培养

培养温度为 28℃，200 r/min 情况下，发酵时间为 72 h。

3. 培养基优化

运用 DPS 数据处理系统设计以葡萄糖(G)、蛋白胨(P)、酵母浸出粉(Y)、海水晶(S)4 因素 9 水平均匀实验设计 $U_9(9^4)$ (表 3-11)。发酵条件：28℃，摇瓶转速 200 r/min，培养液装量 100 ml/500 ml 三角瓶，pH 自然，发酵时间为 72 h。

其中葡萄糖于 115℃，单独灭菌 15 min。

表 3-11 $U_9(9^4)$ 均匀设计表

因素 实验号	A G/(g/L)	B P/(g/L)	C Y/(g/L)	D S/(g/L)
1	30	7	15	19
2	40	11	19	15
3	50	15	14	11
4	60	19	18	7
5	70	5	13	21
6	80	9	17	17
7	90	13	12	13
8	100	17	16	9
9	110	21	20	23

4. 菌体收集

将发酵液分 3 支离心管各 30 ml，8000 r/min 离心 10 min，蒸馏水洗涤 2 次，再 8000 r/min 离心 10 min。收集湿菌；其中两管湿菌于 80℃干燥至恒重，收集干菌，计算生物量：

$$生物量(g/L) = W \times 1000/V$$

式中，W 为细胞干燥后的质量(g)；V 为所量取的发酵液(ml)。

5. 油脂的提取

酸-正己烷提取油脂。

称取干菌体 0.3 g 左右，加入蒸馏水 1.2 ml，混匀后加入浓盐酸 1,5 ml，于 70~80℃水浴保温 40~50 min，至菌体完全消化。冷却后加入 1.5 ml 正己烷，充分摇匀后，静置分层，取上清液。重复 3~5 次，洗至上层有机相基本无色。将有机相合并，充氮挥发除去溶剂即得油脂。

6. 油脂含量及产量的计算

准确称量提取的油脂+油管的总重，差量得净油脂重。

油脂含量(g 油脂/g 干菌)＝油脂量(g)/称取的干菌重(g)×100%

油脂产量(g/L)＝菌体油脂含量(%)×生物量(g/L)

7. 脂肪酸分析——气相色谱分析

干菌体提油脂后再进行 GC 分析。

(1)脂肪酸甲酯的制备

干菌体 0.3 g 左右，加入 1.5 ml 水，混匀后加入 1.5 ml 浓盐酸，80℃保温 1 h 左右至菌体完全裂解（对与湿菌体可直接加盐酸 80℃保温 1 h）。裂解液冷却后，加入 2 ml 10%的 HCl/CH_3OH 溶液，62℃保温酯化 3 h。酯化完毕冷却后加入 2 ml 正己烷，充分振荡后，静置分层。取上层有机相于另一试管中，充氮气挥发干后，加入 100 μl 正己烷，洗下样品后立即进行 GC 分析。

(2)GC 分析

GC 分析条件：采用 HP6890 气相色谱仪(安捷伦)，FID 检测器；HP-INNOWAX 极性毛细管柱，30 mm 柱长×0.32 mm 内径×0.5 μm 膜厚；载气为 N_2，总流量 18 ml/min，柱流量 1.5 ml/min，恒定流量；燃气为 H_2 和空气，流量分别为 30 ml/min 和 400 ml/min；不分流模式；进样量 2 μl，进样口温度 220℃；检测器温度 280℃；柱箱温度：150℃保持 1 min，然后以 10℃/min 升温至 200℃，再以 2℃/min 升温至 250℃，保持 5 min。

(3)DHA 含量计算

采用面积归一法得出总脂肪酸甲酯中 DHA 甲酯的质量百分含量，然后将其换算成 DHA 的质量百分含量。

总油脂 DHA 的质量百分含量(%)＝DHA 甲酯的质量百分含量(%)×0.962。

发酵液中 DHA 产量计算：

DHA 产量计算(g/L)＝总脂中 DHA 含量(%)×菌体油脂含量(%)×生物量(g/L)

【实验结果与分析】

1. 请将所得数据填入表 3-12。

表 3-12 均匀实验结果(DHA 产量)

因素 实验号	A G/(g/L)	B P/(g/L)	C Y/(g/L)	D S/(g/L)	DHA 产量 /(g/L)
1	30	7	15	19	
2	40	11	19	15	
3	50	15	14	11	
4	60	19	18	7	
5	70	5	13	21	
6	80	9	17	17	
7	90	13	12	13	
8	100	17	16	9	
9	110	21	20	23	

2. 数据处理及分析

1）采用 DPS 软件数据处理系统，对此次实验设计的数据进行二次多项式逐步回归分析，并对 DHA 产量分别进行回归系数的显著性检验，分析所建模型是否拟合理论值，显著程度如何。

2）根据 DPS 数据处理系统的理论预测最大值的优化配方进行发酵验证，确证优化实验结果可靠性。

【思考题】

1. 均匀实验设计的优缺点？

2. 均匀实验设计过程中不同的实验设计表格是否会对实验结果产生很大的影响？

附录：DPS 数据处理软件实例使用说明

1）首先根据实验目的，将各个水平的所需的实验结果进行总结，得出各个水平的结果表(表 3-13)。如以上述实验为例。

2）采用 DPS 6.1 数据处理软件，对上述实验进行多元回归分析，采用的回归方式为二次多项式的逐步回归模型。在进行二次多项式逐步回归模型的建立过程当中需要引入过个参数，从而尽量的使相关系数 R 值趋近于 1 方可。

表 3-13　均匀实验结果表

A(X1) G/(g/L)	B(X2) P/(g/L)	C(X3) Y/(g/L)	D(X4) S/(g/L)	DHA 产量(Y) (均值)/(g/L)
30	7	15	19	0.2527
40	11	19	15	0.3405
50	15	14	11	0.6718
60	19	18	7	0.4758
70	5	13	21	0.6541
80	9	17	17	1.0709
90	13	12	13	0.9447
100	17	16	9	1.1471
110	21	20	23	0.6991

3）建立模型之后数据处理系统会对提交的数据进行一系列的回归与显著性分析，整理其中数据，分析整个实验过程当中选取的实验因素对实验结果的影响关系(表 3-14)。

得回归方程：

$$tjY=-2.1842-0.3675\times10-1X1+0.5564X4-0.126510-1X42+0.3000\times10-2X1X3+0.2244\times10-3X1X4-0.1379\times10-1X3X4。$$

从表 3-14 中的显著水平及偏相关系数可以大致看出不同因素对 Y 值的影

响，以及部分因素交互作用对 *Y* 影响的显著性。

其中，数据处理后显示，实验相关系数 R=0.999 58，F 值=393.3414，剩余标准差 S=0.018 17，显著水平 p=0.0025，说明该方程能较好地拟合不同培养基配方对该菌发酵生产富含 DHA 的单细胞油脂的过程，所建模型准确有效。

表 3-14 各因素对 DHA 产量的显著性分析

因素	回归系数	偏相关系数	t 检验	显著水平
X1	−2.1842	−0.9923	11.36	0.0015
X4	−0.3675	0.9979	21.57	0.0002
X42	0.5564	−0.9980	22.10	0.0002
X1X3	−0.1265	0.9963	16.47	0.0138
X1X4	0.2244	0.9209	3.34	0.0443
X3X4	−0.1379	−0.9966	17.16	0.7855

4) 最后数据处理系统会给出一组系统优化的理论优化配方，如表 3-15 所示，实验人员可以根据不同水平的目标产物的产值选取其中最好的配方数据与理论优化配方比照对比，然后人为选取一组实验配方，同时与理论优化配方一起进行优化验证，确认实验优化的结果是否可靠。

表 3-15 理论优化配方

最高指标时各个因素组合				
Y	X1	X2	X3	X4
2.2254	110.0000	14.4846	20.0000	12.0195

第四章 细胞水平基因重组育种

凡把两个不同性状个体内的遗传基因转移到一起，经过遗传分子间的重新组合，形成新遗传型个体的方式，称为基因重组(gene recombination)或遗传重组(genetic recombination)，简称重组。重组可使生物体在未发生突变的情况下产生新遗传型的个体。重组是分子水平上的概念，可以理解成是遗传物质分子水平上的杂交，与一般在细胞水平上进行的杂交有明显区别。细胞水平上的杂交必然包含分子水平上的重组，而重组则不仅限于杂交一种形式。以基因重组为基础的杂交育种是微生物育种的重要手段，由于选用已知性状的供体菌和受体菌作亲本，因此，在方向性和自觉性方面，均比诱变育种前进了一大步。另外，杂交育种往往还可消除菌株在经历长期诱变处理后所出现的产量难以继续提高的障碍。

细胞水平的基因重组主要包括以下几类：① 原核微生物的接合和 F 因子转导，通过双亲细胞的接触沟通，涉及部分染色体基因的重组；② 原核微生物的转化和转导，双亲细胞不经接触，仅涉及个别或少数基因的重组；③ 真核微生物的有性杂交、准性生殖，通过双亲细胞的融合，涉及整套染色体的重组；④ 原生质体融合，是破壁后的原生质体细胞在一定条件下互相融合，实现遗传物质的重组。

实验 29 大肠杆菌杂交及基因定位实验

【实验目的】

1. 了解大肠杆菌杂交的方式。
2. 掌握大肠杆菌接合及染色体基因定位的原理与方法。

【实验原理】

通过供体菌和受体菌完整细胞间的直接接触而传递大段 DNA 的过程，称为细菌的接合(也称细菌的杂交)。在细菌和放线菌中都存在接合现象，如大肠杆菌及沙门菌、链霉菌、诺卡菌等。

大肠杆菌中，凡含有 F 因子(即致育因子或性质粒)的菌株，表面就会生出 1～4 条中空的性菌毛。根据 F 因子的有无和存在方式，大肠杆菌可分为以下 4 种类型：F^+(雄性)菌株、F^-(雌性)菌株、Hfr(高频重组)菌株和 F′菌株。它们之间的关系如图 4-1 所示。

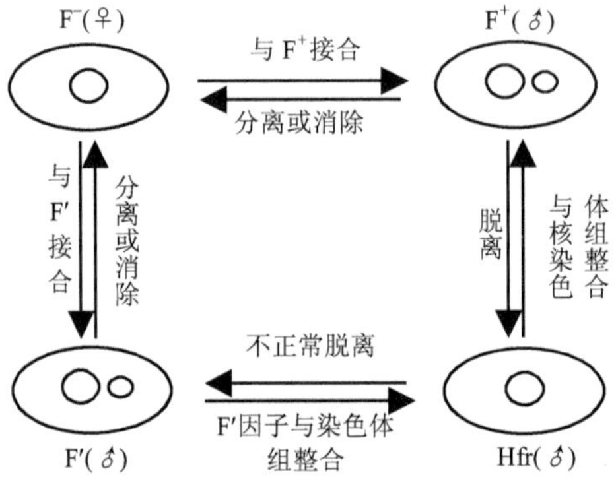

图 4-1　F 因子的存在方式及其相互关系(周德庆，2006)

当 Hfr(高频重组菌株)菌株与 F^-菌株发生接合(即杂交)时，Hfr 细胞(供体菌)的染色体便从 Hfr 细胞向 F^-细胞内转移，这种转移具有方向性，并且可以随时中断，因此，根据结合后 F^-细菌(以重组子形式选出)中 Hfr 细菌染色体基因出现次数的多少，便可得知基因转移的先后，即基因在染色体上排列的顺序。一般来说，靠近转移起始点的染色体基因进入 F^-细胞的概率大，重组频率高，远离转移起始点的基因则相反。由于 F 因子位于转移起始点的末端，因此，只有当接合时间长到足以使整个染色体转入 F^-细胞(受体)时，才会使 F^-细胞转变为 Hfr 或 F^+状态。

基因定位时首先要从 Hfr 与 F^-细菌的混合培养物中筛选出 Hfr 与 F^-已经发生了重组的细菌(重组子)，然后再逐个测定其他的 Hfr 基因(非选择标记)出现的次数。Hfr 菌株染色体上的选择性标记应位于染色体前端，这样才能保证以 100%的频率出现在重组子中。选择性标记之后的基因，则以低于 100%的频率出现在重组子中。F^-细胞的选择性标记应起到排除 Hfr 菌生长的作用(即反选择)。本实验使用的 F^-菌株为 Str^r(链霉素抗性)，Hfr 菌为 Str^s(链霉素敏感)，借此可排除 Hfr 菌的生长。为了使 Hfr 菌株有较高的接合频率，F^-细菌应该过量(10∶1～20∶1)，以保证每一个 Hfr 细菌都能与 F^-细菌接合。

【实验用品与仪器】

1. 菌种

(1)供体菌

CSH_{60} Hfr $supstr^s$。

(2)受体菌

FD1004F^-leu、purE、trp、his、metA、ilv、arg、thi、ara、LacY、xyl、mtl、gal、strr、rif。

2. 培养基

1)LB 培养基。

2)选择培养基(A-G 平板)。

基本培养基+表中各种物质(表 4-1)。

表 4-1　选择性培养基附加成分表

培养基编号	选择性标记	基本碳源	基本培养基(A)中补充物质								
			str	rif	arg	ilv	met	leu	ade	trp	his
A	Met Leu Str	葡萄糖	+	–	+	+	–	–	+	+	+
B	(Met Leu Str) arg	葡萄糖	+	–	–	+	–	–	+	+	+
C	(Met Leu Str) trp	葡萄糖	+	–	+	+	–	–	+	–	+
D	(Met Leu Str) his	葡萄糖	+	–	+	+	–	–	+	+	–
E	(Met Leu Str) lac	乳糖	+	–	+	+	–	–	+	+	+
F	(Met Leu Str) gal	半乳糖	+	–	+	+	–	–	+	+	+
G	(Met Leu Str) rif	葡萄糖	+	+	+	+	–	–	+	+	+

3. 试剂和溶液

生理盐水：0.85%NaCl，10×A 缓冲液。

4. 仪器设备及其他

培养皿、三角瓶、吸管、灭菌牙签、摇床、酒精灯、接种环等。

【实验内容】

1. 菌种培养

分别接一环供体菌和受体菌于 5 ml LB 培养液中，37℃振荡培养过夜。各取 1 ml 过夜培养物，分别接入 5 ml LB 培养液中，37℃振荡培养 2~3 h。

2. 杂交

分别吸取 0.5 ml 供体菌和 4.5 ml 受体菌，加入一个无菌的 250 ml 三角瓶中混合，置 37℃摇床上培养 100 min。

3. 涂布培养

将上述接合菌液用生理盐水稀释至 10^{-2}。吸取 0.1 ml 稀释液涂布在选择培养基[A]平板上，每一种稀释液涂布 2 个平板。同时将供体菌及受体菌分别吸取 0.1 ml 涂布在[A]上作对照，每种各 2 个平板。此后均于 37℃条件下培养 48 h。

4. 结果观察

观察和计数选择培养基[A]平板上接合组和对照组的菌落生长状况。

在与平皿相同大小的白纸上画 100 个小格，将其贴于选择培养基[B]、[C]、[D]、[E]、[F]和[G]平板的底部，然后用灭菌牙签从接合组选择培养基[A]平板上随机挑选 200 个菌落，对号点种在选择培养基[B]、[C]、[D]、[E]、[F]和[G]平板的 100 个小格中。置于 37℃恒温箱内培养 48 h。

5. 统计并绘图

统计各种选择平板上菌落的数目，记录并绘制出基因顺序图。

【实验结果与分析】

将B～G平板上的菌落数统计至表4-2中，并绘出简易的基因顺序图。

表4-2　各平皿长出的菌落数

培养基编号	B	C	D	E	F	G
选择性标记	arg	trp	his	lac	gal	rif
菌落数						

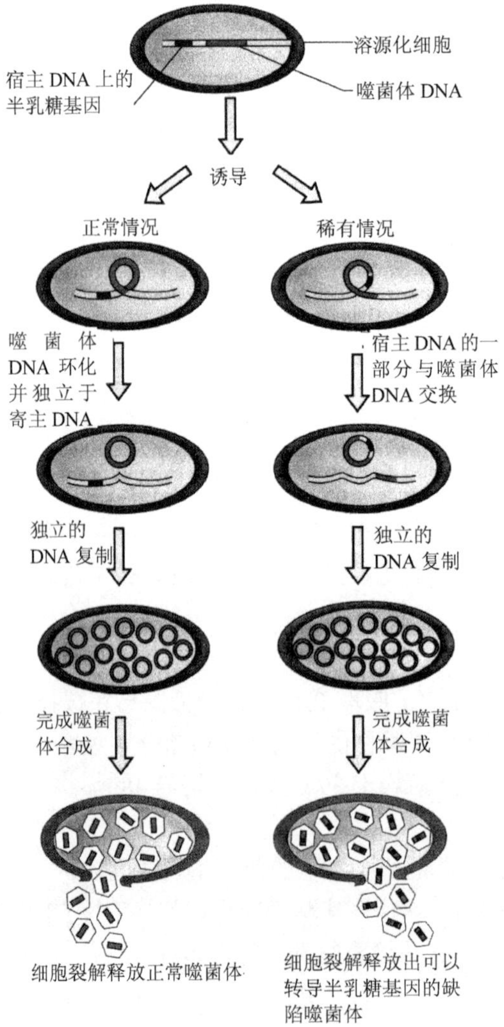

图4-2　局限性转导示意图(杨民和，2010)

【思考题】

本实验中采用的 Met^- 和 Leu^- 两个标记起什么作用？

实验30　大肠杆菌λ噬菌体的局限性转导

【实验目的】

1. 了解噬菌体转导的原理。

2. 学习并掌握噬菌体遗传转导的方法。

【实验原理】

随着分子遗传学的发展，转导已成为基因精细结构分析的常用方法。转导就是利用噬菌体为媒介将一个细胞(供体)的遗传物质传递给另一个细胞(受体)的过程。通常分为两类：①普遍性转导；②局限性转导(图4-2)。本实验以λ噬菌体转导半乳糖发酵基因为例来说明局限性转导的基本原理，并初步掌握转导实验的基本技术。

λ噬菌体通常整合在大肠杆菌染色体DNA上的半乳糖基因

(*gal*)和生物素基因(*bio*)之间，因而可以转导这两种基因。本实验以溶源性大肠杆菌 *E.coli* K 12 (λ)gal^+为供体菌(即λ噬菌体的 DNA 已整合在大肠杆菌的 DNA 上，gal^+ 表示此大肠杆菌带有半乳糖基因)，此供体菌受紫外线照射后裂解，有 10^{-4}～10^{-6}的噬菌体 DNA 发生不正常的切割，携带了宿主染色体的 *gal* 基因或 *bio* 基因脱离宿主。当这种转导噬菌体与受体菌 *E.coli* K12 (s)gal^-(gal^- 表示此细菌不含半乳糖基因)混合接触时，带有供体菌 gal^+ 基因的转导噬菌体能以一定的频率整合到受体菌上，从而使不能利用半乳糖的 gal^- 受体菌转变成了能利用半乳糖的 gal^+ 细菌，这种转导称为局限性转导(specialized transduction)。

【实验用品与仪器】

1. 菌种

供体菌(溶源菌)：*E. coli* K12(λ)gal^+(带λ前噬菌体，发酵半乳糖)。

受体菌：*E*．*coli* K12 gal^-(非溶源菌，对入噬菌体敏感，不发酵半乳糖)。

2. 培养基

(1) LB 液体培养基

见附录。

(2) 2 倍 LB 液体培养基

浓缩两倍的 LB 液体培养基。

(3) LB 平板培养基

上层含 0.8%琼脂，底层含 2%琼脂。

(4) EMB 平板培养基

蛋白胨水培养基 100 ml，20%乳糖溶液 2 ml，2%伊红水溶液 2 ml，0.5%美蓝水溶液 1 ml。

3. 试剂和溶液

磷酸缓冲液(0.2 mol/L ，pH 7.0～7.2)、氯仿(三氯甲烷)。

4. 仪器设备及其他

培养皿、锥形瓶、移液管或移液器、试管、离心管及玻璃涂棒等。

【实验内容】

1. 溶源菌的诱导

(1) 溶源菌的培养

取一环溶源菌 *E. coli* K12(λ)gal^+接种于 5 ml LB 液体培养基中，37℃振荡培养，16 h 后取菌液 0.5 ml 接入另一个装有 5 ml LB 液体培养基的锥形瓶中，于 37℃培养 5 h。

(2) 菌悬液制备

全部菌液移入无菌离心管中，3500 r/min 离心 10 min。去上清液，加入 4 ml 磷酸缓冲液，轻轻振荡，使菌体均匀悬浮。

(3) 诱导裂解

取上述菌悬液 3 ml，加入带搅拌子的无菌小平皿中，紫外线照射(15W、距离 30 cm、时间 10~15 s)进行诱导。处理后加入 3 ml 的 2 倍 LB 培养液，于 37℃避光培养 2.5 h。

2. 噬菌体裂解液的制备

避光培养后的菌液以 3500 r/min 离心 10 min 后，吸取 4 ml 上清液加入无菌试管中，滴加 0.2 ml 氯仿充分振荡 3～4 min，杀死上清液中的游离菌体及细胞碎片，再移入离心管离心 10 min。吸取上清液加入另一无菌试管中，即为制备好的 λ 噬菌体裂解液。

3. λ 噬菌体裂解液的效价测定

(1) 受体菌的培养

取一环受体菌 *E. coli* K12(λ) *gal*⁻接种于 5 ml LB 液体培养基中，37℃培养 16 h，再以 10%的接种量转接于 LB 培养液中培养 5 h。

(2) 平板准备

将 LB 固体培养基熔化，冷至 50℃左右倒底层平板，注意不要过厚，编号。再将 5 ml LB 半固体培养基熔化，于 60℃恒温水浴中保温待用。

(3) λ 噬菌体裂解液的稀释

吸取 0.5 ml λ 噬菌体裂解液，用 LB 培养液将其依次稀释至 10^{-5}、10^{-6}、10^{-7}。

(4) 感染与平板分离

分别吸取培养 4 h 的受体菌 *E.coli* K12(λ) *gal*⁻ 0.5 ml 及经稀释的 0.5 ml 噬菌体裂解液(10^{-5}、10^{-6}、10^{-7})，加至相应编号的底层平板培养基中心部位(每个稀释度做 3 个平板)。吸附 3～5 min 后，倾入保温的半固体培养基，迅速轻轻摇匀，静置待凝。37℃培养 24 h 后，计数噬菌斑，再计算出噬菌体的效价。

4. 转导

(1) 点滴法

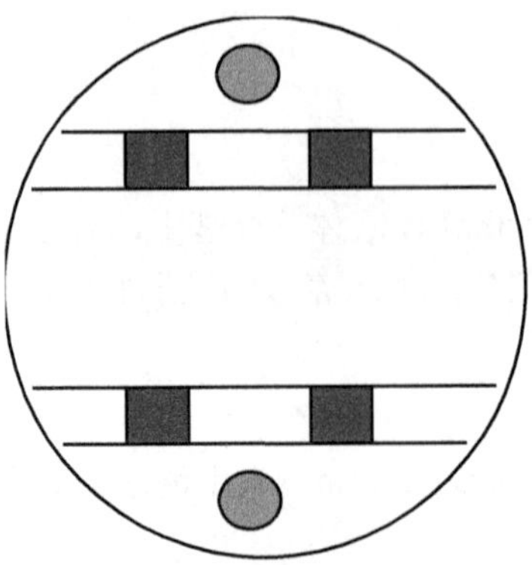

图 4-3　点滴法图样

取制备好 EMB 平板的培养皿 2 只，在皿底用记号笔按图 4-3 画好。取一满环受体菌，涂出 2 条菌带，37℃培养 1.5 h。取出培养皿，在 2 个圆圈和 4 个方格处，各加一环噬菌体裂解液，2 个圆圈作为对照，4 个方格作为转导处理，培养 2 天，观察结果。

(2) 涂布法

取制备好的 EMB 平板 6 只，做好标记，2 只加 0.1 ml 噬菌体裂解液作为对照；2 只加 0.1 ml 受体菌，也作为对照；另 2 只加噬菌体裂解液和受体菌液各 0.05 ml。用玻璃涂棒将各皿上的菌液(或噬菌体裂解液)涂开，相同的 2 只培养皿可用同一根玻璃涂棒，37℃培养 2 天，观察结果。

【实验结果与分析】

1. 观察记录表 4-3 和表 4-4 的数据，并分析实验结果。

表 4-3　噬菌体效价测定

噬菌体来源	裂解液稀释度	取样/ml	噬菌斑数 /皿	噬菌体数 /皿
噬 菌 体(λ)裂解液	10^{-5}	0.5		
	10^{-6}	0.5		
	10^{-7}	0.5		

表 4-4　细菌转导结果

转导试验	点 滴 法			涂 布 法		
	受体菌	噬菌体裂解液	受体菌+噬菌体裂解液	受体菌	噬菌体裂解液	受体菌+噬菌体裂解液
菌落生长情况						
菌落色泽						

"+"表示菌落生长；"–"表示菌落不生长。

2. 通过下面的公式计算出转导频率

$$转导频率（\%）=\frac{转导子数}{噬菌斑数}\times 100\%$$

【思考题】

1. 本实验是属于局限转导中的低频转导还是高频转导？为什么？
2. 溶源菌被诱导后的裂解液中可能存在哪几类噬菌体？

实验 31　酵母单倍体细胞分离与鉴定

【实验目的】

1. 学习酵母单倍体细胞的分离和鉴定方法。
2. 学习酵母菌的杂交方法。

【实验原理】

糖化酵母(*Saccharomyces diastaticus*)的染色体上存在着 3 个等效异位基因 STA1(DEX2)、STA2(DEX)、STA3，可分泌 3 种淀粉葡萄糖苷酶(E.C.3.2.1.3，又

称葡萄糖淀粉酶或糖化酶)，具有显著的糖化能力。该酶能从淀粉和糊精的非还原性末端顺序水解葡萄糖单位，理论上可以将直链淀粉全部水解成葡萄糖。用糖化酵母单倍体与相反接合型的啤酒酵母单倍体杂交，可以得到具有发酵糊精能力的杂合二倍体(STA/sta)菌株，可广泛用于淡爽型啤酒和干啤酒的制造。

本实验在生孢子培养基上诱导糖化酵母的子囊孢子形成，并利用单倍体细胞不生成子囊孢子的特点对其进行验证。由于单倍体细胞具有接合的能力，因此，可将待测的单倍体细胞与已知接合型的酵母单倍体细胞进行杂交，根据是否出现杂合二倍体细胞以确定待测菌的接合型。

【实验用品与仪器】

1. 菌种

糖化酵母(*S. diastaticus* BJ a/)。

啤酒酵母(*S. cerevisiae* Y-2 a his$^-$、leu$^-$、thr$^-$、$C^sE^sO^r$；*S. cerevisiae* Y-4 α ade$^-$、ura$^-$、C^r E^r 0^r)。

2. 培养基

(1)酵母完全培养基

蛋白胨 3%，酵母粉 0.5%，酪蛋白水解物 0.5%，葡萄糖 4%，硫酸锌 1.4%，琼脂 2%，pH 自然。

(2)酵母基本培养基

葡萄糖 2%，KH_2PO_4 0.1%，$Mg_2SO_4·7H_2O$ 0.05%，$(NH_4)_2SO_4$ 0.05%，水洗琼脂 2%。蒸馏水配制，pH6.0。

(3)酵母生孢子培养基(McClary 培养基)

葡萄糖 0.1%，KCl 0.18%，酵母汁 0.25%，乙酸钠 0.82%，琼脂 1.5%。

(4)糊精培养基

糊精 2%，蛋白胨 2%，酵母浸出物 1%，琼脂 2%。

3. 试剂和溶液

(1) Zymolyase 酶液(酵母裂解酶，1 mg/ml)

以 0.01 mol/L Tris-HCl(pH 7.4)缓冲液配制。

(2)碘液(1 mol/L)

称取 250 g KI 和 127 g I_2 溶于水中，定容至 1000 ml。

4. 仪器设备及其他

摇床、离心机、显微镜、三角瓶、试管等。

【实验内容】

1. 子囊孢子的形成

(1)菌体预培养

将糖化酵母斜面菌种 1 环接种于装有 20 ml 液体完全培养基的 250 ml 三角瓶

中，28℃振荡培养 24 h。按 10%的接种量移接于 20 ml 完全培养液中，28℃再培养 24 h。

(2) 诱导生孢子

上述培养液以 3000 r/min 离心 10 min，收集菌体，用生理盐水洗涤离心 2 次。将菌泥堆积于生孢子培养基平板上，22～25℃培养 3～4 天，在显微镜下观察生孢子形成的情况。

2. 单倍体细胞分离

(1) 酶解子囊壁

从生孢子培养基上取适量已形成子囊的菌体，于 1 ml 浓度为 1 mg/ml 的 Zymolyase 酶液中，30℃水浴振荡处理 40~50 min，镜检子囊壁的水解情况。

(2) 单倍体细胞分离

待子囊壁去除后，将全部菌液转移至装有 9 ml 生理盐水和玻璃珠的 100 ml 三角瓶中，58~62℃水浴处理 10 min，以杀死二倍体营养细胞，之后加入 2 ml 无菌液体石蜡，激烈振荡 40～60 min，使子囊孢子充分散开。

(3) 单倍体细胞培养

菌液以 2000 r/min 离心 5 min，用移液管小心地吸取石蜡层，适当稀释后，取 0.1 ml 涂布于完全培养基平板上，28℃培养 2～4 天。挑取小菌落于完全培养基斜面中保存，待鉴定。

3. 单倍体细胞的确认

由于单倍体细胞不具有生孢子能力，因此，将待鉴定的菌株按前述诱导生孢的方法，在生孢培养基平板上测定其生孢子能力。一般在 22~25℃条件下培养 14 天以上，镜检不生孢子的菌株可确认为单倍体。

4. 单倍体细胞接合型的确定

(1) 预培养

将获得的单倍体菌株、标准接合型菌株 Y-2(a 接合型)和 Y-4(α 接合型)分别接种于 5 ml 完全培养基中，25℃培养 24 h。

(2) 杂交

取 4 支装有 5 ml 完全培养基的三角瓶，编为 1~4 号。取 0.5 ml 待测菌株培养液和 0.5 ml Y-2 菌株培养液接入 1 号瓶，0.5 ml 待测菌株培养液和 0.5 ml Y-4 菌株培养液接入 2 号瓶、0.5 ml Y-2 菌株培养液和 0.5 ml Y-4 菌株培养液分别移接入 3 号和 4 号瓶(作为对照)，25~28℃培养 6～8 h，显微镜下观察是否有哑铃状接合子形成。

(3) 子囊孢子形成

离心收集菌体，将菌体堆积于生孢子培养基平板上，25℃培养 2～4 天，观察生成子囊孢子情况，最后确定待测单倍体的接合型。有少数单倍体细胞与 Y-2、

Y-4 菌株均不接合，可能是不育菌株。

5. 单倍体菌株发酵糊精能力的测定

(1) 透明圈法

取已确定接合型的单倍体菌株培养液 0.1 ml，涂布于糊精固体培养基平板上，28℃培养 3～4 天形成菌落，用 1 mol/L 碘液熏蒸平板，观察菌落周围形成的水解圈大小，水解圈越大，其淀粉酶活力越高。

(2) 糊精发酵试验

将单倍体菌种斜面 1 环接种于以糊精为唯一碳源的豆芽汁培养基中(培养基中倒置杜氏发酵管)，28℃培养，观察糊精发酵结果。

【实验结果与分析】

拍照记录子囊孢子和杂合二倍体的形成过程。

【思考题】

用加热法来分离单倍体细胞的原理是什么？

实验 32　谷氨酸棒杆菌的原生质体融合

【实验目的】

1. 了解原核微生物原生质体融合的原理。

2. 学习细菌原生质体制备和融合的方法。

【实验原理】

原核微生物基因重组主要可通过转化、转导、接合等途径，但有些微生物不适于采用这些途径，从而使育种工作受到一定的限制。而微生物细胞原生质体融合这一新的基因重组手段具有许多特殊优点，所以，目前已被广泛研究和应用。

1. 原生质体融合的优点

1) 克服种属间杂交的“不育性”，可以进行远缘杂交。由于用酶解除去细胞壁，因此，即使相同接合型的真菌或不同种属间的微生物，皆可发生原生质体融合，产生重组子。

2) 基因重组频率高，重组类型多。原生质体融合时，由于聚乙二醇(PEG)起促融合的作用，使细胞相互聚集，可以提高基因重组率。原生质体融合后，两个亲株的整套基因组（包括细胞核、细胞质)相互接触，发生多位点的交换，从而产生各种各样的基因组合，获得多种类型的重组子。

3) 可将由其他育种方法获得的优良性状，经原生质体融合而组合到一个菌株中。

4) 存在着两个以上亲株同时参与融合，可形成多种性状的融合子。

2. 原生质体融合步骤

(1)选择亲本

选择两个具有育种价值并带有选择性遗传标记的菌株作为亲本。

(2)制备原生质体

经溶菌酶除去细胞壁，释放出原生质体，并置高渗液中维持其稳定。

(3)促融合

聚乙二醇加入到原生质体以促进融合。聚乙二醇为一种表面活性剂，能强制性地促进原生质体融合。在有 Ca^{2+}、Mg^{2+}存在时，更能促进融合。

(4)原生质体再生

原生质体已失去细胞壁，虽有生物活性，但在普通培养基上不生长，必须涂布在再生培养基上，使之再生。

(5)检出融合子

利用选择培养基上的遗传标记，确定是否为融合子。

(6)融合子筛选

产生的融合子中可能有杂合双倍体和单倍重组体不同的类型，前者性能不稳定，要选出性能稳定的单倍重组体，反复筛选出生产性能良好的融合子。

【实验用品与仪器】

1. 菌种

谷氨酸棒状杆菌。

2. 培养基

(1)LB 培养基

蛋白胨 10 g/L，酵母膏 9 g/L，NaCl 10 g/L，pH 7.0。121℃灭菌 20 min。

(2)斜面活化培养基

在保藏斜面培养基上加入 10 g/L 的葡萄糖。115℃灭菌 20 min。

(3)再生培养基

丁二酸钠 90.05 g/L，水解酪蛋白 5 g/L，酵母膏 5 g/L，葡萄糖 5 g/L，$MgCl_2·6H_2O$ 4.066 g/L，KH_2PO_4 1.5 g/L，$K_2HPO_4·3H_2O$ 3.5 g/L，琼脂 20 g/L，pH 7.3。115℃灭菌 20 min。

3. 试剂和溶液

(1)高渗 CPB 溶液

丁二酸钠 135 g/L，$MgCl_2$ 2 g/L，EDTA1.98 g/L，pH 7.0。

(2)新生磷酸钙溶液

KH_2PO_4 0.54 g，$CaCl_2·H_2O$ 29.4 g，分别溶于 100 ml 蒸馏水中，分别灭菌。用时等体积混合，反应生成磷酸钙溶液。

(3) PEG 溶液

PEG 6000 35 g，用高渗 CPB 溶液溶解，配成 100 ml PEG 溶液。

(4) 青霉素钠溶液

将青霉素钠[160 万单位(U)]溶解于无菌水中，配成终浓度为 16 U/ml 的青霉素钠溶液，细菌滤器过滤除菌，现配现用。

(5) 酶溶液

称取 0.1 g 溶菌酶溶解在 10 ml PB 液中，配制成浓度为 10 mg/ml 的酶溶液，细菌滤器过滤除菌，现配现用。

4. 仪器设备及其他

SBA-40C 生物传感分析仪、生化培养箱、超净工作台、立式压力蒸汽灭菌器、冷冻离心机、数显控温水浴锅、回转式恒温调速摇瓶柜、752 紫外可见光分光光度计、微量进样器、恒温磁力搅拌器、振荡仪、冰箱、显微镜等。

【实验内容】

1. 原生质体的制备

(1) 菌种培养

出发菌株接种至 30 ml LB 培养基中，30℃，200 r/min 培养过夜。

(2) 预处理

以 5%接种量转接入新鲜 LB 培养基，振荡培养至对数中前期(2~4 h)时加入终浓度为 0.2 U/ml 的青霉素钠，继续振荡培养 2 h。

(3) 收集菌体

培养好的菌体以 10 000 r/min 离心 10 min，弃上清液，用 CPB 洗涤去除菌体表面残余的培养基，等体积 CPB 重悬菌体。

(4) 原生质体制备

将菌液转至已灭菌小三角瓶中，加入过滤除菌的溶菌酶液，使终浓度为 1.0 mg/ml，摇匀后于 37℃水浴缓慢振荡，使细胞壁酶解，隔 0.5 h 取样镜检，至视野内原生质体占 90%时终止酶解，转至离心管，8000 r/min 离心 10 min 温和沉降原生质体，去除上清酶液，等体积 CPB 液重悬，再离心洗涤一次以去除残余酶液，CPB 重悬，即为制备好的原生质体液。

(5) 原生质体形成率的计算

取上述原生质体液用无菌水梯度稀释，适宜浓度的稀释液 0.1 ml 涂布于 LB 培养基平板，30℃恒温培养，待菌落长出计算菌落数 *B*。同时取未经酶解的菌液梯度稀释，涂布于 LB 培养基平板，30℃培养待长出菌落，计算菌落数 *A*。

原生质体形成率计算：

$$原生质体形成率（\%）=\frac{(A-B)}{A}\times 100\%$$

2. 原生质体再生及再生率的计算

原生质体液经 CPB 高渗液适当稀释后，取 0.1 ml 涂布于再生平板上，倒置于30℃培养箱培养 3~5 天，观察再生情况，待再生平板上长出菌落，计算再生菌落数 C。

原生质体再生率计算：

$$原生质体再生率（\%）=\frac{C-B}{A-B}\times 100\%$$

3. 原生质体热灭活

分别取已制备好的双亲本原生质体高渗悬液 5 ml，加入小试管中，置于 60℃水浴中处理 100 min。取 0.1 ml 原生质体溶液用 CPB 缓冲液梯度稀释，涂布于再生平板，30℃培养 3~5 天，观察菌落并计数。

4. 原生质体融合

分别取热灭活的两亲本原生质体高渗悬液 2.5 ml，混匀，4000 r/min 离心 10 min，弃上清液，加入 4.8 ml 的 PEG 6000 溶液，并加入 0.2 ml 的新生磷酸钙溶液，混合均匀。于 32℃水浴下保温 30 min，4000 r/min 离心 10 min，弃上清液，加入高渗液重悬。

5. 融合率的计算

上述原生质体融合细胞高渗悬浮液用 CPB 高渗液梯度稀释，涂布于再生平板上，32℃培养。另取未灭活原生质体梯度稀释后涂布再生平板，同样条件下培养。

$$原生质体融合率（\%）=\frac{融合再生的菌落数}{未灭活再生的菌落数}\times 100\%$$

【实验结果与分析】

1. 拍照记录菌体、原生质体及原生质体融合。
2. 计算原生质体融合率。

【思考题】

为什么在用酶液处理制备原生质体前要先用青霉素钠处理？

实验 33 霉菌原生质体的融合

【实验目的】

1. 学习采用双亲灭活法进行霉菌原生质体融合。

2．掌握原生质体制备和融合的基本操作技术。

【实验原理】

采用物理、化学或生物的方法分别制备两亲本的原生质体，并使其在一定条件下互相接触，经过质配、核配，最终 DNA 交换产生重组子的方式称为原生质体融合。具体的操作步骤如图 4-4 所示。与杂交育种相比，由于去除了菌株接触的最大障碍——细胞壁，大大提高了菌株间接触和重组的频率，并打破了种属间的亲缘关系，实现了属间、门间，甚至跨界的融合。为便于融合子的检出，本实验采用热灭活法使双亲本原生质体失活后再进行融合，简化了寻找稳定遗传标记的繁杂工作及由此可能带来的亲株优良性状的丢失，而且在不利用选择培养基的情况下可减少亲株生长，从而提高筛选效率。

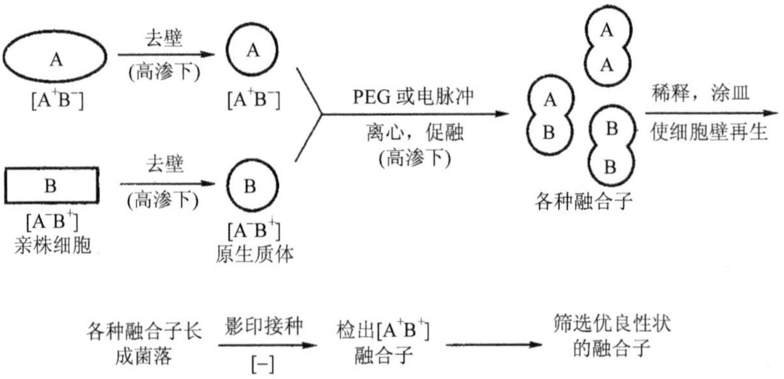

图 4-4　原生质体融合的操作示意图

【实验用品与仪器】

1. 菌种

黑曲霉。

2. 培养基

(1)斜面培养基

PDA 培养基。

(2)菌丝体生长培养基

葡萄糖 8%，$(NH4)_2SO_4$ 0.2%，KH_2PO_4 0.2%，$MgSO_4$ 0.03%，NaCl 0.1%，酵母膏 0.5%，琼脂 1.8%，吐温 800 0.2%。

(3)低渗再生培养基(双层平板)

PDA 培养基，上层琼脂 0.6%，下层琼脂 2%。

(4)高渗再生培养基(双层平板)

用 0.6 mol/L NaCl 配制的 PDA 培养基，上层琼脂 0.6%，下层琼脂 2%。

3. 试剂和溶液

(1) 高渗液

0.6 mol/L NaCl。

(2) 酶解液

蜗牛酶 1%+纤维素酶 2%，用高渗液配制，经 0.22 μm 微孔滤膜过滤除菌备用。

(3) 原生质体促融剂

30% PEG 6000、0.01 mol/L $CaCl_2$。

4. 实验器皿

冷冻高速离心机、试管、培养皿、锥形瓶等。

【实验内容】

1. 原生质体的制备

(1) 斜面培养

将黑曲霉接种在 PDA 试管斜面上，于 28℃恒温培养箱中培养 5～6 天至孢子成熟。

(2) 菌丝培养

5 ml 无菌水倒入有成熟孢子的斜面中，接种环轻轻刮下表层孢子，倒入无菌试管中，制成孢子悬液，用血球计数板调整孢子浓度至大约 1.0×10^8 个/ml，取 0.5 ml 涂布于表面覆有玻璃纸的 PDA 培养基平皿上，于 30℃恒温培养 12 h 左右可见薄层菌丝。

(3) 原生质体的制备

用无菌接种环从玻璃纸上挑取菌丝，置于离心管中，渗透压稳定剂离心洗涤两次后，加入酶液，30℃恒温水浴中缓慢振荡酶解。每隔 30 min 取样镜检酶解程度，并拍照记录原生质体释放过程。基本酶解完全后用 4 层擦镜纸过滤，过滤后滤液 4000 r/min 离心分离，溶液离心洗涤 3 次，收集原生质体分别重悬于无菌水和高渗液中，血球计数板计数。

$$\text{原生质体制备率}(\%)=\frac{\text{高渗液中总菌数}-\text{无菌水中总菌数}}{\text{高渗液中总菌数}}\times100\%$$

(4) 原生质体的观察

取一片载玻片，将已制备好并用高渗液重悬的原生质体滴于玻片中心，镊子夹盖玻片慢慢盖上，避免产生气泡。在高倍镜下观察原生质体大小、形态及拍照。用滴管将水从盖玻片一侧慢慢滴入，另一侧用滤纸吸取，从显微镜下观察原生质体吸水涨破的过程并拍照记录。

2. 双亲本原生质体灭活

取两亲本菌株的原生质体悬液，用高渗液调整其浓度为 10^6~10^8 个/ml。分别在 55℃处理 10 min，稀释分离于高渗再生平板(采用双层平板法：底层平板培养基先倒入无菌平皿，冷凝后，原生质体悬液滴于其上，再将已融化并冷却至 45℃

左右的上层培养基倒入，轻摇静置待其冷凝），同时以未经热处理的原生质体悬液作对照，37℃倒置培养 5 天，计算原生质体的存活率。

3. 原生质体融合

将已灭活的原生质体亲株均匀等体积混合，加入 5 ml 30% PEG 6000、0.01 moL/L $CaCl_2$溶液，37℃振荡保温 45 min。

4. 融合子细胞的观察

不同时间取样，镜检观察并拍照记录，用显微镜测微尺测量细胞大小。

5. 原生质体的再生

融合完毕，将所得原生质体融合悬液梯度稀释，取适当浓度悬液，分别分离于低渗和高渗双层再生平板上，30℃培养 4~5 天。

$$\text{原生质体再生率（\%）}=\frac{\text{高渗平板菌落数}-\text{低渗平板菌落数}}{\text{原生质体数}}\times 100\%$$

【注意事项】

防止菌丝碎片繁殖对最终融合体的检出造成干扰，需在制备原生质体后将菌丝清除干净。

【实验结果与分析】

1. 观察并拍照记录原生质体制备和融合的过程。
2. 计算原生质体的制备率和再生率。

【思考题】

1. 如何在显微镜下判断你观察到的是否是原生质体？
2. 为什么原生质体再生通常选用双层平板法，而不用常规的平板涂布法？

实验 34　酵母的原生质体融合

【实验目的】

1. 学习酵母原生质体制备和再生的方法。
2. 掌握酵母原生质体融合的方法。

【实验原理】

不同的菌种细胞壁成分不同，因而用来制备原生质体的酶也各不相同。酵母的细胞壁外层主要为甘露聚糖和含有脂类的蛋白质，内层主要为葡聚糖等多糖类物质，因而常采用蜗牛酶来酶解酵母的细胞壁。为提高原生质体的制备率，酶解前通常对酵母菌进行预处理。为得到较好的制备率和再生率，需注意菌种的培养时间、酶浓度及酶处理时间等相关因素。

制备好的原生质体混合后加入助融剂，使两亲本原生质体相互融合产生重组体，并分离至再生培养基上使其细胞壁再生获得重组子，这一过程称为原生质体融合。原生质体融合由于去除细胞壁的障碍，使属间、门间，甚至跨界的融合都有了可能。

【实验用品与仪器】

1. 菌种

酿酒酵母两种营养缺陷型(Thr^-、His^-)：可通过筛选或购买得到。

2. 培养基

(1) YEPD 完全培养基

酵母粉 10 g/L，蛋白胨 20 g/L，葡萄糖 20 g/L，pH 6.0，115℃湿热灭菌 20 min。

(2) YEPD 高渗完全培养基

配方同上，用 0.6 mol/L NaCl 配制。

(3) YNB 基本培养基

配方较复杂，详见附录 1-48，可购买成品再通过配制使用。配制方法：称取本品 6.7 g，另取葡萄糖 5 g 或等量的其他糖类加热溶解于 100 ml 蒸馏水中，制成 10 倍溶液，过滤除菌。使用时，取 0.5 ml 10 倍溶液加入 4.5 ml 无菌蒸馏水中即可。

(4) YNB 高渗基本培养基

配方同上，用 0.6 mol/L NaCl 配制。

双层平板：上层加 0.6%的琼脂，下层加 2.0%的琼脂。

3. 试剂和溶液

(1) 预处理液

0.05 mol/L EDTA-Na_2 溶液+0.2% β-巯基乙醇。

(2) 5 mg/ml 蜗牛酶

用 pH 6.0 的高渗柠檬酸缓冲液配制。

(3) 酶液

1%蜗牛酶，0.6 mol/L NH_4Cl，50 mol/L 二硫苏糖醇，过滤除菌。

(4) 助融剂

30% PEG 6000，0.1 mol/L $CaCl_2$，pH 7.0。

以上培养基和缓冲液均在 115℃下 30 min 高压灭菌，酶液经 0.22 μm 微孔滤膜过滤除菌。

4. 仪器设备及其他

无菌水、试管、三角瓶、培养皿、摇床、恒温培养箱、恒温水浴锅、离心机、接种环、移液管等。

【实验内容】

1. 原生质体制备

(1) 菌种培养

挑取新鲜斜面的两株酿酒酵母分别接种于 YEPD 液体培养基，28℃恒温振荡培养 24 h，再转接培养 16 h 至菌种为对数生长期。取样离心(5000 r/min 10 min)，菌体沉淀用柠檬酸缓冲液悬浮。

(2)预处理

菌悬液离心(5000 r/min 10 min)去除培养基，加入预处理液，30℃振荡处理 15 min，柠檬酸缓冲液清洗并离心(5000 r/min，10 min)。

(3)酶解

菌体沉淀中加入 5 mg/ml 蜗牛酶液悬浮，于 30℃下 100 r/min 振荡酶解。每隔 10 min 取样镜检酶解情况。

(4)收集原生质体

镜检观察到 70%~80%的酵母变成原生质体后，低速离心(3000 r/min 15 min)收集原生质体。高渗缓冲液洗涤 2 次，离心收集沉淀悬浮于高渗缓冲液。

2. 原生质体融合

将已制备成功的双亲原生质体悬液(1×10^7~1×10^8 个/ml)各 3 ml 混合，离心(3000 r/min，10 min)弃上清液，加入 3 ml 助融剂，轻轻振荡悬浮原生质体，置 30℃恒温水浴保温 20 min。每隔 3～4 min 轻轻摇动一次，使助融剂与原生质体充分接触。融合结束后，立即加入 10 ml 高渗 YEPD 培养基，离心(2000 r/min，10 min)，弃去上清液获得原生质体融合物。

3. 融合子再生

原生质体融合物用 0.6 mol/L 的 NaCl 悬浮，并梯度稀释至 10^{-4}。分别从 10^{-1}、10^{-2}、10^{-3} 稀释度的原生质体悬液中吸取 200 μl，加入 5 ml 融化并冷却至 45℃的 YNB 上层高渗再生培养基中，混匀，迅速倒于已凝固的 YNB 基本培养基底层平板上，铺平待其冷凝。另从 10^{-2}、10^{-3}、10^{-4} 稀释度的原生质体悬液中取 200 μl，用双层平板法分离于 YEPD 高渗完全培养基上。

待平板冷凝后，将其倒置于恒温培养箱内，30℃培养 3~5 天，菌落计数。

4. 排除异核体

由于双亲本均为营养缺陷型，YNB 基本培养基上长出的菌落可基本排除原始亲本菌株，但除了真正的融合体外，还包括细胞质融合而核尚未融合的异核体，由于其不是真正的融合体，繁殖过程中极易分离，因此可通过在基本培养基上多次转接加以排除。排除异核体后通过以下公式计算融合率：

$$\text{原生质体融合率（\%）}=\frac{\text{融合子数}\times\text{稀释倍数}}{\text{再生完全培养基上总菌落数}\times\text{稀释倍数}}\times100\%$$

【实验结果与分析】

1. 拍照记录菌体、原生质体及原生质体融合。
2. 计算原生质体融合率。

【思考题】

1．酶液的除菌为什么要用过滤法而不用其他方法?

2．原生质体操作过程中为什么要选用高渗培养基?

3．原生质体制备率和再生率有什么样的关系?

4．如何提高原生质体的融合率?

实验 35　应用基因组改组技术选育谷氨酸高产菌

【实验目的】

1．了解基因组改组育种的原理。

2．学习基因组改组进行微生物育种的方法。

【实验原理】

基因组改组技术(genome shuffling)是一种递归式多母体原生质体融合技术。该概念于 1998 年由 Stemmer 等提出。该方法的具体操作如图 4-5 所示：首先选择一个原始亲株，通过经典的诱变育种方法获得多个表型优良的菌株，构建突变候选株文库，以这些表型提高的菌株作为首轮多亲本融合的直接亲株，然后进行多

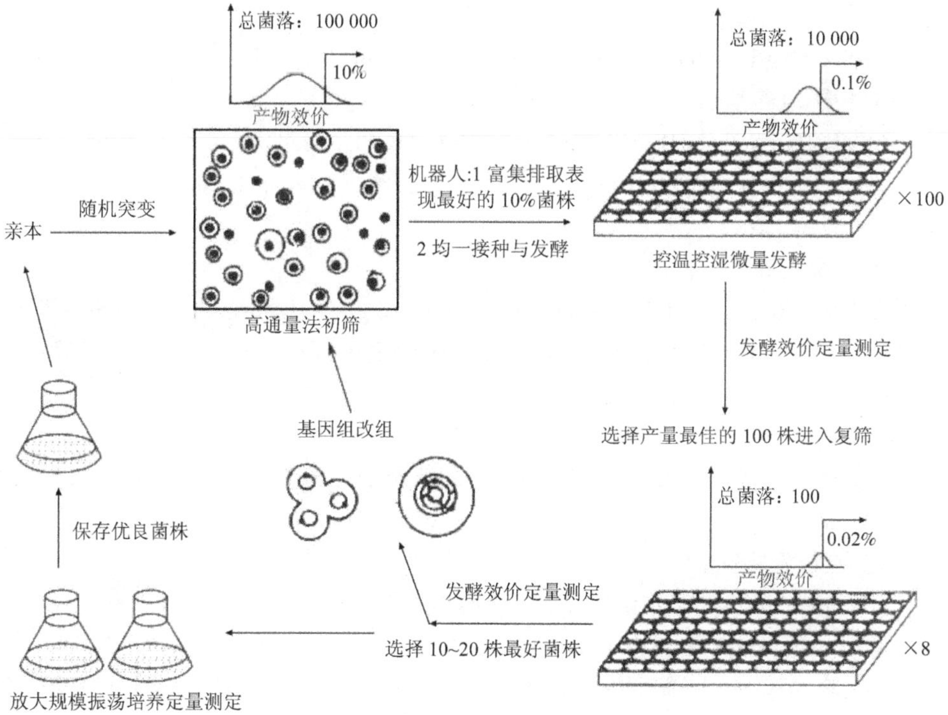

图 4-5　基因改组育种技术一般流程(zhang et al.，2002)

亲株融合，使其全基因组进行随机重组，获得第一代融合株；再从中选择表型获得进一步提高的菌株作为下一轮融合的直接亲本，依此类推进行多轮的多亲株融合，最终从获得的突变体库中筛选出性状被提升的目的菌株。这种多亲本、递推式的融合不仅增加了突变位点，扩大了重组的范围，还大大提高了重组的效率，产生跳跃性的进化效果。

本实验先通过复合诱变引发菌株的随机突变，通过高通量筛选得到表现优良的 10~20 个菌株，构成突变体库。分别制备它们的原生质体，等比例混合，使其在适宜条件下融合。融合重组的后代再重复进行第二轮、第三轮，甚至更多轮的融合。

【实验用品与仪器】

1. 菌种

谷氨酸棒杆菌。

2. 培养基

(1) 液体培养基

葡萄糖 10 g/L，NaCl 5 g/L，蛋白胨 10 g/L，酵母膏 5 g/L，牛肉膏 10 g/L，pH 7.0，115℃灭菌 20 min。

(2) 斜面培养基

牛肉膏 10 g/L，蛋白胨 10 g/L，NaCl 5 g/L，pH 7.0~7.2。

(3) 种子培养基

葡萄糖 25 g/L，K_2HPO_4 1.5 g/L，$MgSO_4$ 0.6 g/L，玉米浆 30 g/L，$FeSO_4·7H_2O$ 0.005 g/L，$MnSO_4·4H_2O$ 0.005 g/L，尿素 2.5(分消灭菌)，pH 7.0~7.2，115℃灭菌 20 min。

(4) 发酵培养基

葡萄糖 140 g/L，K_2HPO_4 1.0 g/L，$MgSO_4$ 0.6 g/L，玉米浆 5 g/L，$FeSO_4·7H_2O$ 0.002 g/L，$MnSO_4·4H_2O$ 0.002 g/L，尿素 7.0(分消灭菌)，pH 7.0~7.2，115℃灭菌 20 min。

(5) 显色培养基

在发酵培养基中加入 0.01 g/L 的溴甲酚紫及 20 g/L 的琼脂，pH 7.0~7.2，115℃灭菌 20 min。

(6) 再生培养基

丁二酸钠 90.05 g/L，水解酪蛋白 5 g/L，酵母膏 5 g/L，葡萄糖 5 g/L，$MgCl_2·6H_2O$ 4.066 g/L，KH_2PO_4 1.5 g/L，$K_2HPO_4·3H_2O$ 3.5 g/L，琼脂 20 g/L，pH 7.3。

以上培养基中含有葡萄糖的在 115℃灭菌 20 min，无葡萄糖的则在 121℃灭菌 20 min。

3. 试剂和溶液

(1) 高渗 CPB 溶液

丁二酸钠 135 g/L，$MgCl_2$ 2 g/L，EDTA 1.98 g/L，pH 7.0。

(2) 新生磷酸钙溶液

KH_2PO_4 0.54 g，$CaCl_2·H_2O$ 29.4 g，分别溶于 100 ml 蒸馏水中，分别灭菌。用时等体积混合，反应生成磷酸钙溶液。

(3) PEG 溶液

PEG 6000 35 g，用高渗 CPB 溶液溶解，配成 100 ml PEG 溶液。

(4) 青霉素钠溶液

将 160 万单位(U)青霉素钠溶解在无菌水中，配成终浓度为 16 U/ml 的青霉素钠溶液，现配现用。

(5) 酶溶液

称取 0.1 g 溶菌酶溶解于 10 ml PB 液中，配制成浓度为 10 mg/ml 的酶溶液。细菌滤器过滤除菌，现配现用。

4. 仪器设备及其他

SBA-40C 生物传感分析仪、生化培养箱、超净工作台、立式压力蒸汽灭菌器、冷冻离心机、数显控温水浴锅、回转式恒温调速摇瓶柜、X 射线照射装置、752 紫外可见光分光光度计、微量进样器、恒温磁力搅拌器、振荡仪、冰箱、显微镜等。

【实验内容】

1. 菌悬液制备

出发菌株接种至含 30 ml CM 培养基的 250 ml 三角瓶，30℃，220 r/min 过夜培养，8000 r/min 离心 8 min，弃上清液，无菌生理盐水洗涤并重悬制成菌悬液。

2. X 射线与硫酸二乙酯复合诱变

参照实验 24 的方法对出发菌株进行复合诱变。

3. 通过高通量筛选构建突变体库

参照实验 24 的方法对诱变得到的菌株进行高通量筛选，最终选出 10~20 个表现最好的突变体作为突变体库，准备进行第一轮基因组改组。

4. 原生质体制备及灭活

将突变体库中的菌株分别制备原生质体并将其灭活，具体方法参见实验 32 的相关内容。

5. 原生质体融合和再生

将以上原生质体悬液等体积混合，在适宜条件下进行融合并用双层平板法分离至再生培养基平板上。具体参见实验 32。

6. 高通量筛选

将再生平板上长出的菌落和原始菌株划线接种于显色平板，30℃培养 1 天后，挑选有变色圈的菌株，接种到 96 孔深孔细胞培养板（简称深孔板）中进行高通量筛选。具体方法见实验 24。选出 10 株表现优良的菌株准备进入第二轮基因组改组。

7. 第二轮基因组改组

将以上 10 株菌分别制备原生质体并灭活，再次进行多亲本融合和再生，最后经高通量筛选得到下一轮基因组改组的出发菌株。下一轮改组则继续重复 4~6 的实验步骤，直至筛选出满意的菌株。

【实验结果与分析】

比较你通过基因组改组得到的菌株和出发菌株在形态、生长和生产性能上的差别。

【思考题】

基因组改组与传统的诱变或原生质体融合相比有何优越性？

第五章　分 子 育 种

广义的微生物分子育种是指运用微生物分子遗传学原理，利用基因工程、细胞工程和代谢工程等现代化技术，对某种具有特定生产目的的微生物菌株有目的地改造，消除不良性状，增加有益的新性状，以提高产品的产量和质量的一种新的育种方法。狭义的“分子育种”(molecular breeding)概念与“DNA 改组”(DNA shuffling)相同，指 DNA 分子的体外重组，即基因在分子水平上进行有性重组(sexual recombination)。它通过改变单个基因(或基因家族)原有的核苷酸序列，创造新基因，并赋予表达产物以新功能。实际上，该技术是一种分子水平上的定向进化(directed evolution)，因此也称为分子育种。由于有 PCR 反应的介入，不同来源的基因片段不仅发生交换、缺失、插入和倒位现象，而且还会产生点突变。这种方式类似于生物物种几百年、几千年甚至几万年长期演化的过程，但 DNA 改组技术创造性地将这一历史过程缩短到有限的几天，这无疑是生物进化领域的技术革命。

最初的 DNA 改组是在随机诱变的基础上发展的，主要包括以下几个步骤：①制备多种同源核苷酸序列作为模板，建立初级文库；②用 DNase 或超声波等方法处理，产生随机片段；③不加引物，利用 PCR 技术进行重组；④产物序列接近目的基因长度时加入两侧引物，经少数循环扩增得到全长目的基因；⑤产物通过载体转入宿主细胞后在特定选择压力下筛选，得到的突变体作为下一次 DNA 改组的模板，建立次级文库；多次改组、筛选后得到理想的突变体。

分子育种技术从一诞生就受到科学家的极大关注，现已广泛地应用于各个领域的研究，尤其在生物制药及酶工程方面，收到了明显的效果。同以往的任何一次科技进步一样，分子育种技术毋庸置疑将为人类带来巨大的福利，但同时也可能带来许多问题。利用该技术创造服务于人类的超级分子的同时，也使人为地迅速创造物种包括病原物成为可能。因此，需要尽早制定相应的法律法规，以尽早规范研究行为，挖掘 DNA 改组技术的潜力，极大限度地造福人类。

实验 36　利用电子克隆技术获得基因

【实验目的】

1. 理解电子克隆的原理和应用。
2. 掌握利用生物信息数据库进行电子克隆的操作过程。

【实验原理】

基于表达序列标签(expressed sequence tag，EST)的电子克隆(*in silico* cloning)策略，是近年来发展起来的一门快速克隆基因的新技术，其技术核心是利用计算机技术，依托现有的网络生物信息数据资源 EST 数据库、核苷酸数据库、蛋白质数据库、基因组数据库等，采用生物信息学方法(包括同源性搜索、聚类分析、序列拼接等)组装延伸 EST 序列，以期获得部分乃至全长 cDNA 序列的一种方法。进一步利用 RT-PCR 的方法进行克隆分析、验证。

随着EST数据库的进一步完善，电子克隆策略已成为克隆新基因的重要方法，并成功地应用于人类基因组的研究。利用 EST 资料的电子克隆是克隆功能基因的新途径，与传统的基因克隆方法相比，具有快捷、成本低、针对性强等特点，但也受到dbEST的EST数量和质量的限制，因此在EST资料非常丰富的模式物种(如人、鼠等)中应用较多。在实际应用中，以模式物种某一已知基因序列为起点，结合目标物种 EST 数据库，采用现代生物信息学及实验验证相结合的技术方法，尤其是通过同源性比较完全有可能快速筛选到一些具有重要功能的基因。

电子克隆的方法与策略(图 5-1)：

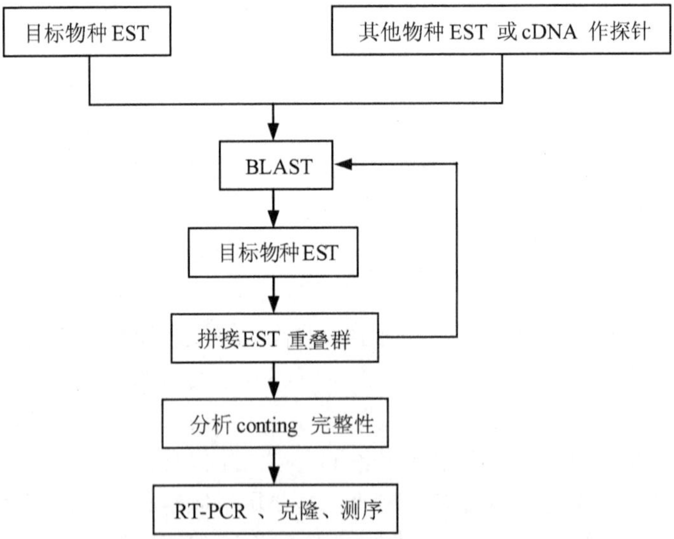

图 5-1　基因电子克隆操作过程

1) 选择感兴趣的 EST 作为查询探针，查询 dbEST 数据库，找到部分重叠的 EST 同源序列(以长度≥100 bp，同源性 50%以上，85%以下为标准)。

2) 对找到的同源序列进行拼接，得到 EST 重叠群(EST conting)。

3) 以拼接好的 EST 重叠群为新的查询探针，继续搜索 dbEST 数据库，直到没有新的 EST 可供拼接为止，获得全长的基因编码序列。

4) 获得的 EST 序列数据与 GenBank 数据库进行相似性检验。如果没有精确匹配基因，可将 EST 序列数据按 6 种阅读框翻译成蛋白质序列再进行相似性检验。

5) 根据拼接好的完整序列设计 PCR 引物，通过 RT-PCR 的方法获得目的 cDNA 克隆并进行序列测序验证。

本实验以植物模式种拟南芥(*Arabidopsis thaliana*)的 *S*-腺苷甲硫氨酸合成酶(SAMS)基因作为查询序列，电子克隆条斑紫菜(*Porphyra yezoensis*)的 SAMS 基因。

【实验用品与仪器】

条斑紫菜叶状体，Trizol 试剂，反转录 PCR 试剂盒和核酸电泳试剂，质粒 pMD18-T。上游引物 5′-TGCTGGTGCCACCCTCTT-3′，下游引物 5′-AATGCAATCACATTCGGACA -3′。

【实验内容】

1. 条斑紫菜 SAMS 基因的电子克隆

以拟南芥 SAMS 基因序列(GenBank accession: NP_192094)作为查询序列，在条斑紫菜的 dbEST 中进行 tBlastn，获得了 16 条高度相似并且彼此重叠的 EST 序列(GenBank accession: AV432132、AV431770、AV438041、AV436311、AU187104、AU187731、AV436116、AU196958、AU194423、AU192792、AU193897、AU193952、AV436351、AV435367、AU194182、AU191528)，用 Bioedit 软件拼接产生一条长 1576 bp 的连接序列。

再以这条连接序列为出发序列进行第二轮 BLAST，得到除以上序列外的 6 条相似序列(AV435690、AU190231、AV434467、AU192231、AU195888、AV434498)，再次拼接，序列不再延长。

将该序列复制到 NCBI 的 ORF finder 查找可读框，对每个结果进行 BLAST 相似性检验，确认该拼接所得序列是 SAMS 基因。

以上操作过程详见本实验后的附录。

2. RT-PCR 反应与测序

取 100 mg 组织，液氮研碎，加入 1 ml Trizol 液裂解细胞，经氯仿抽提后用等体积的 1 : 1 (*V*/*V*)的异丙醇和高盐溶液(1.2 mol/L NaCl 和 0.8 mol /L 柠檬酸钠)沉淀，75%乙醇漂洗 2 遍后溶于无 RNase 水中。电泳和核酸蛋白定量仪检测 RNA 的完整性、含量和纯度。–20℃保存备用。

取 2 mg 总 RNA，以 Oligo(dT)为引物，用第一链 cDNA 合成试剂盒合成单链 cDNA。PCR 反应体系：

反转录 cDNA	4 ng
上游引物	1 μl

下游引物	1 μl
dNTP	2 μl
10×PCR 缓冲液	2.5 μl
*Taq*DNA 聚合酶	1 μl
灭菌双蒸水	至 25　μl

PCR 循环为：95℃预变性 3 min，然后 30 个循环：95℃变性 60 s，55℃退火 30 s，72℃延伸 90 s，最后 72℃充分延伸 5 min，4℃保存。反应后取 PCR 产物电泳。

将 PCR 产物连接到 pMD18-T 载体上，转化大肠杆菌，筛选抗性菌落，送测序公司进行测序，把测序结果与电子克隆的结果进行对比分析。

【实验结果与分析】

1．扫描 RT-PCR 产物电泳结果，判断产物长度，分析是否与电子克隆产物长度相一致。

2．对测序结果与电子克隆后所得的基因序列进行对比分析。

3．对电子克隆基因进行生物信息学分析。

【思考题】

1．电子克隆所得的序列为什么还要用 RT-PCR 和测序进行验证？

2. 电子克隆存在什么缺点？为什么不是所有的基因都能通过电子克隆的方法获得？

3．在提取总 RNA 后，怎么判断 RNA 的完整性？

附录：电子克隆的操作过程

(1) 查找已知 EST 序列

打开 NCBI 主页，在搜索框中输入要查找的已知 EST 的名称或 GenBank accession，得到该序列的数据信息，以 FASTA 格式复制到一.txt 文件保存。

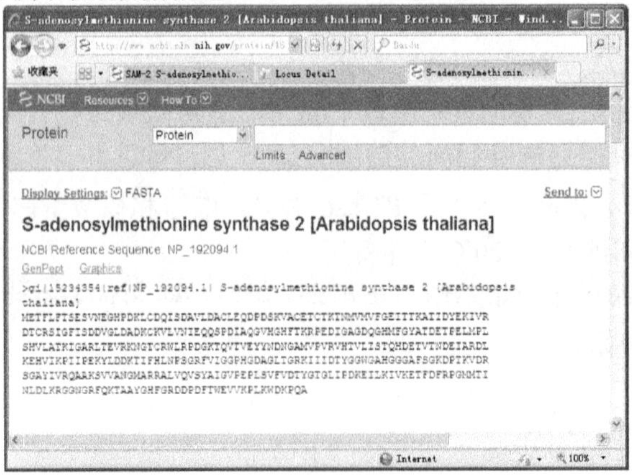

(2)搜索目标物种的 EST 相似序列

1)进入 NCBI 的 BLAST 界面，打开 tblastn。

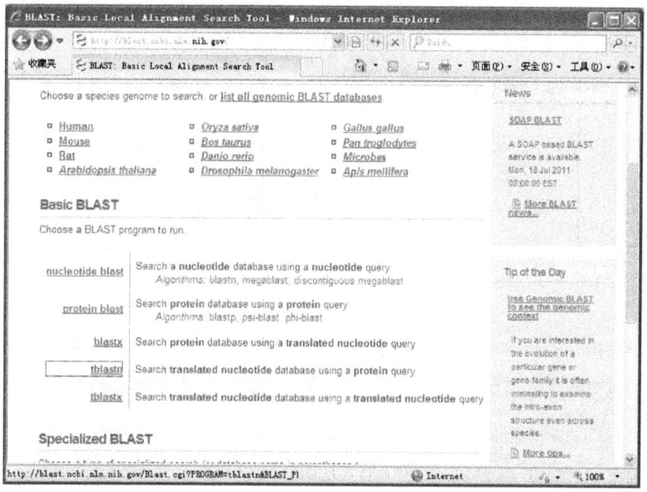

2)在“tblast”查询框中粘贴步骤(1)保存的已知序列，“Database”栏选择“Expressed sequence tags (est)”Organism 栏中输入要搜索生物的种名，如本实验的 *Porphyra yezoensis*。点击“BLAST”。

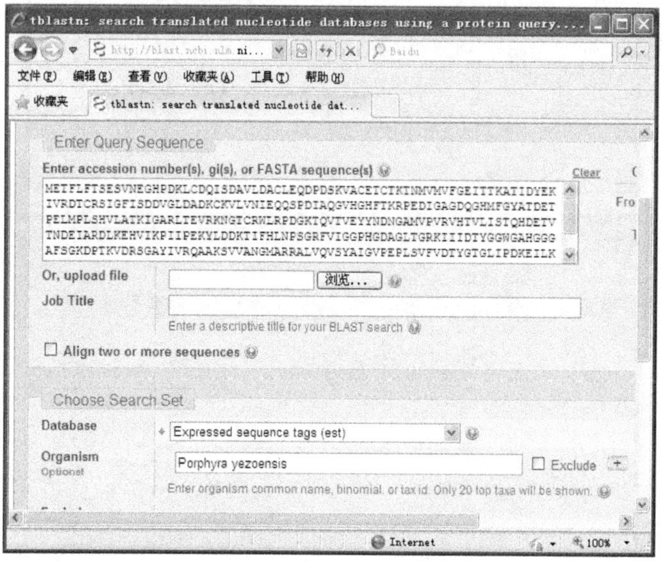

3)选取相似度大于 50%的序列，以 FASTA 的格式把选中的序列保存下来。

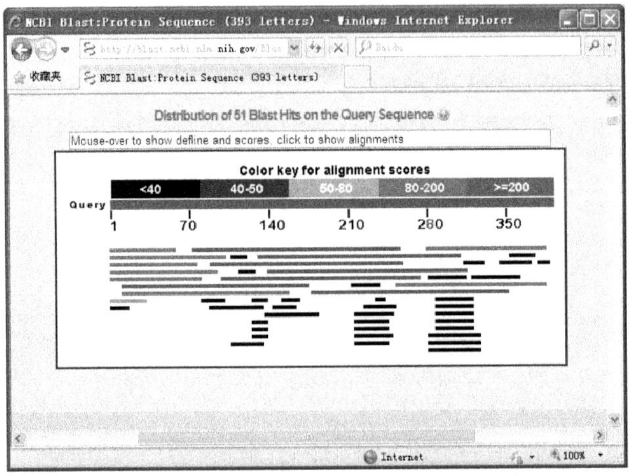
NCBI Blast:Protein Sequence (393 letters) - Windows Internet Explorer
收藏夹
NCBI Blast:Protein Sequence (393 letters)
Distribution of 51 Blast Hits on the Query Sequence
Mouse-over to show defline and scores, click to show alignments
Color key for alignment scores
<40
40-50
50-80
80-200
>=200
Query
1
70
140
210
280
350
Internet
100%

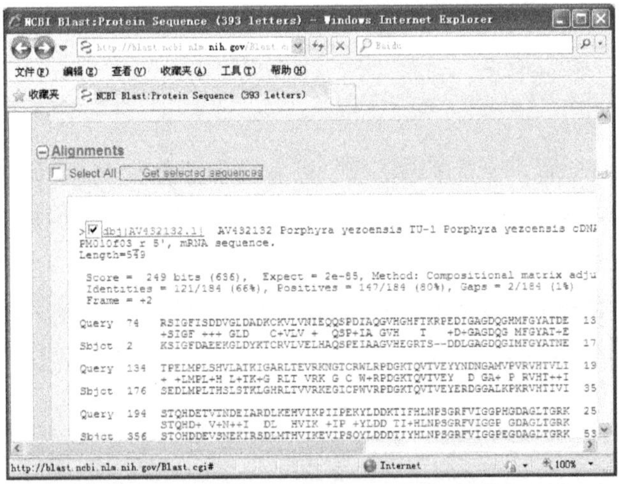
NCBI Blast:Protein Sequence (393 letters) - Windows Internet Explorer
文件(F) 编辑(E) 查看(V) 收藏夹(A) 工具(T) 帮助(H)
收藏夹
NCBI Blast:Protein Sequence (393 letters)
Alignments
Select All
Get selected sequences
http://blast.ncbi.nlm.nih.gov/Blast.cgi#
Internet
100%

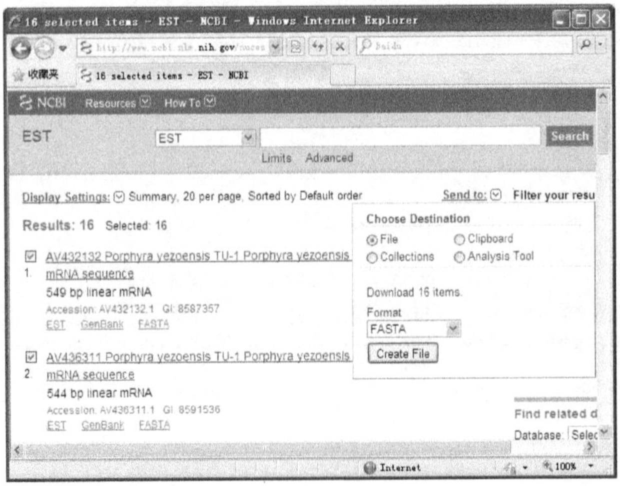
16 selected items - EST - NCBI - Windows Internet Explorer
收藏夹
16 selected items - EST - NCBI
NCBI
Resources
How To
EST
EST
Search
Limits
Advanced
Display Settings: Summary, 20 per page, Sorted by Default order
Send to:
Results: 16
Selected: 16
AV432132 Porphyra yezoensis TU-1 Porphyra yezoensis
mRNA sequence
549 bp linear mRNA
Accession: AV432132.1 GI: 8587357
EST
GenBank
FASTA
AV436311 Porphyra yezoensis TU-1 Porphyra yezoensis
mRNA sequence
544 bp linear mRNA
Accession: AV436311.1 GI: 8591536
EST
GenBank
FASTA
Choose Destination
File
Clipboard
Collections
Analysis Tool
Download 16 items.
Format
FASTA
Create File
Internet
100%

(3)序列的电子拼接

1)进入 Bioedit 软件，打开上面保存的文件。选中要拼接的序列，点击“Accessory Application”项中的“CAP conting asswmbly program”。

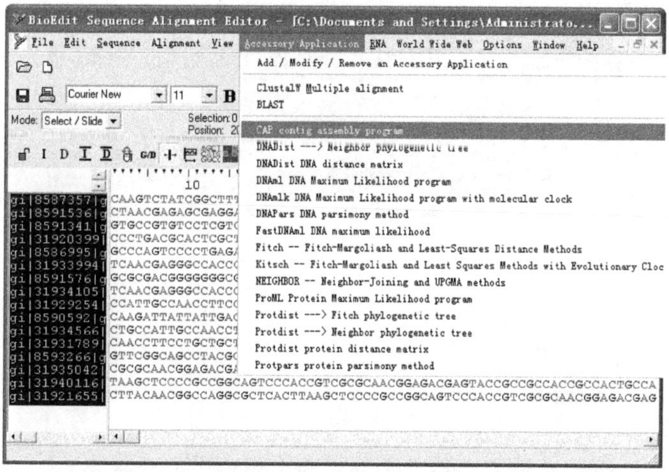

默认“Minimun base overlap”和“Percent match”，点击“Run Application”。

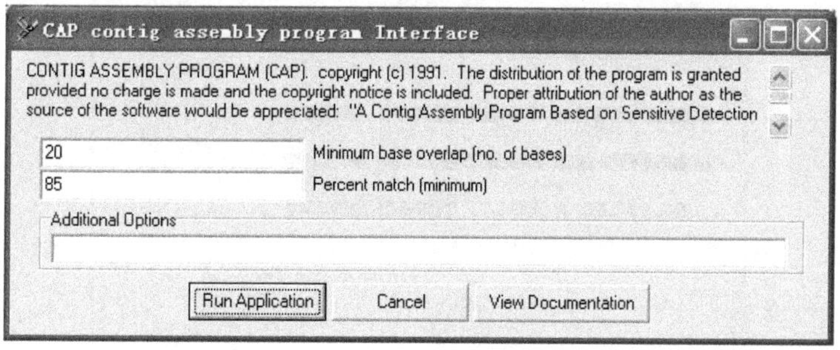

自动运行 DOS 命令，当出现 SHOW 后，按键盘 Enter 键。

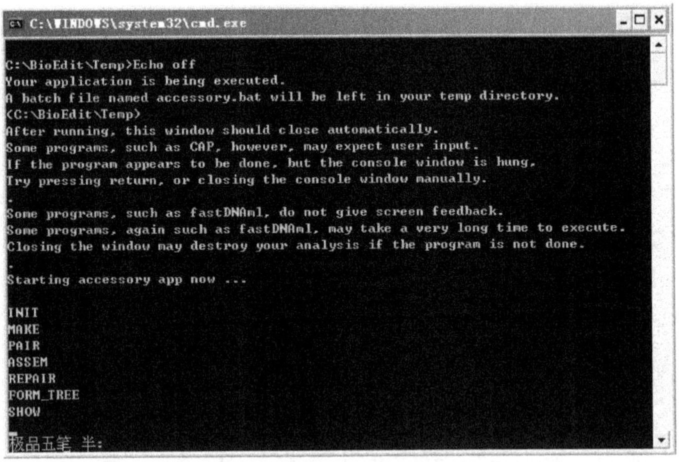

2) 得到 conting 序列，如下图 conting-0，双击该序列名进入序列编辑界面，可将序列复制下来，用此序列再一次进行 blastn 相似搜索，重复以上步骤，直至序列不能再延伸为止。

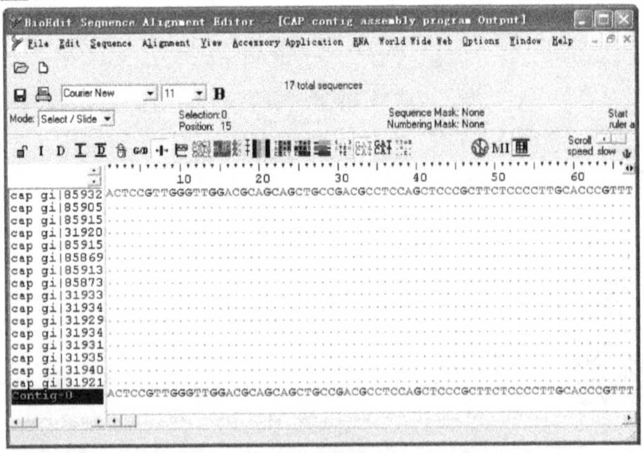

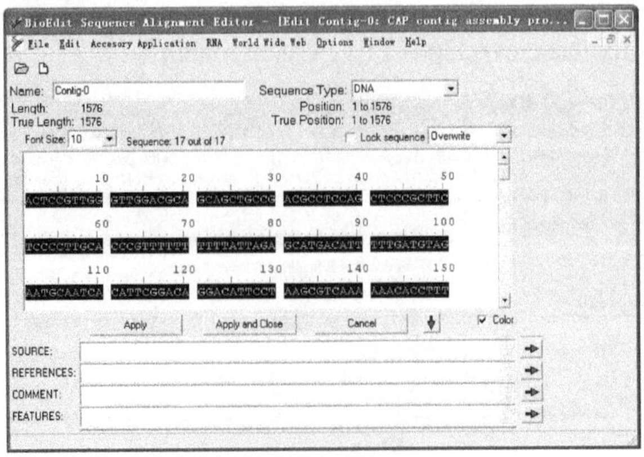

(4) 电子克隆序列检验

进入 NCBI 的 ORF Finder (Open Reading Frame Finder) 程序。把拼接的序列粘贴到序列框中，点击“OrfFind”，得到多条序列。点击较长且完整的序列，在图下方会列出序列翻译成的蛋白质序列，再点击图上方的“BLAST”，直接链接进行该序列的 BLAST，结果显示与该序列相似的已知蛋白质的序列，以及蛋白质的特征区域，由此判断电子克隆所得序列是否是所要的目标基因。

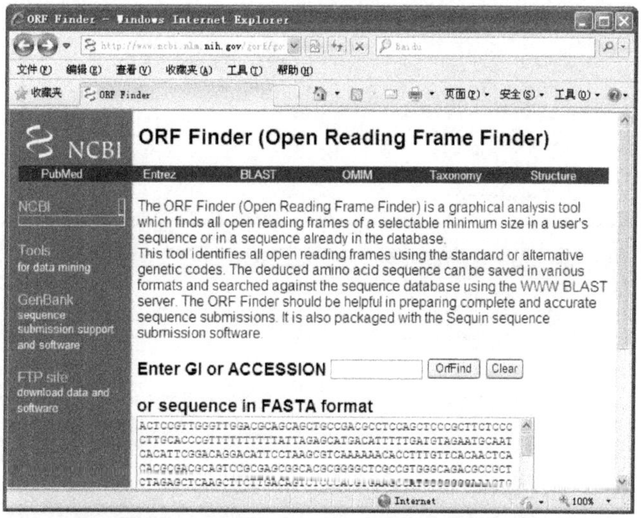

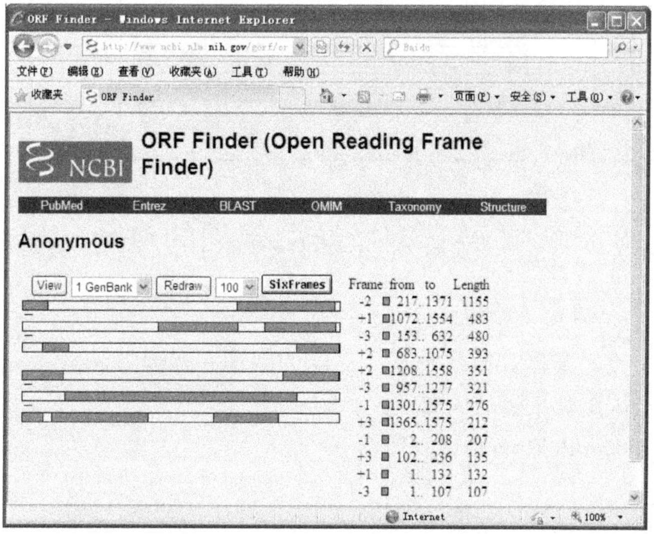

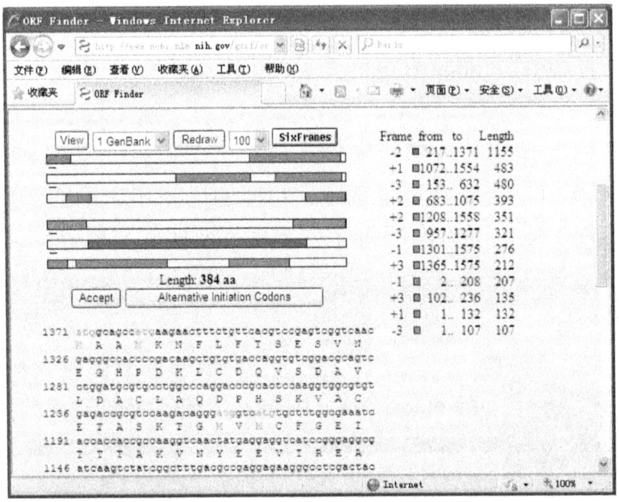

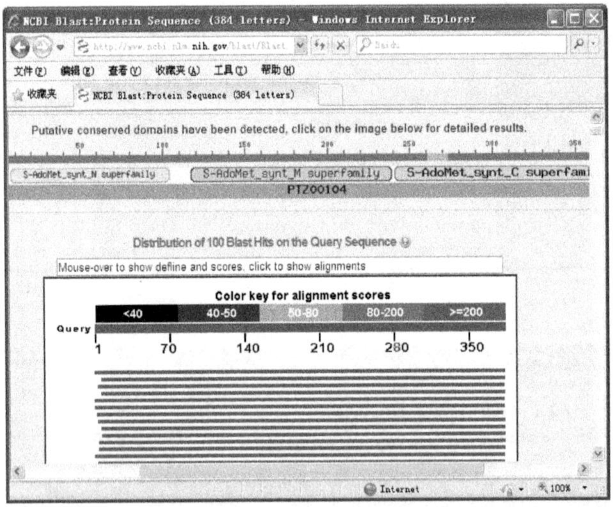

实验 37　扩展青霉脂肪酶基因的克隆与表达

【实验目的】

1．通过实验，掌握真核生物基因克隆的原理和操作方法。

2．熟悉基因操作的基本方法。

3．掌握反转录 PCR 的原理和方法。

【实验原理】

DNA 的克隆是指在体外将含有目的基因或其他有意义的 DNA 片段同能够自我复制的载体 DNA 连接，然后将其转入宿主细胞或受体生物进行表达或进一步研究的分子操作的过程。因此DNA克隆又称分子克隆，基因操作或重组DNA技术。DNA克隆涉及一系列的分子生物学技术，如目的DNA片段的获得、载体的选择、各种工具酶的选用、体外重组、导入宿主细胞技术和重组子筛选技术等。

可概括为：分、切、连、转、选(图5-2)。“分”是指分离制备合格的待操作的DNA，包括作为运载体的DNA和欲克隆的目的DNA；“切”是指用序列特异的限制性内切核酸酶切开载体DNA，或者切出目的基因；“连”是指用DNA连接酶将目的DNA同载体DNA连接起来，形成重组的DNA分子；“转”是指通过特殊的方法将重组的DNA分子送入宿主细胞中进行复制和扩增；“选”则是从宿主群体中挑选出携带有重组DNA分子的个体。

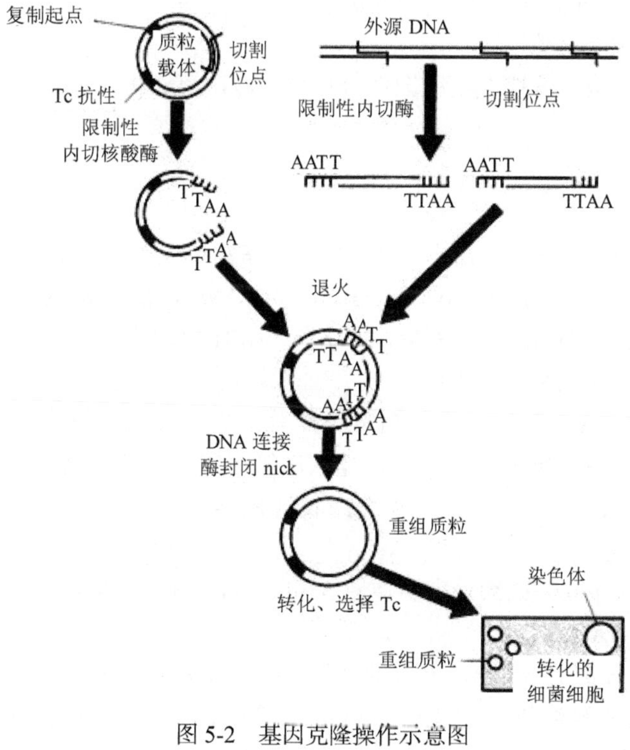

图5-2 基因克隆操作示意图

基因工程技术的两个最基本的特点是分子水平上的操作和细胞水平上的表达，分子水平上的操作即体外重组的过程，实际上是利用工具酶对DNA分子进行“外科手术”。

【实验用品与仪器】

1. 菌株及质粒

扩展青霉、大肠杆菌DH5α和BL21(DE3)、pMD18-T载体、pET-28a(+)载体。

2. 培养基

(1) 扩展青霉培养基

豆饼粉 30 g/L，玉米粉 10 g/L，$(NH_4)_2SO_4$ 4 g/L，NaCl 1 g/L，$MgSO_4$ 1 g/L，K_2HPO_4 5 g/L（豆饼粉和玉米粉水煮 1 h 后过滤）pH 6.8~7.0，121℃灭菌 20 min。

(2) LB 培养基

胰蛋白胨 10 g/L，酵母提取物 5 g/L，NaCl 10 g/L，pH 7.2。

3. 试剂和溶液

T4 DNA 连接酶，限制性内切核酸酶 *Nco*I、*Eco*RI，DNA Marker DL2000 和蛋白质 Marker，EX-*Taq* 酶，AMV 第一条链合成试剂盒，IPTG，氨苄西林，甘油，总 RNA 提取试剂盒，DNA 回收试剂盒等。

4. 仪器设备及其他

PCR 仪、核酸电泳仪、凝胶图像分析仪、冷冻离心机、恒温培养箱、摇床、水浴锅等。

【实验内容】

1. 引物设计

根据 GenBank 中的 Lip 基因序列（AF284064）设计引物，上游：5′-CAATCCATGGCAACTGCAGACGCTG-3′（引入 *Nco*I 酶切位点）；下游：5′-CGGAATTCGCTTCTGGTACTCAG-3′（引入 *Eco*RI 酶切位点）。

2. 扩展青霉总 RNA 的提取

扩展青霉于 28℃，200 r/min 摇瓶培养 48 h 后，10 000 r/min 离心 10 min，收集菌丝体，用无菌蒸馏水洗涤 3 次，加入液氮在研钵（DEPC 水预处理）中研磨。取 0.1 g 菌粉加入 Trizol 试剂，一步法提取总 RNA。

(1) 细胞裂解

菌粉中加入 Trizol 试剂，室温放置 5 min，使其充分裂解。

(2) 分离 RNA

12 000 r/min 离心 5 min，弃沉淀。按每毫升 Trizol 加入 200 μl 氯仿的比例加入氯仿，颠倒 EP 管混匀后室温放置 15 min。4℃ 12 000 *g* 离心 15 min。吸取上层水相，至另一离心管中。

(3) 沉淀 RNA

按每毫升 Trizol 加入 500 μl 异丙醇的比例加入异丙醇混匀，室温放置 5~10 min。4℃ 12 000 *g* 离心 10 min，弃上清液，RNA 沉于管底。

(4) 溶解 RNA

加 1 ml 75%乙醇，温和振荡离心管，悬浮沉淀。4℃ 8000 *g* 离心 5 min，尽量弃上清液。室温晾干。用 50 μl H_2O 或 TE 缓冲液溶解 RNA。

3. 反转录 PCR

以总 RNA 为模板，根据反转录试剂盒说明书，合成 cDNA 第一条链。反应条件为：65℃热变性 5 min，冰浴，加入反转录酶，30℃ 10 min，42℃ 1 h，94℃ 2 min。

以反转录获得的 cDNA 为模板，扩增脂肪酶基因 Lip。反应条件为：94℃预变性 2 min；94℃变性 45 s，60℃退火 50 s，72℃延伸 1.5 min，共 35 个循环；最后 72℃延伸 5 min。扩增产物经 1%琼脂糖凝胶电泳分析。

4. 脂肪酶基因的克隆

回收 PCR 扩增产物，与 pMD18-T 载体在 16℃条件下连接过夜，转化感受态 *E. coli* DH5α，经 Amp 抗性筛选阳性克隆。提取质粒，进行 *Xho*I 单酶切和 *Eco*R I/*Nco* I 双酶切鉴定及 PCR 鉴定。鉴定正确的阳性克隆菌送测序公司测序，验证基因序列，并分析核苷酸和氨基酸序列。

5. 重组表达质粒的构建

重组克隆质粒 pUCm-T-Lip 和表达载体 pET-28a(+)分别用限制性内切酶 *Eco*R I 和 *Nco* I 双酶切，回收目的基因片段及载体片段进行连接，连接产物转化感受态 *E. coli* DH5α，经 Amp 抗性筛选阳性克隆。提取质粒，进行 PCR 及 *Eco*RI 和 *Nco*I 双酶切鉴定，将鉴定正确的重组表达质粒命名为 pET-28a-Lip。

6. 脂肪酶基因的诱导表达

将重组表达质粒pET-28a-Lip转化感受态 *E. coli* BL21(DE3)，接种于5 ml Amp 抗性的 LB 培养基中，37℃，200 r/min 培养过夜(或 12 h)。再按 1%的量转接于 10 ml Amp 抗性 LB 培养基中，37℃，200 r/min 培养至 A_{600} = 0.6~1.0(2~3 h)，加入终浓度 1.0 mmol/L 的 IPTG，37℃，200 r/min 培养 5 h。

在 4℃，5000 r/min 离心 5 min，收集菌体。经 12% SDS-PAGE 分析目的蛋白的表达。

7. 脂肪酶活力检测

超声破碎细胞(超声 3 s，间歇 7 s，共超声 20 min，电压 400V)，10 000 r/ min 离心 5 min，收集上清液，测定脂肪酶酶活(详见实验 3)。

脂肪酶酶活测定采用 NaOH 滴定法测定。以乳化橄榄油为底物，37℃反应 10min，用 NaOH 滴定测定酶活性。在反应条件下，每分钟分解底物产生 1 μmol 脂肪酸的酶量定义为 1 个脂肪酶国际单位。

【实验结果与分析】

1. 记录并分析反转录 PCR 的结果，从电泳结果初步判断 PCR 产物是否为目标基因。

2. 观察重组子的生长情况，分析质粒的转化效率。

3. 测定几株重组菌发酵生产脂肪酶的酶活。

【思考题】

1. 提取总 RNA 时要如何防止 RNA 降解？
2. 在本实验中，为什么用 IPTG 来诱导重组蛋白的合成？

实验 38　酵母乙醇脱氢酶 II 基因敲除

【实验目的】

1. 了解基因敲除在基因功能研究和微生物育种中的应用。
2. 通过实验，掌握微生物基因敲除的原理和操作方法。
3. 熟悉同源重组发生的原理与方法。

【实验原理】

基因敲除技术在基因功能研究和微生物育种中发挥重要的作用。该技术主要是将构建好的基因敲除序列组件转化至细胞，由同源重组实现目标基因的敲除。其中的基因敲除序列组件是在抗性基因的两侧分别连接一段与目标基因两侧同源的短片段构成(图 5-3)。同源重组的效率在很大程度上依赖于基因敲除组件提供的同源区域两侧的片段长度。不同物种发生同源重组所需的同源序列的长度也有所不同，在酿酒酵母同源重组实验中一般使用的同源序列的长度为 35~45 bp。

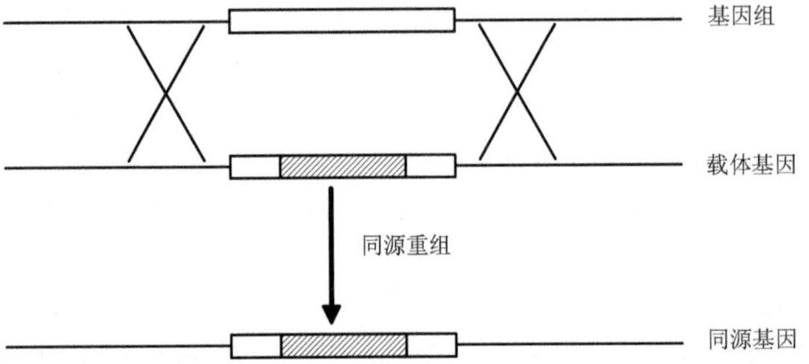

图 5-3　基因敲除组件的构建

酿酒酵母是乙醇发酵生产的主要菌种，也是基因组全序列第一个完成的真核生物。在酿酒酵母中有 5 个基因 *adhI~adh V*编码与乙醇代谢相关的乙醇脱氢酶，其中的 4 种乙醇脱氢酶 AdhI、AdhIII、AdhIV 和 Adh V 在葡萄糖发酵过程中还原乙醛生产乙醇，而 AdhII 则催化相反的反应，将乙醇氧化为乙醛。在发酵培养过程中，当葡萄糖耗尽后 AdhII 开始催化利用乙醇作为碳源的初始反应。因此，通过阻断 AdhII 所催化的乙醇氧化分解代谢支路极有可能提高酿酒酵母发酵生产乙醇的能力。

本实验通过 PCR 技术获得一段带有筛选标记和酵母同源区域的目的基因，通过常规乙酸锂转化法，使筛选标记与酵母 adh II 基因发生同源重组，得到一株 ADHII 酶活性降低的工程菌株。

【实验用品与仪器】

1. 菌种与质粒

(1) 菌种

酿酒酵母(*Saccharomyces cerevisiae*)。

(2) 质粒

pCAMBIA1301 是一种穿梭质粒，在大肠杆菌中对卡那霉素(kanamycin)有抗性，在酵母菌中对潮霉素 B(hygromycin B)有抗性。

2. 培养基

(1) YPD 培养基

酵母提取物 1%，蛋白胨 2%，葡萄糖 2%，121℃灭菌 20 min，用于酵母菌的活化和培养。

(2) 麦芽汁培养基

麦芽和水以 1∶4 的比例混合后，60℃水浴 4 h，8 层纱布过滤，滤出液 108℃灭菌 20 min，用于酵母菌发酵培养实验。

3. 试剂和溶液

$CaCl_2$、$MgCl_2$、PEG 4000(聚乙二醇)、LiAc、NH_4Ac、乙醇、琼脂糖、酵母提取物、蛋白胨、NaCl、Tris、HCl、潮霉素、二甲基亚砜、鲑精 DNA、*Taq* 酶、dNTP、酵母基因组提取试剂盒、DNA Marker、NAD 等。

4. 仪器设备及其他

PCR 仪、核酸电泳仪、凝胶图像分析仪、冷冻离心机、恒温培养箱、摇床、水浴锅等。

【实验内容】

1. 设计引物

为了敲除 *adh*II 基因，设计一对引物 A1 和 A2。此对引物依据酿酒酵母 *adh*II 基因全序列和 pCAMBIA1301 质粒中潮霉素 B 基因而设计。酿酒酵母 *adh*II 基因的序列通过网站 http://www.yeastgenome.org/ 查询获得。A1 和 A2 的 5'端分别有 41 bp 和 40 bp 碱基与酿酒酵母 *adh*II 基因外侧序列相同。A1 和 A2 以 pCAMBIA1301 上的潮霉素 B 基因为模板，扩增后的 DNA 片段转入酿酒酵母后实现同源重组。

为了验证转化后的酵母菌是否含有目的片段，设计 B1 和 B2 引物，这对引物可以扩增出潮霉素基因片段。

A1：5′-ACTGCTCTCTTGTTGTTTTTATCACTTCTTGTTTCTTCTTGATGAAAAAGCCTGAACTCACCG-3′

A2：5′-AAACTTCGAACACTGTCATCTAAAGATGCTATATACTAATCTATTTCTTTGCCCTCGGACG-3′

B1：5′-CAATGATGAAAAAGCCTGAACTCACCG-3′

B2：5′-GCTTACTATTTCTTTGCCCTCGGACG-3′

2. PCR 扩增转化片段

以 A1 和 A2 为引物，以质粒 pCAMBIA1301 为模板进行 PCR 扩增。PCR 反应体系见表 5-1。

表 5-1　PCR 反应体系

组分	加量/ μl
10× PCR 缓冲液	1
dNTP	0.8
A1 引物（1 pmol/ μl）	1
A2 引物(1 pmol/ μl)	1
pCAMBIA1301 质粒 DNA	2
Taq 酶(5 U/ μl)	0.2
ddH_2O	加至 10 μl

PCR 反应程序为：94℃预变性 5 min ；94℃变性 30 s，59℃退火 30 s，72℃延伸 1.5 min，35 个循环；最后 72℃延伸 7 min；4℃保存样品。

用 1% 琼脂糖凝胶电泳检测 PCR 结果。

3. 转化

采用醋酸锂转化法转化酵母菌 DNA。

(1)感受态细胞制备

用无菌接种环取冻存的酵母菌，在 YPD 平板上连续划线接种，3 天后在 YPD 平板上挑取单个菌落接种在 10 ml 的 YPD 培养基中摇菌过夜。把 10 ml 菌液转移到 100 ml 的 YPD 培养基中振荡培养至 A_{600} 为 0.6。将菌液置于灭菌的离心管中离心，弃上清液。无菌蒸馏水悬浮细胞，离心收集菌体。于离心管中加入 1×TE 250 μl，1×LiAC 250 μl，制成感受态细胞，需现做现用。

(2)重组质粒线性大片段转化到酵母细胞

煮沸 10 mg/ ml 鲑精 DNA 5 min 迅速置于冰上。取无菌 1.5 ml EP 管依次加入线性化的重组质粒 20 μl、鲑精 DNA 10 μl、感受态细胞 200 μl，用枪头混匀后依次加入 10×TE 60 μl、10×LiAC 60 μl、50% PEG 4000 480 μl，用枪头混匀每管中成分，30℃摇菌 30 min，加入 70 μl 的二甲基亚砜(DMSO)，轻轻颠倒 2~3 次。置于 42℃水浴锅中热休克 15 min，冰上放置 2 min，离心弃上清液，加入 200 μl 1×TE 悬浮，制成菌悬液。

4. 筛选潮霉素抗性酵母菌株

转化后的酵母菌液涂布到含有 100 μg/ml 潮霉素的 YPD 平板上，30℃培养

48 h 后，将长出的酵母菌落视为阳性菌落。

5. 重组菌落的验证

从含潮霉素的平板上挑取较大的单菌落，接种于含有潮霉素的 YPD 液体培养基中，30℃，180 r/min 培养 48 h，收集细胞，利用酵母基因组提取试剂盒提取酵母基因组 DNA。以它为模板，利用 B1 和 B2 为引物做 PCR 扩增验证。PCR 反应程序为：94℃预变性 5 min ；94℃变性 30 s，59℃退火 30 s，72℃延伸 1.5 min，35 个循环；最后 72℃延伸 7 min；4℃保存样品。

用 1% 琼脂糖凝胶电泳检测 PCR 产物。

6. 乙醇脱氢酶 II 酶活检测

将验证乙醇脱氢酶 II 缺失的酿酒酵母接种到麦芽汁培养基，30℃，180 r/min 培养 48 h，离心收集菌体。用超声破碎法获得粗酶液，每隔 15 s 测定 340 nm 波长下 NADH 的吸光值。酶活定义：单位湿细胞在单位时间使吸光值每产生 0.001 的改变定义为一个酶活。

【实验结果与分析】

1. 用于基因敲除两对引物的设计依据。

2. 琼脂糖凝胶电泳 PCR 产物，求出 DNA 长度，判断 PCR 产物是否是目标产物。

3. 挑取的菌落中是否有假阳性克隆。

【思考题】

1. 基因敲除的方法有哪些？它们的原理分别是什么？各有哪些优缺点？

2. 在 A1 和 A2 引物的 5′端分别设计 41 bp 和 40 bp 与酿酒酵母 *ADH*II 基因外侧序列相同碱基的目的是什么？

3. 为什么乙醇脱氢酶 II 缺失的酿酒酵母中仍然可能测出酶活？

实验 39 Red 系统介导的大肠杆菌的基因敲除

【实验目的】

1. 熟悉 Red 体系基因敲除的一般原理。

2. 掌握 Red 介导的基因敲除的方法和步骤。

【实验原理】

伴随着分子生物学的发展，一种基于λ噬菌体 Red 重组酶的同源重组系统已应用于大肠杆菌基因工程研究。Red 同源重组技术是一种新型的基因打靶技术，可以在 DNA 靶标分子的任意位点进行基因敲除、敲入、点突变等操作，无需使用限制性内切酶和连接酶，具有同源序列短(40~60 bp)、重组效率高、适用范围广和操作策略灵活的特点。图 5-4 即为 Red 系统辅助质粒介导的基因敲除过程。

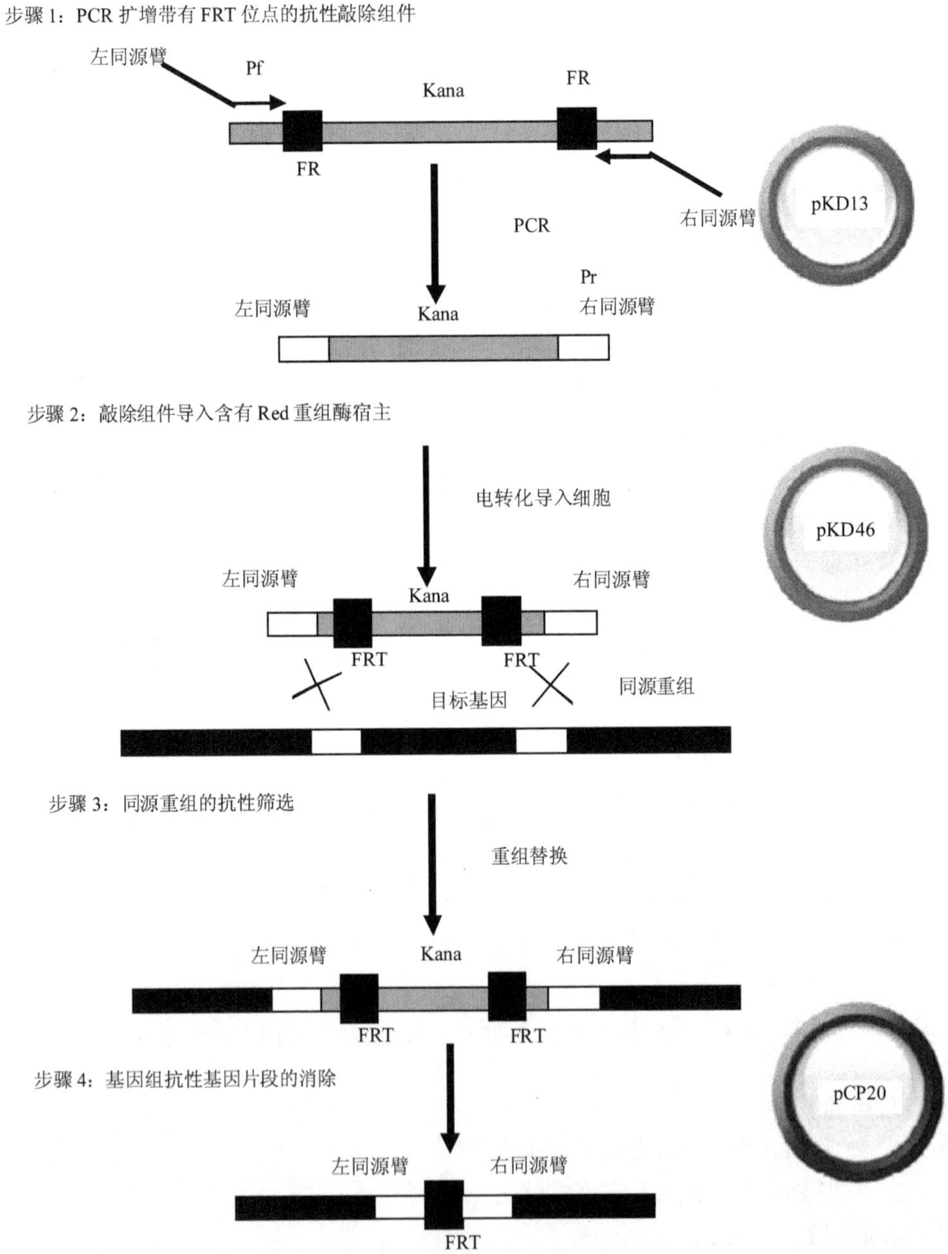

图 5-4　Red 系统介导的敲除策略示意图

Red 重组系统由λ噬菌体 *exo*、*bet*、*gam* 3 个基因组成，它们分别编码 Exo、Beta、Gam 3 种蛋白质：Exo 蛋白是一种核酸外切酶，结合在双链 DNA 的末端，从 5′端向 3′端降解 DNA，产生 3′突出端；Beta 蛋白结合在单链 DNA 上，介导互补单链 DNA 退火；Gam 蛋白可与 RecBCD 酶结合，抑制其降解外源 DNA 的活性。

Red 重组系统共需要 3 种质粒：一种质粒是同源重组辅助质粒，其提供协助同源重组的 *exo*、*bet*、*gam* 3 个基因，用于表达重组系统的 3 个蛋白质；另一种质粒含有两侧带有翻转酶结合位点(flipase recognition target，FRT)的抗性基因，用作 PCR 模板；最后一种质粒为抗性基因消除质粒，其含有重组酶，用于消除染色体上同源重组的抗性基因。

本实验利用 Red 敲除系统对大肠杆菌宿主的 *tyrA* 基因进行敲除，达到消除酪氨酸合成的目的。从而减少大肠杆菌发酵 L-苯丙氨酸的竞争路线，增加目标产物 L-苯丙氨酸的积累。

【实验用品与仪器】

1. 菌株与质粒

(1) 菌株

大肠杆菌 K12(*Escherichia coli* K12)。

(2) 质粒

Red 系统质粒，包括 pKD13(模板质粒)、pKD46(同源重组质粒)、pCP20(抗性选择标记消除质粒)。

2. 培养基

LB 培养基：胰化蛋白胨 10 g/L，酵母提取物 5 g/L，NaCl 10 g/L，摇动容器直至溶质溶解。用 5 mol/L NaOH 调 pH 至 7.0。用去离子水定容至 1 L。在 0.1MPa 高压下蒸汽灭菌 20 min。主要用于细菌的培养和电转化细胞的复苏。

3. 试剂与溶液

DNA 聚合酶、dNTP、*Dpn*I 限制性内切核酸酶、100 μg/ml 的氨苄青霉素溶液、50 μg/ ml 的卡那霉素溶液、1 mol/L 的 L-阿拉伯糖溶液等。

4. 仪器设备及其他

电转化仪、PCR 仪、核酸电泳仪、凝胶图像分析仪、水浴锅、恒温摇床、培养箱等。

【实验内容】

1. *tyr*A 基因敲除组件的构建

(1) 引物合成

根据 NCBI 公布大肠杆菌的基因组序列，合成一对含有 tyrA 的短同源片段(39 bp)序列的引物，引物设计如下：

P1: 5′-AAAGGTGCCGGATGATGTGAATCATCCGGCACTGGATTAGTGTAGGCTGGAGCTGCTTC-3′

P2: 5′-ACGGGCAGCTGACGGCTCGCGTGGCTTAAGAGGTTT ATTCTGTCAAACATGAGAATTAA-3′

其中划线部分序列为模板质粒 pKD13 带有 FRT 设别位点的抗性基因片段的 PCR 引物部分。

(2) PCR 扩增

以 pKD13 质粒为模板，上述引物(P1、P2)为引物对进行 PCR 扩增，体系如下(50 μl 体系)：

10×pfu PCR 缓冲液(2.5 mmol/L)	5 μl
dNTP (2.5 mmol/L)	2.5 μl
P1 (10 μmol/L)	2.5 μl
P2 (10 μmol/L)	2.5 μl
DNA 模板	2 μl
pfu DNA 聚合酶(5 U/ μl)	1 μl
ddH_2O 至	50 μl

反应程序为：95℃预变性 5 min；94℃变性 40 s，60℃退火延伸 1 min，72℃延伸 1.5 min，30 个循环；最后 72℃延伸 10 min；4℃保存样品。

(3) 测序验证

PCR 反应结束后，冰中放置 15 min，然后加入 *Dpn*I 37℃对 PCR 产物进行处理 1 h，反应结束后再于冰中放置 5 min，电泳回收。利用柱式 DNA 凝胶回收试剂盒分别进行电泳割胶回收所需约为 1300 bp 的目的 DNA 片段。同时，将回收片段进行测序验证，证实 tyrA 基因的敲除组件的构建成功与否。

2. Red 系统重组功能的诱导和高效率的电转化感受态细胞的制备及转化

pKD46 质粒含有温度敏感型的复制起点 ori R101，在 30℃培养时可以正常复制，而高于 37℃时会自动丢失。在 pKD46 上还含有受 ParaB 启动子调控的 *exo*、*bet*、*gam* 基因，它们通过 L-阿拉伯糖诱导表达，并携带氨苄青霉素抗性基因作为筛选标记。

将编码 Red 重组系统的 pKD46 质粒转化至大肠杆菌工程宿主当中，在含 100 μg/ ml 氨苄青霉素的 LB 培养基中 30℃培养过夜，将 0.5 ml 培养物加入到盛有 50 ml LB 培养基的 250 ml 锥形瓶中，30℃，250 r/min 培养至 OD_{600} 为 0.15~0.20，加入终浓度为 100 mmol/L 的 L-阿拉伯糖继续培养至 OD_{600} 为 0.65~0.7，收获细胞。细菌在冰水浴中冷却 30 min，转移到预冷的 50 ml 的灭菌离心管中，4℃，5000 r/min 离心 20 min，去上清液，沉淀用冰预冷的无菌高纯水洗涤 2 次，去上清液，用 1 ml 预冷的无菌高纯水重悬，每管 50 μl 分装于预冷的灭菌 EP 管中。此即为诱导重组酶后高效的工程宿主的电转感受态细胞。

3. *tyr*A 基因敲除组件的导入

将线性化的*tyr*A基因敲除组件片段约100 ng加入到盛有新鲜制备的感受态细胞中，混匀。冰中放置15 min。将电转仪调到2.5 kV，2.5 μF，脉冲控制器调到200~400Ω。含有敲除组件的转化混合物转移到电转杯中，然后放入样品槽中，直接进行电转化。

4. 重组质粒 pKD46 的诱导丢失

电转结束后迅速取出电转杯，加入900 μl 的 LB 培养基，37℃，150 r/min 振荡培养 60 min 使菌复苏的同时，逐渐诱导丢失 pKD46 质粒。

取复苏的菌液 200 μl 涂布于含有 50 μg/ml Kana 的 LB 抗性平板，37℃倒置培养 16 h，进行抗性平板筛选的同时进一步诱导丢失 pKD46 质粒。待单克隆长出后，挑单克隆分别点种于 Kana 和 Amp 抗性平板上，37℃培养 12 h 后观察，在 Kana 抗性板上正常生长，在 Amp 抗性平板上不能生长的可以基本证实 pKD46 质粒已丢失，同时 Kana 抗性已插入宿主。

5. 染色体基因组定点敲除的验证

为进一步验证 *tyr*A 基因的完整敲除，采用菌落 PCR 的方法进行验证，根据公布的基因组序列，选择 *tyr*A 基因组和 Kana 抗性基因片段的引物作为交叉引物对。同时设立阴性对照组为未敲除 *tyr*A 基因的宿主菌落。反应体系如下：

10×Taq PCR 缓冲液(2.5 mmol/L)	2 μl
dNTP(2.5 mmol/L)	1 μl
引物上游(10 μmol/L)	1 μl
引物下游(10 μmol/L)	1 μl
DNA 模板	单菌落
Taq DNA 聚合酶(5 U/ μl)	1 μl
ddH_2O 至	20 μl

反应程序为：98℃预变性 1 min；95℃变性 40 s，58℃退火延伸 1 min，72℃延伸 1 min，30 个循环；最后 72℃延伸 10 min；4℃保存样品。

电泳检测 PCR 验证结果。确认交叉引物是否有约为 1100 bp 的条带，证实敲除组件是否成功进行了 Kana 抗性基因片段对 tyrA 基因的替换。

6. 抗性基因的消除

pCP20 质粒含有温度敏感型的复制起点，同时带有氨苄青霉素和氯霉素抗性。pCP20 上含有一个翻转酶重组酶(flipase recombination enzyme, FLP)基因，FLP 重组酶可以与 FRT 位点结合，在 FLP 重组酶的作用下，FRT 位点自身发生同源重组，从而消除一个 FRT 位点及抗性基因。重组酶 FLP 在 42℃时诱导表达，同时质粒也逐渐消失。

制备 *tyr*A 基因敲除工程宿主的电转感受态细胞，取 5 μl 的 pCP20 质粒电转入细胞，电转结束后加入 900 μl 的 LB 30℃复苏 2 h，取 200 μl 涂 Amp 抗性(终浓度为 100 μg/ml)平板，30℃培养 16 h。

挑取数个克隆分别接种于 3 ml 无抗性的液体 LB 中，30℃，250 r/min 摇床培养 8 h 后，温度调为 42℃，继续培养 4~5 h 后，取少量菌液涂于不含抗性的 LB 平板，37℃培养过夜。将空 LB 板上长出的单克隆分别划线点值于 Kana、Amp 以及无抗性的 LB 中，37℃培养。挑取 Kana 板、Amp 抗性板上均不能生长，而在无抗性 LB 板上正常生长的菌落，此即为 tyrA 基因敲除而且抗性基因消除的工程宿主菌。

7. *tyr*A 基因敲除宿主的营养缺陷型的验证

将 *tyr*A 基因敲除的阳性菌落分别接种于 MM 培养基和 MM+Tyr(终浓度 20 mg/L)培养基中，以未进行 *tyr*A 基因敲除的工程宿主菌株为对照，37℃培养 24 h，观察生长情况。

【实验结果与分析】

1. 基因敲除组件的电泳及测序验证结果。
2. 宿主基因替换的验证结果。
3. 各类辅助质粒丢失以及宿主缺陷型的验证结果。

【思考题】

1. Red 辅助质粒敲除的优缺点有哪些？
2. *Dpn*I 限制酶处理回收的同源片段的作用是什么？
3. Red 辅助质粒基因敲除的假阳性如何判断？

实验 40　PCR 定点突变改造微生物菌种

【实验目的】

1. 了解基因定点突变在基因功能研究和微生物育种中的应用。
2. 通过实验，掌握微生物基因定点突变的原理和操作方法。
3. 熟悉基因操作的基本方法。

【实验原理】

定点突变是指通过聚合酶链反应(PCR)等方法向目的 DNA 片段(可以是基因组，也可以是质粒)中引入所需变化(通常是表征有利方向的变化)，包括碱基的添加、删除、点突变等。定点突变能迅速、高效地提高 DNA 所表达的目的蛋白的性状及表征，是基因研究工作中一种非常有用的手段。

定点突变一般需要含有待突变基因的高纯度质粒，不少于 10 μg，电泳图清晰，达到酶切及测序要求。

1) 对待突变基因测序结果进行分析，设计突变方案；

2) 根据突变方案设计合成覆盖突变位点的双向引物，合成目的 DNA 两端引物，进行高保真 PCR 反应；

3) 将 PCR 产物克隆至 T 载体，或者根据要求亚克隆至目的载体；DNA 测序验证突变序列的正确性。

图 5-5 是采用重叠延伸 PCR 定点突变的示意图。

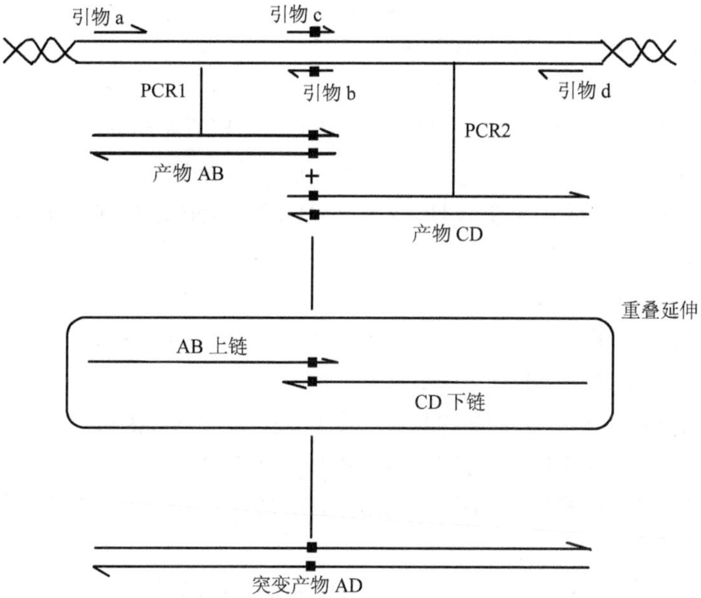

图 5-5　重叠延伸 PCR 定点突变示意图

【实验用品与仪器】

1. 菌株和质粒

(1) 菌株

扩展青霉(*Penicillium expansum*)，大肠杆菌 *E. coli* JM109。

(2)质粒

pBlucscript II SK(+)，pMD-18T 等。

2. 培养基

(1) LB 培养基

酵母浸出粉 0.5%，蛋白胨 1%，NaCl 1%，pH 7.2。

(2) SOC 培养基

胰蛋白胨 2%，酵母浸出粉 0.5%，NaCl 0.05%，2.5 mmol/L KCl，10 mmol/L $MgSO_4$，20 mmol/L 葡萄糖。葡萄糖单独过滤除菌。

3. 试剂和溶液

(1) 工具酶

DNA 限制性内切核酸酶、T4 DNA 连接酶、*Taq* DNA 聚合酶、*Pfu* DNA 聚合酶、RNase A 等。

(2) 质粒提取液

溶液 I：50 mmol/L 葡萄糖，25 mmol/L Tris-HCl，10 mmol/L EDTA（pH 8.0）

溶液 II：200 mmol/L NaOH，1%SDS

溶液 III：3 mol/L NaAc（pH 5.2）

(3) 电泳缓冲液(每升)

5×TBE：Tris 碱 54 g，硼酸 27.5 g，0.5 mol/L EDTA 20 ml（pH 8.0）。

10×Tris-Gly：Tris 碱 15.9 g，甘氨酸 94 g，10% SDS 50 ml。

TE 缓冲液；10 mmol/L Tris-HCl（pH 8.0），1 mmol/L EDTA（pH 8.0）。

(4) 寡聚核苷酸引物

1) 扩增脂肪酶 cDNA 引物。

引物 A1：5′-TTACGTAATGTTGTTCAACTACCAATC-3′

引物 A2：5′-CTCAGCTCAGATAGCCAC-3′

2) Lip 92D/P 定点突变引物(92 位：天冬氨酸 D 突变成脯氨酸 P)。

引物 B1：5′-ATCTTCACAGGAGAGGGGAAA -3′

引物 B2：5′-TTCCCCTCTCCTGTGAAGATC-3′

(5) 其他试剂：

琼脂糖、IPTG、X-gal、SDS、TEMED、APS、PEGS000、DDT、Tris、dNTP、丙烯酰胺、甲叉双丙烯酰胺、山梨醇、低熔点琼脂糖、2 kb Ladder 分子质量 Marker、低分子质量标准蛋白质、氨卞青霉素等。

4. 仪器设备及其他

PCR 仪、核酸电泳仪、凝胶成像仪、冷冻离心机、超低温冰箱、精密酸度计等。

【实验内容】

1. Lip 92D/P 定点突变

突变基因的获得步骤如下：

(1) Lip 92D/P 基因左侧片段的 PCR 扩增

模板 pSK-Lip	1 ng
引物 A1	1 μl
引物 B2	1 μl
dNTP(各 10 mmol/L)	1 μl
10×*Pfu* 缓冲液	5 μl
Pfu DNA 聚合酶	0.3 μl

灭菌双蒸水	至 50 μl

PCR 反应程序：95℃ 2 min；94℃ 50 s，48℃ 45 s，72℃ 60 s(10 个循环)，94℃ 50 s，53℃ 45 s，72℃ 60 s(20 个循环)，最后，72℃延伸 10 min。

(2) Lip 92D/P 基因右侧片段的 PCR 扩增

模板 pSK-Lip	1 ng
引物 A2	1 μl
引物 B1	1 μl
dNTP(各 10 mmol/L)	1 μl
10×*Pfu* 缓冲液	5 L
Pfu DNA 聚合酶	0.3 μl
灭菌双蒸水	至 50 μl

PCR 反应程序：95℃ 2 min；94℃ 50 s，48℃ 45 s，72℃ 60 s(10 个循环)，94℃ 50 s，53℃ 45 s，72℃ 60 s(20 个循环)，最后，72℃延伸 10 min。

以上两种 PCR 产物低熔点胶纯化回收，溶于 20 μl TE，作为第三轮 PCR 模板。

(3) Lip 92D/P 基因片段的 PCR 扩增

Lip 92D/P-L	10 μl
Lip 92D/P- R	10 μl
引物 A1	2 μl
引物 A2	2 μl
10×*Pfu* 缓冲液	10 μl
dNTP(各 10mmol/L)	2 μl
Pfu DNA 聚合酶	0.6 μl
灭菌双蒸水	至 100 μl

混匀后，95℃变性 2 min：94℃变性 50 s，37℃退火 45 s，72℃延伸 90 s，循环 5 次；94℃ 变性 50 s，50℃ 退火 45 s，72℃ 延伸 90 s，循环 25 次，最后一次退火后，72℃继续延伸 10 min，低熔点胶回收待用。

用 1%琼脂糖凝胶电泳检验以上 3 轮 PCR 产物。

2. 低熔点胶回收 Lip 92D/P 基因

制备一块 1%的普通琼脂糖凝胶，待其凝固后，挖去点样孔前方 1~2 cm 处的一小块凝胶。倒入用同样 TBE 缓冲液配制的 1%低熔点凝胶。PCR 产物加 1/10 体积的 10×上样缓冲液，100V 进行电泳，含 EB 0.5 μg/ml 1×TBE 溶液染色后，紫外灯下切取目的片段。加入一定体积 TE，65℃ 水浴约 10 min 使凝胶完全熔化，用苯酚、苯酚：氯仿(1：1)和氯仿各抽提一次，再加入 1/10 体积 3 mol/L NaAc、2.5 倍体积冰预冷的 95%乙醇，–20℃沉淀 30~60 min，4℃ 12 000 r/min 离心 10 min，

70%乙醇洗涤一次，干燥，溶于适量 TE 中，电泳检验，置–20℃备用。

3. 突变体克隆至 pMD18-T 载体

在 Ep 管中配制下列 DNA 溶液，总量为 5 μl。

试 剂	用 量
pMD18-T 载体	1 μl
插入 DNA（Lip 92D/PDNA）	0.1~0.3 pmol/L
dd H_2O	至 5 μl

加入 5 μl（等量）的溶液 I，16℃反应 30 min 后，将全部 10 μl 加入到 100 μl JM109 感受态细胞中，冰浴 30 min。42℃加热 45 s，再冰浴 1 min。加入 890 μl SOC 培养基，37℃振荡培养 60 min。在含有 X-gal、IPTG、Amp 的琼脂平板培养基上培养，形成单菌落。计数白色、蓝色菌落。挑选白色菌落，使用 PCR 法确认载体中插入片段的长度大小。将转化后含有突变体基因的质粒送交测序。

【实验结果与分析】

1. 设计定点突变引物的依据。
2. 描述琼脂糖凝胶电泳检验 3 轮 PCR 产物的结果。
3. 观察突变体菌落生长数量与特征。

【思考题】

1. 基因定点突变的方法有哪些？它们的原理分别是什么？
2. 3 轮 PCR 得到的产物分别是什么？
3. 如何判断定点突变是否成功？

实验 41　基于易错 PCR 的分子定向进化

【实验目的】

1. 掌握易错 PCR 的原理和方法。
2. 熟悉分子定向进化的一般方法。

【实验原理】

酶分子定向进化是定向改造酶结构和功能的新型策略和有效的技术手段。它模拟酶自然进化的过程，选择适当载体和表达系统，利用基因突变和重组，构建突变文库，辅以高通量筛选方案，以获得具有预期新功能的突变体。该技术不需要深入了解目标蛋白的结构信息，可简单快速实现对目标蛋白的定向进化。

PCR 介导的随机突变广泛应用于分析蛋白质的功能、创造新的蛋白质种类以及改善蛋白质的功能。易错 PCR 就是利用 PCR 过程中核苷酸配对会出现一定的错配率，控制一定的反应条件，如使用较多的 *Taq* DNA 聚合酶、增加 Mg^{2+}浓度、

加入 Mn^{2+}、改变 4 种 dNTP 的比例、减少模板量等，获得一定容量的突变文库，然后通过高通量的筛选方案获得性质改善的突变体。在 PCR 介导的随机突变中，最重要的是要控制 dGTP 的量和 Mn^{2+}的浓度。突变率一般随着 Mn^{2+}浓度的增加而增加，但当 Mn^{2+}浓度达到一定阈值时，核苷酸会发生无意义的颠换突变，最佳的 Mn^{2+}浓度应控制在 640 μmol/L。当 Mn^{2+}浓度一定时，增加 dGTP 的量也能提高突变率。对具体的研究而言，并非突变率越高越好，控制突变频率显得尤为重要。研究结构功能关系以 1 个蛋白质、1 个氨基酸突变为宜，即每段目的基因大约发生 1.5 个突变。如果只是为获得性质有明显改善的蛋白质，每段目的基因发生 2~6 个的突变，这样可以尽可能增加突变文库的容量。但当每段目的基因的突变超过 6 个时往往会导致彻底失去蛋白质的功能。

本实验以扩展青霉脂肪酶基因的随机突变为例，流程如图 5-6 所示。

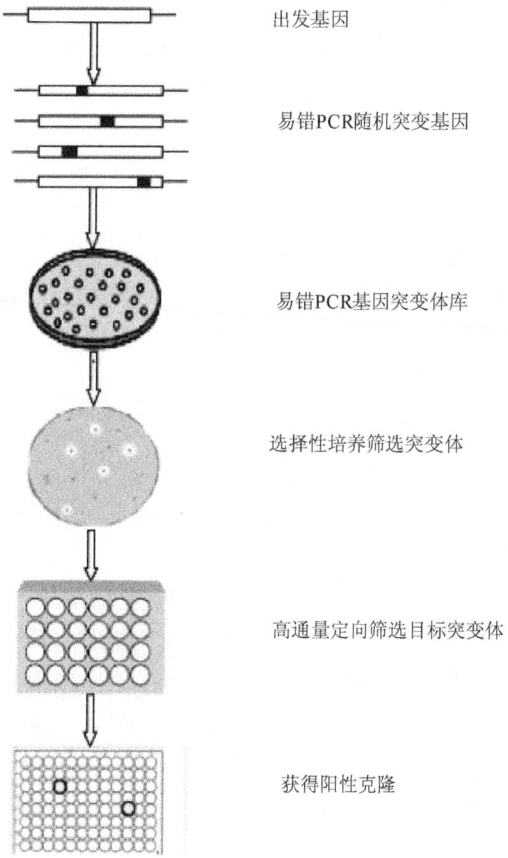

图 5-6　易错 PCR 库建立和筛选流程图

【实验用品与仪器】

1. 菌株和质粒

(1) 菌种

扩展青霉，大肠杆菌 *E.coli* DH5α，酿酒酵母 *Saccharomyces cerevisiae*。

(2) 质粒

大肠杆菌-酿酒酵母穿梭表达质粒 pYES2.0。

2. 培养基

(1) LB 培养基

胰化蛋白胨 10 g/L，酵母提取物 5 g/L，NaCl 10 g/L，pH 7.2。

(2) YPD 培养基

酵母抽提物 10 g/L，蛋白胨 20 g/L，葡萄糖 20 g/L。

(3) SC-ura 培养基

0.67%酵母基本氮源(yeast nitrogen base, YNB)；2%葡萄糖；0.01 μmol/L $(NH_4)_2Fe(SO_4)_2 \cdot 6H_2O$（终浓度，单独灭菌后加入），2%琼脂粉。

(4) 选择性培养基

胰蛋白胨 10 g/L，酵母浸出汁 5 g/L，橄榄油乳化液 5 g/L，半乳糖 15 g/L，琼脂 18 g/L。

3. 试剂和溶液

T4 DNA 连接酶、限制性内切酶 *Xho* I 和 *Not* I、DNA Marker DL2000 和蛋白质 Marker、EX-*Taq* 酶、AMV 第一条链合成试剂盒、IPTG、氨苄西林、甘油、总 RNA 提取试剂盒、DNA 回收试剂盒等。

4. 仪器设备及其他

PCR 仪、核酸电泳仪、凝胶成像仪、冷冻离心机、超低温冰箱、精密酸度计等。

【实验内容】

1. PCR 引物

根据扩展青霉脂肪酶基因序列(AF284064)，使用 Primer Premier 5.0 软件设计 error-prone PCR 引物。在引物的末端分别引入限制内切酶酶切位点 *Xho* I (TCGAG)和 *Not* I (GCGGCCGC)。上游：5′-CAATTCGAGCAACTGCAGACGCTG-3′，下游：5′-CGGCGGCCGCGCTTCTGGTACTCAG-3′。扩展青霉脂肪酶 cDNA 的获得见实验 37。

2. 易错 PCR 反应

反应体系：

模板 cDNA	4 ng
上游引物	2 μl

下游引物	2 μl
dATP 和 dGTP（均为 10 mmol/L）	各 0.4 μl
dTTP 和 dCTP（20 nmol/L）	各 2 μl
10×PCR 缓冲液	10 μl
Mg^{2+}（25 mmol/L）	6 μl
$MnSO_4$（25 mmol/L）	8 μl（至终浓 640 μmol/L）
Taq DNA 聚合酶	1 μl
灭菌双蒸水至	100 μl

易错 PCR 循环程序：94℃ 5 min；94℃ 30 s, 65℃ 30 s, 72℃ 120 s（5 个循环）；94℃ 30 s, 60℃ 30 s, 72℃ 120 s（25 个循环）；72℃ 10 min。

3. 易错 PCR 突变文库的构建

（1）大肠杆菌 DH5α感受态细胞制备

挑取 DH5α 单克隆于 2 ml LB 液体培养基中，37℃ 振荡培养过夜。以 1%接种量转接入 50 ml LB 液体培养基中，37℃振荡培养至 A_{600} 约为 0.4，将菌液转入 50 ml 无菌离心管中，冰浴 10 min，4000 r/min，4℃离心 10 min，弃上清液；取 10 ml 冰浴，无菌 0.15 mmol/L $CaCl_2$ 悬浮菌体，冰浴 20 min，4000 r/min，4℃离心 10 min，弃上清液；加入 4 ml 冰浴的无菌 $CaCl_2$ 悬浮菌体，分装。

（2）酿酒酵母 *S. cerevisiae* 感受态细胞制备

挑取酵母单克隆于 5 ml YPD 液体培养基中，30℃，250 r/min 振荡培养过夜，以 1%接种量转入 50 ml YPD 液体培养基中，30℃，250 r/min 培养至 A_{600} 为 1.3~1.5。收集菌液至 50 ml 离心管中，4000 r/min 离心 10 min，弃上清液。溶液 I（0.1 mol/L LiAc+0.01 mol/L DTT+1 mol/L TE）重悬沉淀，冰浴 1 h，4000 r/min 离心 10 min，弃上清液，25 ml 冰浴无菌水重悬，4000 r/min 离心 10 min，弃上清液，重复操作一次。5 ml 冰浴的溶液 II（1 mol/L 山梨醇）重悬沉淀，4000 r/min 离心 10 min，弃上清液。加入 200 μl 冰浴的溶液 II, 悬浮菌体, 分装。

（3）重组质粒构建及转化

将 PCR 产物经琼脂凝胶电泳纯化回收。用 *Xho* I 和 *Not* I 双酶切，和经限制性内切核酸酶 *Xho*I 和 *Not* I 双酶切的穿梭分泌表达载体 pYES2.0 连接，T4 DNA 连接酶 4℃ 过夜连接。连接产物与大肠杆菌 DH5α 感受态细胞 42℃热激 90 s，涂布于含 Amp 的 LB 平板，37℃培养 16 h，将平板上所有克隆转入含有 Amp 的液体 LB 培养基中，37℃，200 r/min 培养过夜。抽取 DH5α 中重组质粒，取 8 μl 浓度为 1 μg/ μl 的线性化质粒与 80 μl 感受态细胞混合均匀，转至 0.2 cm 冰预冷的电激杯中。冰上放置 5 min，电压 1500V，电容 25 μF，电阻 200 Ω，进行电击。电转入 *S. cerevisiae* 感受态细胞后迅速加入预冷 1 mol/L 山梨醇。涂布在 SC-ura 平板上，30℃培养 48 h。

(4) 重组子的鉴定

挑取 SC-ura 平板上的单克隆，抽取质粒，限制性内切酶 *Xho* I、*Not* I 双酶切和 PCR 鉴定含有突变基因的重组子 pYES2.0-Lip^{mut} 是否构建成功。

4. 易错 PCR 突变文库筛选

挑取 SC-ura 平板上的菌落，同时点在两个选择性培养基平板相应的位置，置 30℃培养 1 天后，一个置于 60℃，另一个置于 25℃，1 天后比较两者形成透明圈的大小，由此筛选高温型脂肪酶基因突变体。

【实验结果与分析】

1. 扫描重组子质粒电泳鉴定结果，分析判断重组子是否成功构建。
2. 记录突变文库筛选结果，计算定向筛选的效率。

【思考题】

1. 哪些措施能提高易错 PCR 的突变率?
2. 易错 PCR 技术与传统诱变育种有什么异同之处?
3. 穿梭载体 pYES2.0 在大肠杆菌和酿酒酵母中的应用有什么不同?

第六章 菌种保藏

优良的生产和科研用菌是一笔重要的财富，但微生物在使用和传代过程中容易发生污染、变异甚至死亡，因而常常造成菌种的衰退，甚至丢失。因此，如何尽可能地保持菌种原有的性状和活力，确保其不死亡、不变异、不被污染，就成为菌种保藏的主要目的。为此，许多国家都设有相应的菌种保藏机构(表 6-1)。

表 6-1 国内外部分菌种保藏机构

菌种保藏机构名称	简介
美国典型微生物菌种保藏中心(American Type Culture Collection, ATCC) 网址：www.atcc.org	提供菌种的分离、鉴定及保藏服务
中国农业微生物菌种保藏管理中心 (Agricultural Culture Collection of China, ACCC) 网址：www.accc.org.cn	ACCC 是中国国家级农业微生物菌种保藏管理专门机构，负责全国农业微生物菌种的收集、鉴定、评价、保藏、供应及国际交流任务
中国工业微生物菌种保藏管理中心 (China Center of Industrial Culture Collection, CICC) 网址：www.china-cicc.org/	CICC 是中国国家级工业微生物菌种保藏中心，负责全国工业微生物菌种的收集、鉴定、保藏与供应，菌种保藏与应用技术的研究与培训
中国香港大学微生物菌物保藏中心 (University of Hong Kong Culture Collection, HKUCC) 网址：www.hku.hk/rss/centre/	HKUCC 隶属于中国香港大学，主要研究方向有：微生物培养和保藏方法的研究、生态学、分子生物学、生理学、植物病理学、系统分类学
中国台湾生物资源保存及研究中心(食品工业发展研究所)(Bioresources Collection and Research Center, BCRC) 网址：www.ccrc.firdi.org.tw/	BCRC 主要从事农业、应用微生物、细胞生物技术、基因工程、菌种保藏方法、发酵、分子生物学等方面的研究。主要采用冷冻干燥、冷冻、液氮、移接、硅胶等方法保藏
英国国家菌种保藏中心(United Kingdom National Culture Collection, UKNCC) 网址：www.ukncc.co.uk/	UKNCC 是英国国家菌种的保藏中心。保藏的菌种包括放线菌、藻类、动物细胞、细菌、丝状真菌、原生动物、支原体和酵母
全俄微生物菌种保藏中心 (All-Russian Collection of Microorganisms, VKM) 网址：www.vkm.ru/	VKM 是俄罗斯最大的非医药类微生物菌种保藏中心之一。主要从事应用微生物学、微生物培养与保藏以及系统分类等方面的研究。主要采用超低温冻结、真空冷冻干燥，液氮保藏法
荷兰微生物菌种保藏中心 (Centraalbureau voor Schimmelcultures, CBS) 网址：www.cbs.knaw.nl/	CBS 是半政府性质的主要保藏真菌、酵母菌种保藏中心。主要从事菌种保藏方法、分类学、分子生物学、医学微生物学等的研究
荷兰细菌保藏中心 (Netherlands Culture Collection of Bacteria, NCCB) 网址：www.cbs.knaw.nl/nccb/	NCCB 是由荷兰皇家艺术科学院资助的国家级菌种保藏中心，为非赢利机构，主要进行微生物菌种的分离、鉴定、保藏及应用的研究工作，同时提供质粒、抗菌素等资源

续表

菌种保藏机构名称	简介
意大利微生物研究所微生物菌物保藏中心（Centro Substrati Cellulari: Cell Lines Collectionand Hybridomas, CSC-CLCH）网址：www.wdcm.nig.ac.jp/CCINFO/CCINFO.xml?631	CSC-CLCH 主要从事微生物培养与保藏方法、细胞生物学、分子生物学、海洋生物学、食品科学等的研究。菌种主要以液氮法进行保藏。中心保藏有动物细胞 354 种、动物杂种瘤 48 种
德国微生物菌种保藏中心（Deutsche Sammlung von Mikroorganismen und Zellkulturen, DSMZ）网址：www.dsmz.de/	DSMZ 成立于 1969 年，是德国国家菌种保藏中心，也是欧洲规模最大的生物资源中心，致力于细菌、真菌、质粒、抗生素、人体和动物细胞、植物病毒等的分类、鉴定和保藏工作
新西兰环境科学研究所医学部微生物保藏中心（Institute of Environmental Science &Research Limited, ESR）网址：www.esr.cri.nz/	ESR 主要从事医学微生物学的研究。通过冷冻干燥法保藏菌种，同时提供菌种鉴定、保藏等服务
葡萄牙国家工业科技研究所-工业微生物菌物保藏中心（Culture Collection of Industrial Microorganisms, National Institute of Industrial Technology, CCIMINETI）网址:www.wdcm.nig.ac.jp/CCINFO/CCINFO.xml?860	CCIM 隶属于葡萄牙国家工业科技研究所，主要从事应用微生物学、工业微生物学方面的研究，有菌种的鉴定保藏业务，主要用冷冻干燥法保藏

菌种保藏是指在广泛收集实验室和生产菌种、菌株(包括病毒株甚至动物、植物细胞株和质粒等)的基础上，将它们妥善保藏，使之达到不死、不衰、不污染，以便用于研究、交换和使用。

菌种保藏的具体方法很多，原理大同小异。首先要挑选典型菌种的优良纯种，最好采用它们的休眠体(如分生孢子、芽孢等)。其次，还要创造一个适合其长期休眠的环境条件，如干燥、低温、缺氧、避光、缺乏营养以及添加保护剂或酸度调节剂等，使微生物处于新陈代谢最低水平，生长繁殖不活跃状态。而一旦恢复保存菌种生长的正常环境和营养条件，就可获得具有高生理活性和保持原种优良性状的菌种培养物。本章主要包括几种实验室常用的菌种保藏法，和菌种保藏机构常采用的冷冻干燥保藏法及液氮超低温冰箱保藏法。

实验 42　常用的简易菌种保藏法

【实验目的】

1．了解菌种简易保藏的基本原理。

2．掌握菌种简易保藏的常用方法。

【实验原理】

无论是从自然界中筛选得到的野生菌株，还是经过实验改造得到的工程菌，都是珍贵的生物资源。因此，微生物的菌种保藏就成为微生物育种学实验中不可或缺的基本操作技术。菌种保藏就是采用各种方法使菌种不衰退、不混乱、不死亡、不污染杂菌，并保持其优良性状，以便用于后期的研究与应用。

菌种保藏的方法很多，其原理却大同小异，都是为优良菌株创造一个适合长期休眠的环境，即干燥、低温、避光、缺乏氧气和营养等，使微生物的代谢活动处于最低的状态，但又不至于死亡，并在转接过程中尽量减少传代次数，降低菌种的变异率，从而达到保藏的目的。依据菌种和需求的差异，可选用不同的保藏方法。一般情况下，通常采用一些无需特殊实验设备、操作简便的保藏法，如斜面保藏、石蜡油封存、半固体穿刺和砂土管保藏法等。

【实验用品与仪器】

1. 菌种

细菌、酵母菌、放线菌和霉菌。

2. 培养基

牛肉膏蛋白胨培养基斜面(培养细菌)、麦芽汁培养基斜面(培养酵母菌)、高氏1号培养基斜面(培养放线菌)、马铃薯蔗糖培养基斜面(培养丝状真菌)。

3. 溶液或试剂

液体石蜡、P_2O_5、脱脂奶、10% HCl、干冰、95%乙醇、甘油等。

4. 仪器设备及其他

无菌试管、无菌吸管(1 ml及5 ml)、无菌滴管、接种环、40目及100目筛子、干燥器、安瓿管、冰箱、冷冻真空干燥装置、酒精灯、三角瓶、瘦黄土(有机物含量少的黄土)、食盐、河沙等。

【实验内容】

1. 斜面保藏法

(1)贴标签

取培养不同微生物的各类无菌斜面试管数支，在试管斜面的正上方，距试管口3 cm处贴上写有菌株名称和接种日期的标签。

(2)斜面接种

将待保藏的菌种用接种环以无菌操作法移接至相应的试管斜面上。

(3)菌种培养

细菌于37℃恒温培养18～24 h至对数生长期，酵母菌于28～30℃培养36～60 h至对数生长期，放线菌和丝状真菌置于28℃培养4～7天至孢子成熟。

(4)保藏

斜面上的菌种培养好后，可直接放入4℃冰箱保藏。保藏时间因微生物种类而不同，霉菌、放线菌及有芽孢的细菌可保存2～3个月移种一次；而不产芽孢的细菌和酵母菌最好每个月移种一次。此法的缺点是传代次数多，菌种容易变异，且污染杂菌的机会较多。

2. 液体石蜡保藏法

(1) 液体石蜡灭菌

在 250 ml 三角烧瓶中装入 100 ml 液体石蜡，包扎好于 121℃高压蒸汽灭菌 30 min，再置于 40℃温箱中使水汽蒸发后备用。

(2) 斜面接种与培养

不同的菌种以无菌操作移接入相对应的斜面中，培养至对数生长期或孢子成熟。

(3) 加液体石蜡

用无菌滴管吸取液体石蜡，以无菌操作滴加于已长好的菌种斜面上，加入量以高出斜面顶端约 1 cm 为宜。

(4) 保藏

试管直立放置于 4℃冰箱中保存。

(5) 恢复培养

用接种环从液体石蜡下挑取少量菌种，在试管壁上轻靠几下，尽量使石蜡油滴净，再接种于新鲜培养基中培养。由于菌体表面粘有液体石蜡，生长较慢且有黏性，故一般须转接 2~3 次才能获得完全活化的菌种。

液体石蜡保藏法由于兼具低温和隔绝空气两个有利于菌种休眠的条件，因而可以保藏较长时间。霉菌、放线菌及有芽孢细菌可保藏 2 年左右，酵母菌可保藏 1～2 年，一般无芽孢细菌也可保藏 1 年左右。

3. 沙土管保藏法

(1) 沙土处理

1) 沙处理：河沙经 40 目筛子过筛，去除大颗粒，加 10% HCl 浸泡（以浸没沙面为宜）2～4 h（或煮沸 30 min），以除去有机杂质，倒去盐酸，用清水冲洗至中性，烘干或晒干后备用。

2) 土处理：取非耕作层瘦黄土（不含有机质），加自来水浸泡洗涤至中性，然后烘干，粉碎后用 100 目过筛，去除粗颗粒后备用。

(2) 装沙土管

将沙与土按 2：1 或 4：1(*m*/*m*) 的比例混合均匀，装入试管中（10 mm×100 mm），装置约 1 cm 高，加棉塞或硅胶塞，外包牛皮纸，121℃湿热灭菌 30 min，然后烘干。

也可采用间歇灭菌法处理河沙：将其放在容器内，100℃加热 30 min，以杀死其中的营养体。取出放室温下 18~24 h，使其中的芽孢发育成为营养体，次日再 100℃加热 30 min 杀死新萌发的营养体，第三天再次加热杀死残留的营养体。

(3) 无菌试验

每 10 支沙土管任抽一支，取少许沙土接入牛肉膏蛋白胨或麦芽汁培养液中，在最适的温度下培养 2～4 天，确定无菌生长时才可使用。若发现有杂菌，需重新灭菌后，再做无菌试验，直到合格。

(4) 制备菌悬液

接种需保藏的产芽孢的细菌、放线菌或霉菌于适宜的斜面培养基上，适温下培养至芽孢或孢子成熟。用 5 ml 无菌吸管或移液枪，分别吸取 3 ml 无菌水至上述菌种斜面，用接种环轻轻刮下表面的细胞或孢子，制成悬液。

(5) 加样

吸取上述菌悬液 0.1～0.5 ml 加入沙土管中，用接种环拌匀。加入菌液量以湿润沙土达 2/3 高度为宜。

(6) 干燥

将含菌的沙土管放入干燥器中，干燥器内用培养皿盛 P_2O_5 作为干燥剂，可再用真空泵连续抽气 3～4 h，加速干燥。将沙土管轻轻一拍，沙土呈分散状即达到充分干燥。

(7) 保藏沙土管

可选择下列方法保藏。

1) 保存于干燥器中。

2) 用石蜡封住棉塞后放入冰箱保存。

3) 将沙土管取出，管口用火焰熔封后放入冰箱保存。

4) 将沙土管装入有 $CaCl_2$ 等干燥剂的大试管中，塞上橡皮塞或木塞，再用蜡封口，放入冰箱或室温下保存。

(8) 恢复培养

挑取少量混有孢子的沙土，接种于斜面培养基上或液体培养基内培养，原沙土管仍可继续保藏。

4. 半固体穿刺保藏法

(1) 半固体培养基配制

配制半固体培养基，高压蒸汽灭菌，试管上贴上写有菌株名称及接种日期的标签。

(2) 接种

用穿刺接种法将菌接至半固体直立柱培养基中央，不要穿透底部。

(3) 培养

在适宜温度下培养，使其充分生长。

(4) 保藏

待菌种长好后用无菌橡皮塞代替棉塞，置 4℃冰箱保藏。

这种保藏方法适用于保藏兼性厌氧的细菌和酵母菌。保藏期 0.5~1 年。

5. 甘油保藏法

(1) 甘油灭菌

将 10 ml 浓度为 30%的甘油置于 100 ml 三角瓶内，加棉塞，牛皮纸包扎，0.1 MPa 灭菌 20 min。

(2) 接种与培养

挑取带质粒载体的大肠杆菌，接种至装有 30 ml 含相应抗生素（如氨苄青霉素）的液体培养基的三角瓶中，37℃振荡培养过夜。

(3) 培养物与灭菌甘油混合

用无菌吸管吸取 0.5 ml 大肠杆菌培养液，置于 1.5 ml 无菌 Ep 管中，再加入 0.5 mL 灭菌甘油，振荡混匀，置于乙醇-干冰或液氮中速冻。

(4) 保藏

将已冰冻的含甘油的培养物置于–70℃或–20℃冰箱中保存。

(5) 转接

到保藏期后，用接种环刮取冰冻表面培养物，接种到含氨苄青霉素的 LB 斜面上，37℃培养过夜。挑取斜面培养物，接种至新鲜的含有氨苄青霉素的 LB 液体培养基中振荡培养过夜。取 1.5 ml 无菌 Ep 管，同时加入 0.5 ml 培养液和 0.5 ml 的 30%灭菌甘油，按上法冰冻保藏。

在基因工程中，常用此法保存含质粒载体的大肠杆菌，一般可保存 0.5~1 年。

【实验结果与分析】

记录保藏菌种的编号、种类、方法和时间等。

【思考题】

1．菌种保藏中，石蜡油的作用是什么？

2．经常使用的细菌菌株，使用哪种保藏方法比较好？

3．沙土管法适合保藏哪一类微生物？

4．半固体穿刺保藏法适合保藏哪一类微生物？

实验 43　冷冻真空干燥保藏法

【实验目的】

1．了解冷冻真空干燥保藏法原理。

2．学会冷冻真空干燥保藏菌种的具体方法。

【实验原理】

冷冻真空干燥保藏法又称冷冻干燥保藏法。该法集中了低温、缺氧、干燥和添加保护剂等多种有利条件，可以有效地使微生物的代谢处于休眠状态，因而可用于细菌、放线菌、丝状真菌（除少数不产孢子的丝状真菌）、酵母菌及病毒的保藏。具有保藏菌种范围广、保藏时间长(一般可达 10~20 年)、存活率高等特点，是目前最有效的菌种保藏方法之一。

【实验用品与仪器】

1. 菌种

待保藏的细菌、放线菌、霉菌或酵母菌。

2. 培养基

适合于待保藏菌种的各种斜面培养基。

3. 试剂和溶液

脱脂奶粉、2% HCl 等。

4. 仪器设备及其他

安瓿管、冷冻真空干燥机等。

【实验内容】

1. 准备安瓿管

选用内径约 6 mm，长约 100 mm 的硬质玻璃试管，用 10% HCl 浸泡 8～10 h 后用自来水冲洗至中性，最后用蒸馏水洗 3 次，烘干。将印有菌名和接种日期的标签放入安瓿管内，有字的一面朝向管壁。管口加棉塞，121℃灭菌 30 min。

2. 制备脱脂牛奶

将脱脂奶粉配成 20%乳液，调节 pH 至 7.0，分装后于 121℃灭菌 30 min，并做无菌试验。若用新鲜牛奶，则需将其煮沸后去除上层油脂再使用。

3. 准备菌种

选择无污染的纯菌种，分别移接于新鲜配制的斜面培养基上，恒温培养至稳定期。时间一般为：细菌 24～48 h，酵母菌 3 天，放线菌与丝状真菌 7～10 天。

4. 制备菌液

吸取 3 ml 无菌牛奶直接加入斜面菌种管中，用接种环轻轻刮下表面菌落或孢子，再用手摇动试管，制成均匀的细胞或孢子悬液。一般要求制成的菌液浓度达 10^8~10^{10} 个/ml 为宜。

5. 菌液分装

用无菌长滴管将菌液分装于安瓿管底部，每管装 0.2 ml。若采用离心式冷冻真空干燥机，每管装 0.1 ml 即可。分装时注意不要粘在管壁上。

6. 菌液预冻

将装有菌液的安瓿管置于低温冰箱中(–45~–35℃)或浸入冷冻真空干燥机的预冷槽中(装有干冰和 95%乙醇，温度可达–50～–40℃)预冷，使菌悬液冻结成固体。

7. 冷冻真空干燥

完成预冻后，升高总管使安瓿管仅底部与冰面接触(此处温度约–10℃)，以保持安瓿管内的悬液仍呈固体状态。开启真空泵，在 5～15 min 内使真空度达 66.7 Pa 以下，使被冻结的悬液开始升华。继续抽真空，当真空度达到 26.7～13.3 Pa 时，冻结样品逐渐被干燥成白色片状，此时使安瓿管脱离冰浴，在室温下(25~30℃)继续干燥(保持管内温度不超过 30℃)，升温可加速样品中残余水分的蒸发。总干燥时间应根据安瓿管的数量、悬浮液装量及保持剂性质来定，一般 3~4 h 即可。此时样品呈白色酥丸状，并从安瓿管内壁脱落。

8. 封管

干燥后继续抽真空达 1.33 Pa 时，在安瓿管棉塞的稍下部位用酒精喷灯火焰灼烧，拉成细颈并熔封。

9. 真空度检测

熔封后的安瓿管是否真空，可采用高频率电火花发生器检测。将该发生器产生火花触及安瓿管的上端(切莫直射菌种)，使管内真空放电，若管内发出淡蓝色或淡紫色电光，说明真空度符合要求。

10. 保藏

将熔封好并符合真空度检查的安瓿管置 4℃冰箱内保藏。

11. 恢复培养

先用 75%乙醇消毒安瓿管外壁，在火焰上烧热安瓿管上部，并将无菌水滴在烧热处，使管壁出现裂缝，放置片刻，让空气从裂缝中缓慢进入管内后，将裂口端敲断，这样可防止空气因突然开口而冲入管内使菌粉四处飞散。再用灭菌的接种环挑取少许干菌粉至合适培养基中，放置在最适温度下培养。

【实验结果与分析】

描述真空干燥过程中安瓿管内样品的状态。

【思考题】

1. 简述真空冷冻干燥保藏菌种的原理。
2. 为什么在真空干燥过程中要保持样品的冰冻状态？

实验 44　液氮超低温保藏法

【实验目的】

1. 了解液氮超低温保藏法的原理。
2. 掌握液氮超低温保藏法的方法。

【实验原理】

液氮超低温保藏法是将微生物细胞悬浮于含保护剂的液体培养基中，或者把带菌琼脂块直接浸没于含保护剂的液体培养基中，经预先冷冻后，再转移至液氮冰箱，于液相(–196℃)或气相(–156℃)条件下进行保藏。

在超低温的液氮中，微生物的代谢处于停顿的状态，因此可降低变异，使菌种保持原有的性状。该方法的优点是不仅适合各种微生物的保藏，而且特别适于不能用干燥保藏法的微生物，如支原体、衣原体及不产孢子的霉菌、小型藻类或原生动物等。液氮超低温保藏法是目前较为理想的保藏法，已被国内外很多菌种机构作为常规的菌种保藏方法。

【实验用品与仪器】

1. 菌种

待保藏并生长良好的菌种。

2. 培养基

适合待保藏菌种的斜面培养基。

3. 试剂和溶液

10%甘油，10%二甲基亚砜(DMSO)。

4. 仪器设备及其他

液氮冰箱(液氮生物储存罐)、控速冷冻机、安瓿管等。

【实验内容】

1. 安瓿管准备

所用安瓿管必须能经受 121℃高温和−196℃低温而不破，一般用硼硅酸盐玻璃制品，规格 75 mm×10 mm。洗净，烘干，编号，加棉塞，牛皮纸包扎，0.1MPa 灭菌 30 min。

2. 冷冻保护剂准备

液氮保藏都必须加保护剂，常用终浓度为 10%(*V*/*V*)的甘油或二甲基亚砜。含甘油溶液需高压灭菌，而含 DMSO 溶液则采用过滤除菌。

3. 制备菌悬液或带菌琼脂块浸液

在长好菌的斜面试管中加入 3 ml 含 10%灭菌甘油的液体培养基，用接种环将菌苔从斜面上轻轻刮下，制成菌悬液。用无菌吸管吸取 0.5 ml 菌悬液分装于无菌安瓿管中，熔封管口。

要保藏不产孢子的霉菌时，可用无菌打孔器从平板上切下带菌落的琼脂块(直径 8 mm)置于装有 10%灭菌甘油的液体培养基的无菌安瓿管中，熔封管口。

为检查安瓿管口是否熔封严密，可将上述经熔封的安瓿管浸入次甲基蓝溶液中，于 4~8℃静置 30 min，若有溶液进入管内，说明管口未封严。

4. 预冷冻菌种

在将安瓿管放入液氮冰箱保藏前，必须经慢速冷冻，防止细胞因快速冷冻形成冰晶而降低存活率。将已封口的安瓿管置于控速冷冻机的冷冻室中，以每分钟下降 1℃的速度冻结至−30℃。

若实验室无控速冷冻机，可将已封口的安瓿管置−70℃冰箱保藏 4 h 预冷冻。

5. 液氮保藏

经慢速预冻处理的封口安瓿管，迅速置于液氮冰箱中。根据要求的不同，将安瓿管置于液氮冰箱中液氮液面上方的气相(–156℃)保藏，或将其放入液氮冰箱的提桶内，再放在液氮中进行液相保藏(–196℃)。

6. 恢复培养

使用保藏菌种时，从液氮冰箱中取出安瓿管立即放入 40℃水浴中，轻轻摇晃使管中冰迅速融化。以无菌操作打开安瓿管，用无菌吸管将管中保藏物全部转移到含有无菌液体培养基的试管中，吸取 0.2 ml 菌悬液于斜面培养基上，恒温培养。

【实验结果与分析】

观察样品在液氮中保藏时的状态，计算恢复培养后菌的存活率。

【思考题】

液氮保藏为何要用含保护剂的液体培养基制备菌悬液？保护剂的作用是什么？

主要参考文献

卜秀娟，孟宪梅，柳增善，等，2010. 扩展青霉碱性脂肪酶结构基因的克隆与原核表达. 中国生物制品学杂志, 23(5): 485–488.

蔡信之，黄君红. 2010. 微生物学实验. 北京: 科学出版社.

岑沛霖，蔡谨. 2008. 工业微生物学. 北京: 化学工业出版社.

陈金春. 2005. 微生物实验教程. 北京: 清华大学出版社.

陈木妹，林琳. 2005. D92P 点突变对扩展青霉碱性脂肪酶最适作用温度的改善，生物技术通讯, 16(1): 31–33

代西梅，黄群策，黄延伟. 2005. 低能氮离子束注入马齿苋的生物学效应.中国农学通报, 21(1): 29–31.

邓珊珊，邬敏辰，李江华，等. 2008. 圆弧青霉 BD26 碱性脂肪酶基因的克隆及其在大肠杆菌中的表达. 食品与工业发酵, 34(2): 42–46.

杜连祥，路福平. 2006. 微生物学实验技术. 北京: 中国轻工业出版社.

葛菁萍，宋刚，孙宗祥，等. 2008. 乙醇脱氢酶 I 基因敲除的酿酒酵母重组菌构建的初步研究. 食品科学, 29(2): 210–212.

胡朝松，李春强. 2009. 海洋沉积物中反硝化细菌的分离鉴定及反硝化性能研究. 环境科学研究, 22(1): 114–118.

姜成林，徐丽华. 1997. 微生物资源学. 北京: 科学出版社.

李平兰. 1999. 利用亨盖特厌氧滚管技术检测双歧杆菌制品中的活菌数. 食品科学, 2: 68–69.

梁运祥，李兆文，郝勃. 1999. 以抗结构类似物筛选高产 L-赖氨酸酵母突变株. 微生物学杂志, 19(4): 15–16.

刘祖洞，江绍慧. 1987. 遗传学实验. 北京: 高等教育出版社.

吕晓慧，胡亚冬，胡凤娟，等. 2009. 基于易错 PCR 的假密环菌 Armillariella tabescens MAN47 β-甘露聚糖酶耐高温定向进化. 生物工程学报, 25(12): 1900–1906.

潘燕，肖翔，吴李君，等. 2005. N^+ 离子注入对干旱胁迫条件下甘草幼苗的 SOD 酶和酶活性及丙二醛含量的影响. 激光生物学报, 14(6): 442–446.

钱存柔，黄仪秀. 2008. 微生物学实验教程. 北京: 北京大学出版社.

申煌煊，李刚. 2010. 分子生物学实验方法与技巧. 广州: 中山大学出版社.

施巧琴，吴松刚. 2009. 工业微生物育种学(第三版). 北京: 科学出版社.

王镜岩，朱圣庚，徐长法. 2002. 生物化学(第三版). 北京: 高等教育出版社.

王明兹，施巧琴，周晓兰，等. 2005. 提高酵母菌原生质体制备与再生的方法研究. 微生物学杂志, 25(3): 10–11.

杨民和. 2000. 微生物学. 北京: 科学出版社.

杨革. 2004. 微生物学实验教程. 北京: 科学出版社.

杨瑶，袁生，戴亦军，等. 2008. 基于微孔板的高通量筛选 6-羟基烟酸转化菌方法的建立. 微生物学报, 48(1): 112–115.

尹明浩，徐慧，程殿林，等. 2010. 复合诱变选育高产 3-羟基丁酮枯草芽孢杆菌.青岛大学学报, 25(3): 89–94.

余知和，朱兰宝，杨新美. 1998. 金针菇粉孢子的生物学研究.菌物系统, 17(1): 75–82.

张惠展. 2002. 途径工程——第三代基因工程. 北京: 中国轻工业出版社.

张维铭. 2003. 现代分子生物学实验手册. 北京: 科学出版社.

张伟国，顾正华. 2001. L-赖氨酸高产菌选育的研究.食品与发酵工业, 27 (8): 17–20.

赵斌，何绍江. 2002. 微生物学实验. 北京: 科学出版社.

赵丽娟，王德良，程玉来，等. 2005. 利用基因敲除技术破坏酿酒酵母乙醇脱氢酶 II 基因的初步研究. 食品与发酵工业, 31(11): 30–33.

周德庆. 2006. 微生物学实验教程. 北京：高等教育出版社.

诸葛健. 2007. 工业微生物实验与研究技术. 北京：科学出版社.

Balasubramanian N,Juliet G A,Srikalaivani P, et al. 2003. Release and regeneration of protoplasts from the fungus *Trichothecium roseum*. Canadian Journal of Microbiology, 49(4): 263–268.

Brady S F, Clardy J. 2000. Long-chain N-acyl amino acid antibiotics isolated from heterologously expressed environmental DNA. J Am Chem Soc, 122: 12903–12904.

Datta S, Costantino N, Court D L. 2006. A set of recombineering p lasmids for gram negative bacteria. Gene, 379: 109–115.

Eggeling L,Bott M. 2005. Handbook of Corynebacterium Glutamicum.CRC press,Boca Raton,FL,USA.

Entcheva P, Liebl W, Johann A, et al.2001. Direct cloning from enrichment cultures, a reliable strategy for isolation of complete operons and genes from microbial consortia. Appl Environ Microbiol, 67: 89–99.

Henne A, Schmitz R A, Bomeke M, et al. 2000. Screening of environmental DNA libraries for the presence of genes conferring lipolytic activity on Escherichia coli. Appl Environ Microbiol, 66: 3113–3116.

Holmes P A. 1988. Biologically produced PHA polymers and copolymers. In Developments in Crystalline Polymers. Bassett: Elsevier, 2: 1–65.

Knietsch A, Waschkowitz T, Bowien S, et al. 2003. Construction and Screening of metagenomic libraries derived from enrichment cultures: Generation of a gene bank for genes conferring alcohol oxidoreductase activity on Escherichia coli. Appl Environ Microbiol, 69: 1408–1416.

Lorenz P, Schleper C. 2002. Metagenome-a challenging source of enzyme discover. J Molecular Catalysis B: Enzymatic, 19–20(2): 13–19.

Manisha V C,Mukund V D. 2002. Isolation and regeneration of protoplasts from the yeast and mycelial form of the dimorphic zygomycete. Microbiological Research, 157: 29–37.

Munster M J, Munster A P, Woodrow J R, et al. 1986. Isolation and preliminary taxonomic studies of thermus strains isolated from yellow stone national park. Journal of General Microbiology, 132: 1677–1683.

Zhang Y X, Perry K, Vinci V A, et al. 2002. Genome shuffling lead to rapid phenotypic improvement in bacteria. Nature, 415: 644–646.

附录 1　常用培养基的配制

1. 牛肉膏蛋白胨培养基(培养细菌用)

牛肉膏 3 g/L，蛋白胨 5 g/L，NaCl 10 g/L，琼脂 1.5~2.0 g/L，pH 7.0~7.2。121℃灭菌 20 min。

2. 高氏(Gause)1 号培养基(培养放线菌用)

可溶性淀粉 20 g/L，KNO_3 1 g/L，NaCl 0.5 g/L，K_2HPO_4 0.5 g/L，$MgSO_4$ 0.5 g/L，$FeSO_4$ 0.01 g/L，琼脂 20 g/L，pH 7.2～7.4。

配制时，先用少量冷水将淀粉调成糊状，倒入煮沸的水中，在火上加热，边搅拌边加入其他成分，溶化后，补足水分至 1000 ml。121℃灭菌 20 min。

3. 查氏(Czapek)培养基(培养霉菌用)

$NaNO_3$ 2 g/L，K_2HPO_4 1 g/L，KCl 0.5 g/L，$MgSO_4$ 0.5 g/L，$FeSO_4$ 0.01 g/L，蔗糖 30 g/L，琼脂 15~20 g/L，pH 自然。121℃灭菌 20 min。

4. 马丁氏(Martin)琼脂培养基(分离真菌用)

葡萄糖 10 g，蛋白胨 5 g，K_2HPO_4 1 g，$MgSO_4 \cdot 7H_2O$ 0.5 g，1/3000 孟加拉红(rose bengal，玫瑰红水溶液)100 ml，琼脂 15~20 g，蒸馏水 800 ml，pH 自然。115℃灭菌 30 min。

临用前加入过滤除菌的 0.03%链霉素稀释液 100 ml，使链霉素的终浓度为 30 μg/ml。

5. 马铃薯培养基(简称 PDA)(培养真菌用)

马铃薯 200 g/L，蔗糖(或葡萄糖)20 g/L，琼脂 15~20 g/L，pH 自然。121℃灭菌 30 min(若为葡萄糖则在 115℃灭菌 30 min)。

马铃薯去皮，切成块煮沸 30 min，然后用纱布过滤，再加糖及琼脂，熔化后补足水至 1000 ml。

6. 麦芽汁琼脂培养基(培养真菌用)

1)取大麦或小麦若干，洗净后浸泡 6~12 h，置 15℃阴暗处，上面盖纱布一块，每日早、中、晚各淋水一次，待其发芽，麦根伸长至麦粒的两倍时，停止发芽，摊开晒干或烘干备用。

2)将干麦芽磨碎，1 份麦芽加 4 份水，置 65℃水浴中糖化 3~4 h，可用碘滴定糖化程度。加水约 20 ml 调匀，至产生泡沫，然后倒在糖化液中搅拌煮沸。

3)煮沸后的糖化液用 4~6 层纱布过滤，滤液如混浊不清，可用蛋白澄清，即将一个鸡蛋白加水约 20 ml，调匀至生泡沫时为止，然后倒在糖化液中搅拌煮沸后再过滤。

4) 将滤液稀释到 5~6 波美度，pH 约 6.4，加入 2%琼脂即成。121℃灭菌 30 min。

7. 无氮培养基（培养自生固氮菌、钾细菌等）

甘露醇（或葡萄糖）10 g/L，K_2HPO_4 0.2 g/L，$MgSO_4 \cdot 7H_2O$ 0.2 g/L，NaCl 0.2 g/L，$CaSO_4 \cdot 2H_2O$ 0.2 g/L，$CaCO_3$ 5 g/L，pH 7.0~7.2。115℃灭菌 30 min。

8. 半固体肉膏蛋白胨培养基

肉膏蛋白胨液体培养基 100 ml，琼脂 0.35~0.4 g，pH 7.6，121℃灭菌 20 min。

9. 合成培养基

偏磷酸铵 1 g/L，KCl 0.2 g/L，$MgSO_4 \cdot 7H_2O$ 0.2 g/L，豆芽汁 10 ml，琼脂 20 g/L，pH 7.0。

加 12 ml 0.04%的溴钾酚紫（pH 5.2~6.8，颜色由黄变紫，作指示剂）。121℃灭菌 20 min。

10. 豆芽汁蔗糖（或葡萄糖）培养基

黄豆芽 100 g/L，蔗糖（或葡萄糖）50 g/L，pH 自然。

称新鲜豆芽 100 g 放入烧杯中，加水 1000 ml，煮沸约 30 min，用纱布过滤。加水补足原量，再加入蔗糖（或葡萄糖）50 g，煮沸熔化。121℃灭菌 20 min 或 115℃灭菌 30 min。

11. 油脂培养基

蛋白胨 10 g/L，牛肉膏 5 g/L，NaCl 5 g/L，香油或花生油 10 g/L，1.6%中性红水溶液 1 ml，琼脂 15~20 g/L，pH 7.2。121℃灭菌 20 min。

配制时，调好 pH 后，再加入中性红，分装时，需不断搅拌，使油滴均匀分布于培养基中。

12. 淀粉培养基

蛋白胨 10 g/L，牛肉膏 5 g/L，NaCl 5 g/L，可溶性淀粉 2 g/L，琼脂 15~20 g/L。

溶解淀粉时可参照高氏 1 号培养基的配制方法。

13. 明胶培养基

牛肉膏蛋白胨液 100 ml，明胶 12~18 g。

在水浴锅中将上述成分熔化，不断搅拌。溶化后调 pH 7.2~7.4。121℃灭菌 30 min。

14. 蛋白胨水培养基（用于吲哚试验）

蛋白胨 10 g/L，NaCl 5 g/L，pH 7.6。121℃灭菌 20 min。

15. 糖发酵培养基（用于细菌糖发酵试验）

蛋白胨水培养基 1000 ml，1.6%溴钾酚紫乙醇溶液 1~2 ml，pH 7.6。

另配制 20%糖溶液（葡萄糖、乳糖、蔗糖等）各 10 ml。

1) 将上述含指示剂的蛋白胨水培养基（pH 7.6）分装于试管中，在每管内放一倒置的小玻璃管，使其充满培养液。

2）将已分装好的蛋白胨水和20%的各种糖溶液分别灭菌，蛋白胨水于121℃灭菌20 min，糖溶液则于115℃灭菌30 min。

3）灭菌后，以无菌操作将浓度为20%的无菌糖溶液加入蛋白胨水中（按每10 ml培养基中加入20%的糖液0.5 ml，使其终浓度为1%）。

16. 葡萄糖蛋白胨水培养基（用于V-P反应和甲基红试验）

蛋白胨5 g/L，葡萄糖5 g/L，磷酸氢二钾2 g/L，pH 7.0~7.2。115℃灭菌30 min。

17. 麦氏（Meclary）琼脂（培养酵母菌）

葡萄糖1 g/L，KCl 1.8 g/L，酵母浸膏2.5 g/L，NaAc 8.2 g/L，琼脂15~20 g/L。115℃灭菌20 min。

18. 柠檬酸盐培养基

$NH_4H_2PO_4$ 1 g/L，K_2HPO_4 1 g/L，NaCl 5 g/L，$MgSO_4$ 0.2 g/L，柠檬酸钠2 g/L，琼脂15~20 g/L，1%溴麝香草酚蓝乙醇液10 ml。

配制方法：上述各成分加热溶解后，调pH至6.8，然后加入指示剂，摇匀后脱脂棉过滤。制成后为黄绿色，不要过碱，分装试管，121℃灭菌20 min。

19. 乙酸铅培养基（用于硫化氢试验）

pH 7.4的牛肉膏蛋白胨琼脂100 ml，硫代硫酸钠0.25 g，10%乙酸铅水溶液1 ml。

配制方法：将牛肉膏蛋白胨琼脂100 ml加热熔解，冷却至60℃时加入硫代硫酸钠0.25 g，调至pH 7.2，分装于三角瓶中，115℃灭菌15 min。取出后待冷却至55~60℃，加入10%无菌乙酸铅水溶液1 ml，混匀后倒入灭菌试管或平板中。

20. 血琼脂培养基

pH 7.6的牛肉膏蛋白胨琼脂100 ml，脱纤维羊血（或兔血）10 ml。

配制方法：将牛肉膏蛋白胨琼脂加热熔化，待冷却至50℃时，加入无菌脱纤维羊血（或兔血）摇匀后倒平板或制成斜面。37℃过夜检查无菌生长即可使用。

21. 玉米粉蔗糖培养基

玉米粉60 g/L，K_2HPO_4 3 g/L，维生素B_1 0.1 g/L，蔗糖10 g/L，$MgSO_4 \cdot 7H_2O$ 1.5 g/L。121℃灭菌30 min。

维生素B_1溶液过滤除菌后再加入灭菌后的培养基中。

22. 酵母膏麦芽汁琼脂

麦芽粉3 g/L，酵母浸膏0.1 g/L。121℃灭菌30 min。

23. 复红亚硫酸钠培养基（远藤氏培养基）（用于水体中大肠菌群测定）

蛋白胨10 g/L，乳糖10 g/L，K_2HPO_4 3.5 g/L，琼脂20~30 g/L，5%碱性复红乙醇溶液20 ml。

配制方法：先将琼脂加入900 ml蒸馏水中，加热熔解，再加入K_2HPO_4及蛋白胨，充分溶解后，补足蒸馏水至 1000 ml，调 pH 至 7.2~7.4。加入乳糖，混匀溶解后，115℃灭菌 20 min。称取 Na_2SO_3 置一无菌空试管中，加入无菌水少许使之溶解，再在水浴中煮沸 10 min 后，立刻滴加于 20 ml 5%碱性复红乙醇溶液中，直至深红色褪成淡粉红色为止。将此 Na_2SO 与碱性复红的混合液全部加至上述已灭菌的并仍保持熔化状态的培养基中，充分混匀，倒平板，放冰箱中备用，储存时间不宜超过 2 周。

24. 伊红美蓝培养基(EMB 培养基)(用于水体中大肠菌群测定和细菌转导)

蛋白胨水培养基 100 ml，20%乳糖溶液 2 ml，2%伊红水溶液 2 ml，0.5%美蓝水溶液 1 ml。

配制方法：蛋白胨水培养基(pH 7.6)灭菌并冷却至 50℃左右，分别加入上述量的已灭菌的乳糖溶液，伊红水溶液及美蓝水溶液，摇匀后倒平板。乳糖于 115℃灭菌 20 min 即可。

在细菌转导实验中用半乳糖代替乳糖，其余成分不变。

25. 乳糖蛋白胨培养液(用于多管发酵法检测水体中大肠菌群)

蛋白胨 10 g/L，牛肉膏 3g/L，乳糖 5 g/L，NaCl 5 g/L，1.6%溴甲酚紫乙醇溶液 1 ml/L，pH 7.2~7.4。

配制方法：将蛋白胨、牛肉膏、乳糖及氯化钠加热溶解于 1000 ml 蒸馏水中，调 pH，加入 1.6%溴甲酚紫乙醇溶液 1 ml，充分混匀后分装于有倒置小管的试管中。115℃灭菌 20 min。

26. 石蕊牛奶培养基

奶粉 100 g/L，石蕊 0.075，pH 6.8。121℃灭菌 15 min。

27. 基本培养基

K_2HPO_4 10.5 g/L，KH_2PO_4 4.5 g/L，$(NH_4)_2SO_4$ 1 g/L，二水合柠檬酸钠 0.5 g/L，121℃灭菌 20 min。

灭菌后加入：糖(20%) 10 ml，维生素 B_1(硫胺素)(1%) 0.5 ml，$MgSO_4·7H_2O$ (20%) 1 ml，链霉素(50 mg/ml) 4 ml(终浓度 200 μg/ ml)，氨基酸(10 mg/ml) 4 ml(终浓度 40 μg/ml)，pH 自然。

28. 庖肉培养基

配制方法：

1) 取已去肌膜、脂肪的牛肉 500 g，切成小方块，置于 1000 ml 蒸馏水中，以弱火煮 1 h，纱布过滤，挤出肉汁备用。肉渣用绞肉机绞碎，或用刀切成细粒。

2) 肉汁加蒸馏水至 2000 ml，加入蛋白胨 20 g，葡萄糖 2 g，NaCl 5 g 及绞碎肉渣，置烧瓶摇匀后加热使蛋白胨溶化。

3) 取上清液测量 pH，并调至 8.0，121℃灭菌 15 min，之后补足蒸发的水分，重新调整 pH 至 8.0，再煮沸 10~20 min，补足水量后调整 pH 为 7.4。

4）将烧瓶内容物摇匀，溶液和肉渣分装于试管中，肉渣占培养基的1/4左右，经121℃灭菌15 min后备用。如当日不用，应以无菌操作加入已灭菌的石蜡凡士林以隔绝氧气。

29. 乳糖牛肉膏蛋白胨培养基

乳糖5 g/L，牛肉膏5 g/L，酵母膏5 g/L，蛋白胨10 g/L，葡萄糖10 g/L，NaCl 5 g/L，琼脂粉15 g/L，pH 6.8。

30. 马铃薯牛乳培养基

配制方法：200 g马铃薯（去皮切块）煮出汁，脱脂鲜乳100 ml，酵母膏5 g，琼脂粉15 g，加水1000 ml，调节pH至7.0。制平板培养基时，牛乳与其他成分分开灭菌，倒平板前再混合。

31. 尿素琼脂培养基

尿素20 g/L，NaCl 5 g/L，K_2HPO_4 2 g/L，蛋白胨1 g/L，酚红0.012 g/L，琼脂15 g/L，pH 6.8~7.0。

配制方法：在100 ml蒸馏水或去离子水中，加入除琼脂外的上述所有成分，混合均匀后过滤除菌。将琼脂加入900 ml蒸馏水中加热煮沸，121℃灭菌15 min。冷却至50℃混匀，分装于灭菌的试管或平皿中。

32. RCM培养基（强化梭菌培养基）（用于厌氧菌培养）

酵母膏3 g/L，牛肉膏10 g/L，蛋白胨10 g/L，可溶性淀粉lg/L，葡萄糖5 g/L，半胱氨酸盐酸盐0.5 g/L，NaCl 3 g/L，NaAc 3 g/L，刃天青3 mg/L，pH 8.5。121℃湿热灭菌30 min。

33. TYA 培养基（用于厌氧菌培养）

葡萄糖40 g/L，牛肉膏2 g/L，酵母膏2 g/L，胰蛋白胨6 g/L，NH_4Ac 3 g/L，KH_2PO_4 0.5 g/L，$MgSO_4 \cdot 7H_2O$ 0.2 g，$FeSO_4 \cdot 7H_2O$ 0.01 g，水1000 ml，pH 6.5，121℃湿热灭菌30 min。

34. 玉米醪培养基（用于厌氧菌培养）

玉米粉65 g，自来水1000 ml，混匀，煮10 min成糊状，pH自然，121℃灭菌30 min。

35. 中性红培养基（用于厌氧菌培养）

葡萄糖40 g/L，胰蛋白胨6 g/L，酵母膏2 g/L，牛肉膏2 g/L，NH_4Ac 3 g/L，KH_2PO_4 5 g/L，中性红0.2 g/L，$MgSO_4 \cdot 7H_2O$ 0.2 g/L，$FeSO_4 \cdot 7H_2O$ 0.01 g/L，水1000 ml，pH 6.2，121℃湿热灭菌30 min。

36. $CaCO_3$明胶麦芽汁培养基（用于厌氧菌培养）

麦芽汁（6 波美度）1000 ml，水1000 ml，$CaCO_3$10 g，明胶10 g，pH 6.8，121℃灭菌30 min。

37. BCG 牛乳培养基(用于乳酸发酵)

A 溶液：脱脂乳粉 100 g，水 500 ml，加入 1.6%溴甲酚绿(B.C.G)乙醇溶液 1 ml，80℃灭菌 20 min。

B 溶液：酵母膏 10 g，水 500 ml，琼脂 20 g，pH 6.8，121℃灭菌 20 min。

以无菌操作趁热将 A、B 溶液混合均匀后倒平板。

38. 乳酸菌培养基(用于乳酸发酵)

牛肉膏 5 g/L，酵母膏 5 g/L，蛋白胨 10 g/L，葡萄糖 10 g/L，乳糖 5 g/L，NaCl 5 g/L，pH 6.8。121℃湿热灭菌 20 min。

39. 乙醇发酵培养基(用于乙醇发酵)

蔗糖 100 g/L，$MgSO_4 \cdot 7H_2O$ 5 g/L，NH_4NO_3 5 g/L，20%豆芽汁 20 ml，KH_2PO_4 5 g/L，pH 自然。

40. 柯索夫培养基(用于钩端螺旋体培养)

优质蛋白胨 0.4 g，NaCl 0.7 g，KCl 0.02 g，$NaHCO_3$ 0.01 g，$CaCl_2$ 0.02 g，KH_2PO_4 0.09 g，NaH_2PO_4 0.48 g，蒸馏水 500 ml，无菌兔血清 40 ml。

配制方法：除兔血清外的其余各成分混合，加热溶解，调 pH 至 7.2，121℃湿热灭菌 20 min，冷却后加入无菌兔血清，制成 8%血清溶液，然后分装试管(5～10 ml/管)，56℃水浴灭活 1 h 后备用。

41. 加倍肉汤培养基(用于细菌转导)

牛肉膏 6 g/L，蛋白胨 20 g/L，NaCl 10 g，pH 7.4～7.6。

42. 半固体素琼脂(用于细菌转导)

琼脂 1 g，水 100 ml，121℃湿热灭菌 30 min。

43. 豆饼斜面培养基(用于产蛋白酶霉菌菌株筛选)

豆饼 100 g 加水 5～6 倍，煮出滤汁 100 ml，汁内加入 KH_2PO_4 0.1 g，$MgSO_4$ 0.05 g，$(NH_4)_2SO_4$ 0.05 g，可溶性淀粉 2 g，琼脂 2～2.5 g，pH 6.0。

44. 酪素培养基(用于蛋白酶菌株筛选)

配制方法：

A 液：称取 $Na_2HPO_4 \cdot 7H_2O$ 1.07 g，干酪素 4 g，加适量蒸馏水，并加热溶解。

B 液：称取 KH_2PO_4 0.36 g，加水溶解。

酪素水解液：1 g 酪蛋白溶于碱性缓冲液中，加入 1%的枯草芽孢杆菌蛋白酶 25 ml 加水至 100 ml，30℃水解 1 h。用于配制培养基时，其用量为 1000 ml 培养基中加入 100 ml 以上水解液。

A、B 液混合后，加入酪素水解液 0.3 ml, 加琼脂 20 g，最后用蒸馏水定容至 1000 ml。

45. 细菌基本培养基(用于筛选营养缺陷型)

$Na_2HPO_4 \cdot 7H_2O$ 1 g/L，$MgSO_4 \cdot 7H_2O$ 0.2 g/L，葡萄糖 5 g/L，NaCl 5 g/L，K_2HPO_4

1 g/L，pH 7.0。115℃湿热灭菌 30 min。

46. YEPD 培养基(用于酵母原生质体融合)

酵母粉 10 g/L, 蛋白胨 20 g/L，葡萄糖 20 g/L，pH 6.0。115℃湿热灭菌 20 min。

47. YEPD 高渗培养基(用于酵母原生质体融合)

用 0.6 mol/L 的 NaCl 配制 YEPD 培养基，3% 琼脂。

48. YNB 基本培养基(用于酵母原生质体融合)

葡萄糖 10 g/L，$(NH_4)_2SO_4$ 1 g/L，K_2HPO_4 0.125 g/L，$KHPO_4$ 0.875 g/L，KI 0.0001 g/L，$MgSO_4·7H_2O$ 0.5 g/L，$CaCl_2·2H_2O$ 0.1g/L，NaCl 0.1 g/L，微量元素母液 1 ml，维生素母液 1 ml(母液均按常规配制)，pH 5.8～6.0。

49. YNB 高渗基本培养基(用于原生质体融合)

用 0.6 mol/L NaCl 配制 YNB 基本培养基。

50. 酚红半固体柱状培养基(用于检查氧与菌生长的关系)

蛋白胨 1 g/L，葡萄糖 10 g/L，玉米浆 10 g/L，琼脂 7 g/L，pH 7.2。

调好 pH 后，加入 1.6%酚红溶液数滴至培养基为深红色，再分装于大试管中，装量约为试管高度的 1/2，115℃灭菌 20 min。细菌在此培养基中利用葡萄糖生长产酸，使酚红从红色变成黄色，在不同部位生长的细菌，可使培养基的相应部位颜色改变。注意培养时间不要太长，否则酸扩散以至于不能正确判断结果。通过改变琼脂用量配制为固体或半固体培养基。

51. LB 培养基

胰蛋白胨 1% (*m*/*V*)，酵母浸出粉 0.5% (*m*/*V*)，NaCl 1% (*m*/*V*)。

分别称量胰蛋白胨 10 g，酵母浸出粉 5 g，NaCl 10 g，置于 1 L 烧杯中。加入约 800ml 的去离子水，充分搅拌溶解。滴加 5 mol/L NaOH(约 0.2 ml)调节 pH 至 7.0。加去离子水将培养基定容至 1 L，高温高压灭菌，4℃保存。

52. LB/Amp 培养基

配制好 LB 培养基后，每升中加入 1 ml 100 mg/ml 的 Ampicillin(使培养基中氨苄青霉素的终浓度为 100 μg/ml)后均匀混合。4℃保存。

53. TB 培养基

胰蛋白胨 1.2% (*m*/*V*)，酵母浸出粉 2.4% (*m*/*V*)，甘油 0.4% (*V*/*V*)，KH_2PO_4 17 mmol/L，K_2HPO_4 72 mmol/L。

配制磷酸盐缓冲液(0.17 mol/L KH_2PO_4，0.72 mol/L K_2HPO_4) 100 ml，灭菌备用。称取胰蛋白胨 12 g，酵母浸出粉 24 g，甘油 4 ml 置于 1 L 烧杯中。加入约 800 ml 的去离子水，充分搅拌溶解后，高温高压灭菌。待溶液冷却至 60℃以下时，加入 100 ml 的上述灭菌磷酸盐缓冲液，混合均匀 4℃保存。

54. TB/Apm 培养基

TB 培养基配制好后，每升加入 1 ml Ampicillin (100 mg/ml)。

55. SOB 培养基

胰蛋白胨 2%(*m*/*V*)，酵母浸出粉 0.5%(*m*/*V*)，NaCl 0.05%(*m*/*V*)，KCl 2.5 mmol/L，$MgCl_2$ 10 mmol/L。

1) 配制 250 mmol/L KCl 溶液。在 90 ml 的去离子水中溶解 1.86 g KCl 后，定容至 100 ml。

2) 配制 2 mol/L $MgCl_2$ 溶液。在 90 ml 的去离子水中溶解 19 g $MgCl_2$ 后，定容至 100 ml，灭菌。

3) 称取胰蛋白胨 20 g，酵母浸出粉 5 g，NaCl 0.5 g ，置于 1 L 烧杯中，加入约 800 ml 的去离子水，充分搅拌溶解。量取 10 ml 250 mmol/L KCl 溶液，加入烧杯中。滴加 5 mol/L NaOH 溶液(约 0.2 ml)，调节 pH 至 7.0。加入去离子水将培养基定容至 1 L。高温高压灭菌后，4℃保存。

4) 使用前加入 5 ml 灭菌的 2 mol/L $MgCl_2$ 溶液。

56. SOC 培养基

胰蛋白胨 2% (*m*/*V*)，酵母浸出粉 0.5% (*m*/*V*)，NaCl 0.05% (*m*/*V*)，KCl 2.5 mmol/L，$MgCl_2$10 mmol/L，葡萄糖 20 mmol/L。

1) 配制 1 mol/L 葡萄糖溶液：将 18 g 葡萄糖溶于 90 ml 去离子水中，充分溶解后定容至 100 ml，用 0.22 μm 滤膜过滤除菌。

2) 向 100 ml SOB 培养基中加入除菌的 1 mol/L 葡萄糖溶液 2 ml，均匀混合后于 4℃保存。

57. 2×YT 培养基

胰蛋白胨 1.6%(*m*/*V*)，酵母浸出粉 1%(*m*/*V*)，NaCl 0.5%(*m*/*V*)。

称取胰蛋白胨 16 g，酵母浸出粉 10 g，NaCl 5 g 置于 1 L 烧杯中，加入约 800 ml 的去离子水，充分搅拌溶解。滴加 1 mol/L KOH，调节 pH 至 7.0。用去离子水将培养基定容至 1 L。高温高压后，4℃保存。

58. Φb×broth 培养基

胰蛋白胨 2%(*m*/*V*)，酵母浸出粉 0.5%(*m*/*V*)，$MgSO_4·7H_2O$ 0.5%(*m*/*V*)，pH 7.5。

59. NZCYM 培养基

酵母浸出粉 0.5%(*m*/*V*)，酪蛋白氨基酸 0.1%(*m*/*V*)，NZ 胺 1%(*m*/*V*)，NaCl 0.5%(*m*/*V*)，$MgSO_4·7H_2O$ 0.2%(*m*/*V*)。

60. NZYM 培养基

除不含 Casamino Acid(酪蛋白氨基酸)外，其他成分与 NZCYM 培养基相同。

61. NZM 培养基

除不含酵母浸出粉外，其他成分与 NZYM 培养基相同。

62. LB/Amp/X-gal/IPTG 平板培养基

胰蛋白胨 1%(*m*/*V*)，酵母浸出粉 0.5%(*m*/*V*)，NaCl 1%(*m*/*V*)，氨卡青霉素

0.1 mg/ml，IPTG 0.5%（*m*/*V*），X-gal 0.04 mg/ml，琼脂 1.5%（*m*/*V*）。

1）称取胰蛋白胨 10 g，酵母浸出粉 5 g，NaCl 10 g，置于 1 L 烧杯中。加去离子水约 800 ml，充分搅拌溶解。滴加 5 mol/L NaOH 溶液（约 0.2 ml），调节 pH 至 7.0。用去离子水将培养基定容至 1 L 后，加入 15 g 琼脂。高温高压灭菌。

2）冷却至 60 ℃左右，加入 1 ml 氨苄青霉素（100 mg/ ml）、1 ml IPTG（24 mg/ml）、2 ml X-gal（20 mg/ml）后均匀混合。

63. TB/Amp/X-gal/IPTG 平板培养基

胰蛋白胨 1.2%（*m*/*V*），酵母浸出粉 2.4%（*m*/*V*），甘油 0.4%（*m*/*V*），KH_2PO_4 17 mmol/L，K_2HPO_4 72 mmol/L，氨苄青霉素 0.1 mg/ml，IPTG 0.024 mg/ml，X-gal 0.04 mg/ml，琼脂 1.5%（*m*/*V*）。

1）配制磷酸盐缓冲液（0.17 mol/L KH_2PO_4，0.72 mol/L K_2HPO_4）100 ml。

2）称取胰蛋白胨 12 g，酵母浸出粉 24 g，甘油 4 ml，置于 1 L 烧杯中。加入约 800 ml 的去离子水，充分搅拌溶解。去离子水定容至 1 L 后，加入 15 g 琼脂。高温高压灭菌。

3）冷却至 60℃左右加入 100 ml 的上述灭菌磷酸盐缓冲液、1 ml 氨苄青霉素（100 mg/ml）、1 ml IPTG（24 mg/ml）、2 ml X-gal（20 mg/ml）后均匀混合。

附录 2　常用试剂和溶液的配制

1. 3%酸性乙醇溶液

浓盐酸 3 ml，95%乙醇 97 ml。

2. 中性红指示剂

中性红 0.04 g，95%乙醇 28 ml，蒸馏水 72 ml。

中性红 pH 6.8～8.0 颜色由红变黄，常用浓度为 0.04%。

3. 淀粉水解试验用碘液(卢戈氏碘液)

碘片 1 g，KI 2 g，蒸馏水 300 ml。先将 KI 溶解在少量水中，再将碘片溶解在碘化钾溶液中，待碘全溶后，加足水分即可。

4. 溴甲酚紫指示剂

溴甲酚紫 0.04 g，0.01 mol/L NaOH 7.4 g，蒸馏水 92.6 ml。

溴甲酚紫 pH 5.2～5.6，颜色由黄变紫，常用浓度为 0.04%。

5. 溴麝香草酚蓝指示剂

溴麝香草酚蓝 0.04 g，0.01 mol/L NaOH 6.4 ml，蒸馏水 93.6 ml。

溴麝香草酚蓝 pH 6.0～7.6，颜色由黄变蓝，常用浓度为 0.04%。

6. 甲基红试剂

甲基红(methyl red) 0.04 g，95%乙醇 60 ml，蒸馏水 40 ml。

甲基红溶于 95%乙醇中，再加入蒸馏水。

7. V · P · Y 试剂

1) 5% α-萘酚无水乙醇溶液：α-萘酚 5 g，无水乙醇 100 ml。

2) 40% KOH 溶液：KOH 40 g 用蒸馏水定容至 100 ml 即可。

8. 吲哚试剂

对二甲基氨基苯甲醛 2 g，95%乙醇 190 ml，浓 HCl 40 ml。

9. 1 mol/L Tris-HCl (pH 7.4、7.6、8.0)

1) 称量 121.1 g Tris 置于 1 L 烧杯中，加入约 800 ml 的去离子水，充分搅拌溶解。

2) 按下表量加入浓 HCl 调至所需要的 pH。

pH	浓 HCl
7.4	约 70 ml
7.6	约 60 ml
8.0	约 42 ml

3) 溶液定容至 1 L，灭菌后室温保存。

注意：应使溶液冷却至室温后再调定 pH，因为 Tris 溶液的 pH 随温度的变化差很大，温度每升高 1℃，溶液的 pH 大约降低 0.03 个单位。

10. 1.5 mol/L Tris-HCl (pH 8. 8)

称取 181.7 g Tris，用约 800 ml 的去离子水充分搅拌溶解。浓盐酸调 pH 至 8.8，定容至 1 L。高温高压灭菌后，室温保存。

11. 10×TE 缓冲液

100 mmol/L Tris-HCl，10 mmol/L EDTA（pH 7.4、7.6、8.0）

量取 100 ml 的 1 mol/L Tris-HCl 缓冲液 (pH 7.4、7.6、8.0) 和 20 ml 的 500 mmol/L EDTA (pH 8.0)，置于 1 L 烧杯中，加入约 800 ml 的去离子水，均匀混合。定容至 1 L，灭菌后室温保存。

12. 3 mol/L CH_3COONa（pH 5. 2）

称取 40.8 g $CH_3COONa \cdot 3H_2O$ 置于 100～200 ml 烧杯中，加入约 40 ml 的去离子水搅拌溶解。加入冰醋酸调节 pH 至 5.2。加入去离子水将溶液定容至 100 ml。灭菌后，室温保存。

13. PBS 缓冲液

浓度 137 mmol/L NaCl，2.7 mmol/L KCl，10 mmol/L Na_2HPO_4，2 mmol/L KH_2PO_4。

称量 NaCl 8 g，KCl 0.2 g，Na_2HPO_4 1.42 g，KH_2PO_4 0.27 g，置于 1 L 烧杯中。加入约 800 ml 的去离子水搅拌溶解。滴加 HCl 将 pH 调至 7.4，然后加入去离子水定容至 1 L。灭菌后室温保存。

注意：上述 PBS 缓冲液中无二价阳离子，如需要，可在配方中补充 1 mmol/L $CaCl_2$ 和 0.5 mmol/L $MgCl_2$。

14. 10 mol/L 乙酸铵

称量 77.1 g 乙酸铵置于 100～200 ml 烧杯中，加入约 30 ml 的去离子水搅拌溶解。加去离子水将溶液定容至 100 ml。使用 0.22 μm 滤膜过滤除菌。密封瓶口于室温保存。

注意：乙酸铵受热易分解，所以不能高温高压灭菌。

15. Tris-HCl 平衡苯酚

1) 使用原料：高质量的清亮无色的液化苯酚无需重蒸馏便可使用。结晶苯酚必须在 160℃对其进行重蒸馏除去诸如醌等氧化产物（可引起磷酸二酯键的断裂或导致 RNA 和 DNA 的交联等）。

2) 操作注意：苯酚腐蚀性极强，并可引起严重灼伤，操作时应戴手套及防护镜等。所有操作均应在通风橱中进行，与苯酚接触过的皮肤部位应用大量水清洗，并用肥皂和水洗涤，忌用乙醇。

3) 苯酚平衡：因为在酸性 pH 条件下 DNA 分配于有机相，因此使用苯酚前必须对苯酚进行平衡使其 pH 达到 7.8 以上，苯酚平衡操作方法如下：①液化苯酚通常储存于–20℃的冰柜中，呈结晶状态。取出后应首先使其恢复至室温，再在 68℃水浴中使苯酚充分溶解。②加入羟基喹啉(8-Quinolinol)至终浓度 0.1%。该化合物是一种还原剂、RNA 酶的不完全抑制剂及金属离子的弱螯合剂，同时因其呈黄色，有助于方便识别有机相。③加入等体积的 1 mol/L Tris-HCl(pH 8.0)，使用磁力搅拌器搅拌 15 min，静置使其充分分层后，除去上层水相。④重复操作步骤③。⑤加入等体积的 0.1 mol/L Tris-HCl(pH 8.0)，使用磁力搅拌器搅拌 15 min，静置使其充分分层后，除去上层水相。⑥重复操作步骤⑤，稍微残留部分上层水相。⑦使用 pH 试纸确认有机相的 pH 大于 7.8。⑧将苯酚置于棕色玻璃瓶中 4℃避光保存。

16. 苯酚-氯仿-异戊醇(25∶24∶1)(从核酸样品中除去蛋白质)

氯仿可使蛋白质变性并有助于液相与有机相的分离，而异戊醇则有助于消除抽提过程中出现的气泡。

将 Tris-HCl 平衡苯酚与等体积的氯仿-异戊醇(24∶1)均匀混合后，移入棕色玻璃瓶中 4℃保存。

17. 10% (*m*/*V*) SDS

称量 10 g 高纯度的 SDS 置于 100～200 ml 烧杯中，加入约 80 ml 的去离子水，68℃加热溶解。滴加数滴浓盐酸调节 pH 至 7.2。定容至 100 ml 后，室温保存。

18. 2 mol/L NaOH

量取 80 ml 去离子水置于 100～200 ml 塑料烧杯中(NaOH 溶解过程中大量放热，有可能使玻璃烧杯炸裂)。称取 8 g NaOH 小心地逐渐加入到烧杯中，边加边搅拌。待 NaOH 完全溶解后，用去离子水将溶液体积定容至 100 ml。将溶液转移至塑料容器中后，室温保存。

19. 2. 5 mol/L HCl

在 78.4 ml 的去离子水中加入 21.6 ml 的浓 HCl(11.6 mol/L)，均匀混合。室温保存。

20. 5 mol/L NaCl

称取 292.2 g NaCl 置于 1 L 烧杯中，加入约 800 ml 的去离子水后搅拌溶解。加去离子水将溶液定容至 1 L 后，适量分成小份。高温高压灭菌后，4℃保存。

21. 20% (*m*/*V*) Glucose

称取 20 g Glucose 置于 100～200 ml 烧杯中，加入约 80 ml 的去离子水后，搅拌溶解。加去离子水将溶液定容至 100 ml。高温高压灭菌后，4℃保存。

22. Solution I(质粒提取用)

25 mmol/L Tris-HCl(pH 8.0)，10 mmol/L EDTA，50 mmol/L Glucose。

分别量取 1 mol/L Tris-HCl(pH 8.0) 25 ml，0.5 mol/L EDTA (pH 8.0) 20 ml，20%

Glucose（1.11 mol/L）45 ml，dH_2O 910 ml 置于 1 L 烧杯中。高温高压灭菌后，4℃保存。

使用前每 50 ml 的 Soliution I 中加入 2 ml 的 RNase A（20 mg/ml）。

23. Solution II（质粒提取用）

250 mmol/L NaOH，1%（*m/V*）SDS。

分别量取 10% SDS 50 ml，2 mol/L NaOH 50 ml 置于 500 ml 烧杯中，加灭菌水定容至 500 ml，充分混匀。室温保存。此溶液保存时间最好不要超过一个月。

注意：SDS 易产生气泡，不要剧烈搅拌。

24. Solution III（质粒提取用）

3 mol/L KAc，5 mol/L CH_3COOH。

分别量取 KAc 147 g，CH_3COOH 57.5 ml 置于 500 ml 烧杯中。加入 300 ml 去离子水后搅拌溶解。加去离子水将溶液定容至 500 ml。高温高压灭菌后，4℃保存。

25. 0. 5 mol/L EDTA（pH 8.0）

称取 186.1 g $EDTANa_2·2H_2O$，加入约 800 ml 的去离子水，充分搅拌。NaOH 调节 pH 至 8.0（约 20 g NaOH，pH 至 8.0 时，EDTA 才能完全溶解）。加去离子水定容至 1 L。适量分成小份后，高温高压灭菌。室温保存。

26. 1 mol/L DTT（二硫苏糖醇）

称取 3.09 g DTT，加入到 50 ml 塑料离心管内。加 20 ml 的 0.01 mol/L 的 NaAc（pH 5.2），溶解后使用 0.22 μm 滤器过滤除菌。适量分成小份后，–20℃保存。

27. 10 mmol/L ATP

称取 121 mg $Na_2ATP·3H_2O$，加入到 50 ml 塑料离心管内。加 20 ml 的 25 mmol/L Tris-HCl（pH 8.0），搅拌溶解。适量分成小份，–20℃保存。

28. 0. 5 mol/L 氢氧化钠溶液

准确称取氢氧化钠 40 g，用去离子水溶解并稀释至 2 L。

29. 0. 5 mol/L 盐酸溶液

准确量取盐酸 83.4 ml，用去离子水稀释至 2 L。

30. 0. 2%葡萄糖标准溶液

称取葡萄糖 2.5 g 置于称量瓶中，在 70℃干燥 2 h。干燥器中冷却至室温，重复干燥，冷却至恒重。准确称取葡萄糖 2.000 g。用去离子水溶解并定容至 1 L，于 4℃保存。

31. 250μg/ml 牛血清（白蛋白标准液）

准确称取 250 mg 标准牛血清白蛋白，用 0.03 mol/L pH 7.8 的磷酸缓冲液溶解并定容至 1 L，4℃保存。

32. Folin 试剂甲

1) 称取 10 g NaOH 溶于 400 ml 去离子水中，加入 50 g Na_2CO_3，溶解，待用。

2) 称取 0.5 g 酒石酸钾钠，溶于 80 ml 去离子水中，加入 0.25 g $CaSO_4 \cdot 5H_2O$，溶解。

3) 将 1）：2）：去离子水按 20：4：1 的比例混合。4℃可保存一周。

33. Folin 试剂乙

1) 在 500 ml 的磨口回流装置内加入 $Na_2WO_4 \cdot 2H_2O$ 25.0359 g，$Na_2MoO_4 \cdot 2H_2O$ 6.2526 g，去离子水 175 ml，85% H_3PO_4 12.5 ml，浓 HCl 25 ml，充分混合。

2) 回流 10 h，再加 Li_2SO_4 37.5 g，去离子水 12.5 ml 及数滴溴。

3) 开口沸腾 15 min，以驱除过量的溴，冷却后定容到 250 ml。可于棕色瓶中保存数年。

注意：上述制备的 Folin 试剂乙的储备液浓度一般在 2 mol/L 左右。

34. DNS 试剂（3,5-二硝基水杨酸试剂）

取 3,5-二硝基水杨酸 10 g，加入 2 mol/L NaOH 溶液 200 ml，将 3,5-二硝基水杨酸溶解，然后加入酒石酸钾钠 300 g，待其完全溶解，用去离子水稀释至 2000 ml，棕色瓶保存。

35. 20%冰醋酸溶液

量取冰醋酸 300 ml，用去离子水稀释至 1200 ml。

36. 30%（*m*/*V*）丙烯酰胺

称量丙烯酰胺 290 g，BIS 10 g，约 600 ml 的去离子水，搅拌溶解后定容至 1 L，用 0.45 μm 滤膜滤去杂质。于棕色瓶中 4℃保存。

注意：丙烯酰胺具有很强的神经毒性，并可通过皮肤吸收，其作用有积累性，配制时应戴手套。聚丙烯酰胺无毒，但也应谨慎操作，因为有可能含有少量的未聚合成分。

37. 40%（*m*/*V*）Acrylamide

称量丙烯酰胺 380 g，BIS 20 g，约 600 ml 的去离子水，搅拌溶解后定容至 1 L，用 0.45 μm 滤膜滤去杂质。于棕色瓶中 4℃保存。

38. 10%（*m*/*V*）过硫酸铵

称取 1 g 过硫酸铵，加入 10 ml 的去离子水后搅拌溶解后储存于 4℃，可使用 2 周左右。

39. 考马斯亮蓝 R-250 染色液

0.1%（*m*/*V*）考马斯亮蓝 R-250，25%（*V*/*V*）异丙醇，10%（*V*/*V*）冰醋酸。

称取 1 g 考马斯亮蓝 R-250,，置于 1 L 烧杯中，量取 250 ml 的异丙醇加入上述烧杯中，搅拌溶解，加入 100 ml 的冰醋酸，均匀搅拌，加入 650 ml 的去离子水，均匀搅拌。用滤纸除去颗粒物质后，室温保存。

40. 考马斯亮蓝染色脱色液

10%（*V*/*V*）乙酸，5%（*V*/*V*）乙醇。

量取乙酸 100 ml，乙醇 50 ml，dH_2O 850 ml，置于 1 L 烧杯中，充分混合后使用。

41. 凝胶固定液（SDS-PAGE 银氨染色用）

50%（*V*/*V*）甲醇，10%（*V*/*V*）乙酸。

量取甲醇 500 ml，乙酸 100 ml，dH_2O 400 ml 置于 1 L 烧杯中，均匀混合后室温保存。

42. 凝胶处理液（SDS-PAGE 银氨染色用）

50%（*V*/*V*）甲醇，10%（*V*/*V*）戊二醛。

量取甲醇 50 ml，戊二醛 10 ml，dH_2O 40 ml，置于 1 L 烧杯中，均匀混合后室温保存。

43. 凝胶染色液（SDS-PAGE 银氨染色用）

0.4%（*m*/*V*）$AgNO_3$，1%（*V*/*V*）浓氨水，0.04%（*m*/*V*）NaOH。

量取 20% $AgNO_3$ 2 ml，浓氨水 1 ml，4%NaOH 1 ml，dH_2O 96 ml 均匀混合。该溶液应为无色透明状。如氨水浓度过低时溶液会混浊，此时应补加浓氨水，直至透明。现用现配。

44. 显影液（SDS-PAGE 银氨染色用）

0.005%（*V*/*V*）柠檬酸，0.02%（*V*/*V*）甲醛。

称取柠檬酸 50 mg，甲醛 0.2 ml，加入 1 L 去离子水后，摇动混合后溶解，室温保存。

45. 5%的十二烷基硫酸钠溶液

称取 5.0 g 十二烷基硫酸钠，溶于 100 ml 4%的乙醇溶液中。

46. 三氯甲烷-异戊醇混合试剂

取 500 ml 三氯甲烷试剂，加入 21 ml 异戊醇试剂，混匀。

47. 1.6%乙醛溶液

取 47%乙醛 3.4 ml，用去离子水定容至 100 ml。

48. 二苯胺试剂

称取二苯胺试剂 0.8 g，溶解于 180 ml 冰醋酸中，再加入 8 ml 高氯酸混匀。临用前加入 0.8 ml 1.6%乙醛溶液。注意：配制完成后试剂应为无色。

49. 15%三氯乙酸溶液

称取三氯乙酸 300 g，用去离子水溶解定容至 2000 ml。

50. 1%谷氨酸溶液

称取 5 g 谷氨酸，先用适量去离子水溶解，再用氢氧化钾溶液中和至中性，最后用去离子水定容至 0.5 L。

51. 1%丙氨酸溶液

称取 5 g 丙氨酸，先用适量的去离子水溶解，再用 KOH 溶液中和至中性，最后用去离子水定容至 0.5 L。

52. 0. 1%的 $KHCO_3$ 溶液

称取 $KHCO_3$ 0.5 g，用去离子水溶解定容至 0.5 L。

53. 0. 05%的碘乙酸溶液

称取 0.125 g 碘乙酸，用去离子水溶解定容至 0.25 L。

54. Locke 氏溶液

称取 18 g 氯化钠，0.84 g KCl，48 g $CaCl_2$，0.3 g $NaHCO_3$，2 g 葡萄糖，用去离子水溶解定容至 2000 ml。

55. 0. 2 mol/L 的丁酸溶液

量取 18 ml 正丁酸试剂，用 1 mol/L 的 NaOH 中和，再用去离子水定容至 1 L。

56. 0. 1 mol/L 的 $Na_2S_2O_3$ 溶液

称取 248.17 g $Na_2S_2O_3$，用去离子水溶解并定容至 10 L。

57. 0. 1 mol/L 的碘溶液

称取碘 12.7 g 和 KI 25 g，用去离子水溶解并定容至 1 L，用 0.1 mol/L 的 $Na_2S_2O_3$ 标定。

58. 10% NaOH 溶液

称取 200 g NaOH，用去离子水溶解并定容至 2 L。

59. 10% HCl 溶液

量取浓 HCl 49.3 ml，用去离子水定至 0.2 ml。

60. 0. 1%标准丙氨酸溶液

称取丙氨酸 0.5 g，用去离子水溶解并定容至 0.5 ml。

61. 0. 1%标准谷氨酸溶液

称取谷氨酸 0.5 g，用去离子水溶解并定容至 500 ml。

62. 0. 1%水合茚三酮乙醇溶液

称取 1 g 水合茚三酮试剂，溶于 1000 ml 无水乙醇中。

63. 酚溶液

在大烧杯中加入 80 ml 去离子水，再加入 300 g 苯酚，在水浴中加热搅拌、混合至苯酚完全溶解。将该溶液倒入盛有 200 ml 去离子水的 1000 ml 分液漏斗内，轻轻振荡混合，使其成为乳状液。静止 7～10 h，乳状液变成两层透明溶液，放出下层为被水饱和的酚溶液，储存于棕色瓶中备用。

64. 对羟基联苯试剂

称取对羟基联苯 1.5 g，溶于 100 ml 0.5%氢氧化钠溶液中，配制成 1.5%的溶液。若对羟基联苯颜色较深，应用丙酮或无水乙醇重结晶，放置时间较长后，会出现针状结晶，应摇匀后使用。

65. Ampicillin (100 mg/ml)

称量 5 g Ampicillin 置于 50 ml 离心管中，加入 40 ml 灭菌水，充分混合溶解后，定容至 50 ml，用 0.22 μm 滤膜过滤除菌，小份分装(1 ml/份)后，–20℃保存。

66. IPTG (24 mg/ml)

称量 1.2 g IPTG 置于 50 ml 离心管中，加入 40 ml 灭菌水，充分混合溶解后，定容至 50 ml，用 0.22 μm 滤膜过滤除菌，小份分装(1 ml/份)后，–20℃保存。

67. X-gal (半乳糖) (20 mg/ml)

称取 1 g X-gal 置于 50 ml 离心管中。加入 40 ml DMF (二甲基甲酰胺)，充分混合溶解后，定容至 50 ml。小份分装(1 ml/份)后，–20℃保存。

68. 0. 2 mol/L 磷酸缓冲液(pH 6. 0)

称取 $Na_2HPO_4 \cdot 12H_2O$ 8.82 g，称取 $NaH_2PO_4 \cdot 2H_2O$ 27.34 g，用去离子水溶解并定容至 1 L。室温保存。

注意：此为母液，使用时稀释 40 倍使用。

69. 洗脱液(含 0. 15 mol/L NaCl 的 0. 005 mol/LpH 6. 0 的磷酸缓冲液)

称取 NaCl 87.66 g，用 0.2 mol/L pH 6.0 的 H_3PO_4 缓冲液 250 ml 溶解，用去离子水稀释至 10 L。室温保存。

70. 0. 3 mol/L H_3PO_4 缓冲液(pH 7. 8)

准确称取 $Na_2HPO_4 \cdot 12H_2O$ 49.150 g，$NaH_2PO_4 \cdot 2H_2O$ 2.000 g，用去离子水溶解并定容至 0.5 L。室温保存。注意：此为母液，使用时稀释 10 倍使用。

71. 0. 2 mol/L 乙酸缓冲液(pH 4.6)

准确称取 $CH_3COONa \cdot 3H_2O$ 54.44 g，加入 23 ml 冰醋酸，溶解。用去离子水溶解并定容至 2 L。4℃保存。

72. 0. 2 mol/L 磷酸-柠檬酸缓冲液(pH 2. 6、4. 6、6. 6)

1) 母液 A (0.2 mol/L 的 Na_2HPO_4 溶液)：称取 $Na_2HPO_4 \cdot 12H_2O$ 143.256 g，用去离子水定容至 2 L。

2) 母液 B (0.1 mol/L 的柠檬酸溶液)：称取 1 水柠檬酸 42.028 g，用去离子水溶解定容至 2 L。

3) pH 2.6、4.6、6.6 的三种缓冲液如下表配制：

pH	A/ml	B/ml
2.6	109.0	891.0
4.6	467.5	532.5
6.6	727.5	272.5

4) 按上表混匀后，4℃保存。

73. 20×SSC 缓冲液(pH 7. 0)

准确称取 175.2 g NaCl，准确称取 88.2 g 2 水柠檬酸钠，溶解于 800 ml 去离子水中，加入数滴 10 mol/L NaOH 溶液调节 pH 至 7.0。再加去离子水定容至 1 L。

注意：按实验需要可分装后高压灭菌。10×SSC、5×SSC、1×SSC 可由 20×SSC 做相应稀释得到。

74. 0.15 mol/L 氯化钠-乙二胺四乙酸二钠缓冲液(pH 8. 0)

准确称取 NaCl 8.77 g，称取乙二胺四乙酸二钠 37.2 g，溶于 800 ml 去离子水中。用固体的 NaOH 调 pH 为 8.0。加去离子水定容至 1 L。

75. 1/15 mol/L 的磷酸盐缓冲液(pH 7. 6)

1)溶液甲(1/15 mol/L 的 KH_2PO_4 溶液)：称取 KH_2PO_4 9.078 g，用去离子水溶解定容至 1 L。

2)溶液乙(1/15 mol/L 的 Na_2HPO_4 溶液)：称取 $Na_2HPO_4 \cdot 2H_2O$ 11.876 g(或 $Na_2HPO_4 \cdot 12H_2O$ 23.894 g)用去离子水溶解定容至 1 L。

3)pH 7.6 磷酸盐缓冲液：将溶液甲和溶液乙按 1.4 : 8.6 比例混合即可。

76. 5×Tris-Glycine 缓冲液(SDS-PAGE 电泳缓冲液)

称取 Tris 15.1 g，Glycine 94 g，SDS 5.0 g，加入约 800 ml 的去离子水，搅拌溶解。加去离子水将溶液定容至 1 L 后，室温保存。

77. 5×SDS-PAGE 上样缓冲液

250 mmol/L Tris-HCl(pH 6.8)，10%(*m*/*V*)SDS，0.5%(*m*/*V*)BPB，50%(*V*/*V*)甘油，5%(*m*/*V*)β-巯基乙醇。

量取 1 mol/L Tris-HCl 1.25 ml，SDS 0.5 g，BPB 25 mg，甘油 2.5 ml 置于 10 ml 塑料离心管中。加入去离子水溶解后定容至 5 ml。小份(500 μl/份)分装后，于室温保存。使用前将 25 μl 的 2-ME 加到每小份中。加入 2-ME 的上样缓冲液可在室温下保存一个月左右。

78. 洗涤液

洗涤液分浓溶液与稀溶液两种，配方如下。

浓溶液：重铬酸钠或重铬酸钾 50 g，自来水 150 ml，浓硫酸(工业用)800 ml。

稀溶液：重铬酸钠或重铬酸钾 50 g，自来水 850 ml，浓硫酸(工业用)100 ml。

将重铬酸钠或重铬酸钾先溶解于自来水中，可慢慢加温促其溶解，冷却后再徐徐倒入浓硫酸，边加边搅拌。配好的洗涤液应为棕红色或橘红色，储存于有盖容器内。

由于重铬酸钠或重铬酸钾与硫酸作用后形成氧化能力极强的铬酸，因而此液具有极强的去污作用。但玻璃器皿也不能浸泡太长时间，否则容易变质。为延长该洗液的使用时间，避免被稀释，玻璃器皿在投入洗液之前应去除有机质并尽量干燥。洗液可重复使用，但当其变为墨绿色时即已失效，需重新配制。